THINKr
新思

新一代人的思想

How Animals
Shaped Human History

Brian Fagan

伟大的共存

改变人类历史的
8 个动物伙伴

[英] 布莱恩·费根——著

刘诗军——译

THE
INTIMATE
BOND

中信出版集团 | 北京

图书在版编目（CIP）数据

伟大的共存：改变人类历史的 8 个动物伙伴 /（英）
布莱恩·费根著；刘诗军译 . —北京：中信出版社，
2022.10
　书名原文：The Intimate Bond: How Animals
Shaped Human History
　ISBN 978-7-5217-4779-9

　I.①伟… II.①布… ②刘… III.①动物－关系－
人类－研究 IV.① Q958.12

中国版本图书馆 CIP 数据核字（2022）第 173345 号

伟大的共存：改变人类历史的 8 个动物伙伴
著者：　　［英］布莱恩·费根
译者：　　刘诗军
出版发行：中信出版集团股份有限公司
　　　　　（北京市朝阳区惠新东街甲 4 号富盛大厦 2 座　邮编　100029）
承印者：　北京诚信伟业印刷有限公司

开本：880mm×1230mm　1/32　　　印张：11.5　　　字数：246 千字
版次：2022 年 10 月第 1 版　　　　印次：2022 年 10 月第 1 次印刷
京权图字：01-2021-0109　　　　　书号：ISBN 978-7-5217-4779-9
定价：69.00 元

谨
以
此
书
献
给

我们的朋友

——

数量众多而又不断变化的动物们。

这部历史为它们而写。

有人对动物说话，
却很少有人倾听它们的声音。
这便是问题所在。

——

《小熊维尼》作者

A. A. 米尔恩

目　录

第一部分

猎人与猎物

第二部分

和智人一同崛起

第三部分

农业革命的引擎

第四部分

早期全球化的启动者

第五部分

推翻皇帝的动物

第六部分

扩张全球贸易的沙漠之舟

第七部分

工业时代：选择性仁慈

序言

　　从乔治·布封（1707—1788）写作《自然史》开始，历史就不再只是人类的历史。《伟大的共存：改变人类历史的 8 个动物伙伴》正是继承了这种自然史的精神，将人类最为熟悉的 8 种动物置于历史的语境中加以审视，为我们提供了一份别样的历史阅读体验。

　　地球有 46 亿年历史，人类是地球上很晚才出现的动物。农业的出现不过 10 000 多年，而广义上的"文明人"在这个地球上已生活了 200 万年。换言之，人类 99% 的时间是在狩猎和采集的阶段中度过的。长期以来，人类与动物基本是平等的，人只是动物中的一分子。在大多数时候，其他动物是人的猎物；但在有些时候，人也可能是其他动物的猎物。

　　农业的出现，彻底改变了人与自然的关系，也彻底改变了人与动物的关系。用一位法国学者的话说，农业使人依附于土地并"脱离"自然，使人与众不同，从而使人上升到一个比动物更高的层次。

　　农业生产出大量粮食，当农业出现剩余时，驯化就出现了。驯化动物消耗了定居社会借以生活和生存的谷物剩余。这种"拘兽以为畜"的驯化过程，从 10 000 多年前人类驯化狗开始，然后是肉用动物鸡、羊和猪，接着是动力型动物牛和驴，最后出场的是马和骆驼。

亚里士多德曾说，动物是大自然赐给人类的礼物，"既是好劳力，又是美味佳肴"。对人类来说，最重要的是驴、牛、马、骆驼之类的动力型动物，它们让人类获得了更大的肌肉力，使人类不仅可以耕种更多的田地，而且可以运输更多货物，或更快速地移动，人类世界由此发生了天翻地覆的变化。尤其是马对人类历史的影响，在一定程度上甚至要超过后来出现的火车、汽车和飞机。

《伟大的共存：改变人类历史的 8 个动物伙伴》讲述的就是人类与动物共同经历的这段历史。作者布莱恩·费根作为剑桥大学考古学及人类学博士，具有一般人所不及的专业视角和广博知识。在费根看来，人类不仅改变了动物，动物同时也改变了人类；用书中的话来说："人类与动物地位平等，本无高低之分，直到人们开始驯化各种动物，支配和从属关系才出现。"

荀子曰："北海则有走马吠犬焉，然而中国得而畜使之。"中国历史上，长期存在中原农耕文明与北方草原游牧文明的对抗。中原社会重视牛和猪，草原社会则重视马和羊，实际上，这两种不同文明形态的对抗也是两种动物之间的对抗——牛相对于马拥有生产优势，而马相对于牛则有着军事优势。

本书虽然也涉及猫和鸡等动物，但主要聚焦于狗、山羊、绵羊、猪、牛、驴、马和骆驼这 8 种动物，从它们被驯化的经过，到融入人类社会后产生的重要影响，书中都有独特的发现与揭示。

人们或许想不到，狗是人类驯化的第一种动物。很明显，狗的驯化是人类狩猎采集时代的产物。当时，面对冰期结束、全球急剧变暖所带来的挑战，人与狼在狩猎过程中结为命运共同体，狼慢慢变成了狗。由此算来，狗和人在一起的时间已有大约 15 000 年之久。

在农业社会，山羊、绵羊、猪为人类提供了稳定的肉食来源，这样的社会比狩猎社会更加安全、更加可预期，这 3 种貌不惊人的动物也成为人类的财富源泉。在汉字中，屋里养猪为"家"，由此可见猪对农业定居者的重要性。而山羊和绵羊也支撑了游牧社会的生存，牧民在大多数时候都是依靠羊奶和羊毛生活，并不轻易地宰杀羊，因此羊群也是财富的象征。

牛的驯化非常早，这种大型动物对人类来说具有重要的革命意义。牛不仅被用来拉车，也被用来耕地，奶牛则提供了高营养的牛奶，牛肉也是一种极其完美的肉食。

对牛的驯化体现了人类伟大的创新能力。用书中的话说，"驯化是一个共生的过程，是动物和人类共同努力的结果"。牛一旦被人类驯化，很快就成为人们可以积累的财富，以及向外炫耀的家产和竞相争夺的对象。在许多非洲社会，牛实际上相当于"钱"。

在非洲古老的努尔人部落，人们把牛视若神灵，牛群在这里过着悠闲安逸的生活。努尔人对牛的关怀无微不至，为牛生火驱蚊，为牛而不停搬迁，为牛制作装饰品，以保护它们免遭骚扰和攻击，他们甚至用牛的形态和颜色为自己取名字。这让一些外来人感叹："努尔人可谓是牛身上的寄生虫。"尽管努尔人很喜欢吃肉，但他们绝对不会为了吃肉而杀牛。他们只有在牛死掉以后才会吃其尸体，以此表示对牛的热爱。

书中这段叙述，堪称人与动物"伟大的共存"的难忘一页。虽然努尔人是人类初民，不能跟现代人相提并论，但实际上，牛在现代印度依然享有尊贵的地位，去过印度的人都对那些在大街上闲庭信步的牛群印象深刻。

如果说人类通过驯化植物发明了农业，那么推动农业发展的重要力量则是牛，甚至连牛粪也极大提高了农作物的产量。

费根将牛称为推动农业经济发展的引擎的同时，将驴和骆驼称为皮卡车。在传统时代，陆路运输极其困难，每头驴大约可以载重75千克，每天行进大约25千米，由数十头驴组成的毛驴商队相当于陆地上的海洋船队。骆驼负重更大，速度也比驴更快，哪怕不喝水，也能在酷热的环境下行走很远的距离。如果说驴大规模地开启了商队贸易的全球化进程，那么骆驼则进一步将这一进程推而广之，将非洲和亚洲的财富带到了欧洲，甚至更远的地方。换言之，正是这些默默无闻的牲畜帮助我们建立了第一个真正的全球化世界。

事实上，正是由于动力型动物的出现，人类社会才有了剩余，而剩余产生了掠夺和贸易。无论是在丝绸之路还是在茶马古道，都是这些驯化的动力型动物帮助人完成了古代贸易。同时，这些动物也引发了残酷的战争。

越靠后出场，往往越重要。费根在本书中，用了大量篇幅来写马。在他看来，马将动力型动物对人类的作用发挥到了极致。在古罗马时代，良马稀有而昂贵，其价值相当于7头公牛、10头驴或30名奴隶。这体现了那个时代人与动物生命相比的价值。

对人类历史来说，驯化马具有颠覆性意义，游牧民族因此获得了无可匹敌的军事优势，他们可以毫无障碍地将生产技术变成军事技术，从而获得不可思议的战争能力。从最早使用马拉战车的赫梯人与埃及人，到后来的匈奴人与蒙古人，战马成为他们征服世界的决定性力量。

本书着眼于整个人类世界，费根特别写到中国历代王朝用丝绸和茶叶换马的传统，并指出中原骑兵不敌游牧骑兵的深层原因并不在于马本身，而是人与马之间关系的疏离："只有当人们在马背上生活和呼吸，并和马建立极为密切的关系后，战马才能成为一种强大有效的武器……无论是面对蒙古人时，还是在后来的几百年里，许多汉族骑兵似乎从未与他们的战马建立亲密的关系。很明显，他们从来没有真正掌握养马和骑马的门道，或者说没有真正掌握与马并肩作战的艺术，因此他们不可避免地被北方的游牧民族征服。人与动物之间密切关系的重要性从来没有产生过更加深远的意义。"

从本质上来说，人类与动物的密切关系主要是建立在农业基础之上，一旦历史从农业时代进入工业时代，动物就遇到了一种全新的替代品——机器。

如果说这些驯化动物只是人类与自然合作的创造物，那么机器则完全由人类独立完成。从科学革命、启蒙运动到工业革命，机器步步为营，以不可逆的强势姿态进入人类世界，而动物则不断溃败和被淘汰。

机器不仅改变了人与动物，也改变了人看待动物的态度。在笛卡儿眼中，动物也不过是一种机器。而"最好的动物是那些吃得最少、干得最多的牲畜"，正如最好的机器消耗最少、干活最多。这就是被现代人奉为真理的效率。

1699 年，法国科学院对马和人的工作效率进行了比较研究，最后得出的结论是，1 匹马所做的功相当于 6 人至 7 人所做的。1775 年，瓦特蒸汽机开始商业化生产，马力被定义为蒸汽机的功率，1 匹马在 1 秒内把 75 千克的水提高 1 米为 1 马力。这似乎也是动物与机器此消彼长、完成交接的历史瞬间。

很多人不知道，在相当长一段时期，蒸汽机驱动机器，而驱动蒸汽机的是煤，这些煤仍旧来自动物。在英国黑暗的煤矿中，有多达 70 000 匹矿井马在没日没夜地工作。因为矿井狭小，人们一般都用马驹。这些骟马或公马，从出生就在黑暗的矿井中，它们性情温顺，身体强壮，吃苦耐劳，可连续服役 20 年。这些马长期在矿井中工作，甚至从未见过阳光，近乎全盲，它们即使退役后也无法适应牧群和露天生活，所以都活不长。

与矿井马相比，曾经驰骋疆场、扫平天下的战马命运更加悲惨，在钢铁和枪炮面前，它们常常还没有来得及昂首扬蹄，就已经灰飞烟灭。

机器取代了马后，火车和汽车便出现了，现代社会就这样来临了。一切都发生了巨变，动力型动物被机器取代了，肉用动物则直接变成了机器——将饲料转化成肉、蛋、奶的食物生产机器。

一位经济学家说，老鹰和人类都吃鸡肉，只不过老鹰越多，鸡越少；而人越多，鸡也越多。今天的地球上，人类只有 70 亿，而鸡则有 200 多亿。但在人类眼里，鸡只是用鸡蛋制造鸡蛋或鸡肉的工具。

现代集约化养殖场追求的是"快周转、高密度、高机械化、低劳动力需求和高产品转化率",这使得人类对待猪、鸡、牛等动物的方式都面临严重的伦理拷问。1964年,英国动物福利活动家露丝·哈里森出版了《动物机器》,该书与《寂静的春天》一起引起了社会震动。费根在本书中基本继承了哈里森的观点,一方面对动物充满同情,另一方面对人类的"选择性仁慈"予以批评。他想提醒人们,人对待动物的态度也多少暗示着人对待人的态度。

一部人类史,也是一部人与动物的互动史,再回首,人与动物的关系免不了始乱终弃。在机器时代,人与动物的距离越来越远,而人与机器的关系越来越近。或许,猫和狗是唯一的例外;又或许,人类面临的最后一个问题是,机器狗和机器猫真的能代替狗和猫吗?人生短暂,而机器永远不死。

1808年,诗人拜伦最喜爱的"水手长"死了,拜伦为这只纽芬兰犬写下墓志铭:"有人的所有美德,而没有人的恶习。"

杜君立[*]

---

[*] 杜君立,关中人,通识历史写作者,著有《历史的细节》《现代的历程》《新食货志》等作品。

前言

　　本书讲述关于尊重、伙伴、友爱和残忍的往事，讲述动物与人类之间复杂和不断变化的关系，这种关系塑造并改变了历史。当然，我们本身也是动物，但又不同于动物。我们是智人（*Homo sapiens*），是现代人，独一无二的认知能力把我们和其他所有兽类区分开来。流畅的表达、善于思考和推理的特性以及复杂的情感反应使我们在生物界一枝独秀——这是其他物种永远无法完全企及的高度。我们也是社会性动物，有着强烈的与其他动物建立关系的心理冲动。无论身边的动物是宠物还是役畜，我们对它们的喜爱有时会让我们将人类的情感归因于动物的存在。许多少儿读物不厌其烦地描写猫、狗和大象等动物的行为，经久不衰的巴巴和莎莉斯特[*]一家人的故事就是其中之一，他们的冒险经历给全世界几代青少年带来了快乐。

　　然而，围绕动物的人性问题所进行的无休止的争论与本书无关。

---

[*] 巴巴（Babar）和莎莉斯特（Celeste），一对大象夫妻，莎莉斯特是巴巴的妻子，均为法国儿童文学作家让·德·布吕诺夫（Jean de Brunhoff）在《巴巴的故事》（*Histoire de Babar*）中塑造的角色。该书最早于 1931 年在法国出版，很快获得成功，1933 年被引进到英国和美国。——译者注（下文脚注如无特殊说明，均为译者注）

我们此处所关注的纯粹是对历史的探究——我们和动物相处的方式是如何随着时间的推移而改变的。大多数历史学家着墨于个人，包括君王和统治者、贵族和将军，当然也涉及普通百姓及性别关系和社会不公等问题。本书则力图另辟蹊径，阐释动物以及不断变化的人兽关系如何改变历史。

我们人类与各种动物亲密相处的时间已超过 250 万年，这些动物有大有小，有哺乳动物也有无脊椎动物，有掠食动物也有与世无争的羚羊。我们最早的祖先是弱肉强食法则下的捕食者——既是猎人也是猎物。在数万年的时间里，他们积累的关于各种动物习性的知识令人惊叹。这些知识关系到人类的生存，但是他们可能仍然缺乏和动物建立心理联系的欲望，还没有在精神层面把动物和他们的生活联系到一起。最终他们没有越过捕食者的藩篱。

具有独特认知能力的现代人在历史舞台上的出现使一切发生了改变。优越的狩猎技术、新式先进的武器，而最重要的是推理能力，改变了人类和猎物之间的关系。这一变化发生的时间还不能完全确定，但至少是在 70 000 年以前全球人口极其稀少的时候。我们完全成为社会性动物的年代仍不明确，那时我们的内心开始出现强烈冲动，不仅想要与自己的同类，也希望与其他动物建立联系。我们渴望和身边的动物休戚与共的欲望如此强烈，以至于我们很难克制它。

关系的建立是无形的，可以通过肢体或语言，也可以通过爱抚或者手指、眉毛的轻微抽动进行交流，以此建立语言和非语言的联系。它们是历史的精髓，在某种程度上比辉煌的建筑或艺术杰作更为重要。文献资料、艺术创作、工艺制品和动物骨骸就像映射历史的镜子，我们只能透过它们模糊的镜面窥探早期人类的往事。这是考古学的一个重大局限，在多数情况下，考古学只能对人类行为的物质残留进行研究。然而，通过一些零散而令人着迷的线索，我们还是能够为不断变化的人兽关系勾勒出大概的轮廓，这些线索在经历了至少 20 000 年之后一直保存至今。

本书中的故事开始于冰期。20 000 年前的欧洲艺术家将捕获的猎物刻画在岩石和洞穴的岩壁上，如法国的拉斯科洞窟*和西班牙北部的阿尔塔米拉洞窟**。他们通过强大的仪式伙伴——动物，阐述他们生活的世界。猎人尊重动物，将它们当作独立的个体，当作充满个性的生物，以及与人结成物质和仪式伙伴关系的鲜活生命。我们可以在仪式叙事中想象熊、驯鹿或者渡鸦等动物像人类一样行动，深刻介入到创造和诠释人类社会的过程中。在澳大利亚原住民和一些北极自给型猎人的生活中，这种人与动物之间的亲密伙伴关系至今仍然存在。

有八种动物成为我们故事里的主角，而第一种就是狗（接下来是山羊、绵羊、猪、牛、驴、马和骆驼）。15 000 多年前，亲密和尊重的关系使人与狼之间产生了合作和友情，第一种动物的祖先便成为人类家庭的成员。无论只是作为伴侣——宠物，如果你愿意这么看的话——还是作为役犬，犬类都改变了人类和动物的关系，尽管这种改变悄无声息。牢固不破的伙伴关系，即紧密

---

* 　拉斯科洞窟（Lascaux Cave），位于法国韦泽尔峡谷，洞穴中有旧石器时代所绘的壁画。

** 　阿尔塔米拉洞窟（Altamira Cave），西班牙的旧石器时代艺术遗迹，洞内壁画举世闻名。

的相互依存关系，就此形成。

接下来的几千年大事频发，产生了巨大的社会变革。大约12 000年前，人们开始将野生动物驯化成家畜。山羊、绵羊、猪，紧接着还有牛——这些家畜在今天已经司空见惯，对它们的驯化几乎是一种无意识的行为，人和动物双方都不曾感到害怕。在这些改变历史的伙伴关系中，人和动物都各得其所。我们今天称之为家畜的动物，虽然失去了自由，但受到精心的牧养，从而获得了更好的牧场和草料，并避免了被捕食的威胁，而人类获得了稳定的肉食、奶以及一系列珍贵的副产品——从皮毛到角和制作皮鞭用的肌腱，无所不包。最为重要的可能是，这四种家畜使人类建立了永久定居点，使他们扎根于农田和牧场，以及世代相传的、划分明确的领地上。

早期的牧群很小，每一只动物都非常重要，因而牧民和牧群之间保持着紧密的关系。动物远不只是食物那么简单，它们是日常生活万花筒和个人社会地位的一部分。对自给型农民来说，役畜既是社会工具，也是生活伴侣，是人们对其没有幻想的朋友。它们成为联结长辈与晚辈、活人与祖先之间的重要纽带，成为生计的亲密象征和人际关系的润滑剂。

农业和动物驯化并不是什么革命性的人类发明，但是其结果却改变了历史，特别是城市和文明由此出现。牛的意义很快远不止肉食、牛角和皮革来源那么简单。它们成为蹄子上的财富、人际交往的厚礼和仪式上的大餐。它们是埃及法老力量与王权的象征，对其他统治者，如3 500年前克里特岛的米诺斯王而言，又何尝不是如此。它们也成了最早的驮畜。公元前3000年之后，牛很快就被用来牵引实心轮车辆，耕种美索不达米亚的农田。现在，牛担负着运输任务，成为道路上和田间地头的日常劳动力。同时，它们展示了力量和财富，成为权力的象征和供奉神灵的祭品。

在遥远的乡村，自给型农民和牧民仍然养着小规模的牧群，对个体动物的了解程度甚至能让他们叫出动物的名字，直到现代他们都能如此。正是在拥挤而快速发展的城市及其郊外地区，动物和人类的关系发生了深刻的变化。城市市场对肉类和其他动物产品的需求如此旺盛，以至于畜牧业的规模需要显著扩大。农场里饲养的牛羊达到几百头。役畜逐渐成为公共商品，人们以营利为目的饲养和出售它们。这并不是说许多人不再喜欢与动物建立紧密的关系，而是人口膨胀引发的对食物的巨大需求不利于这种关系的建立。

到公元前 2500 年，在缓慢全球化的世界里，动物不知不觉地发挥了新的作用，我们可以将其称为驮畜革命。我认为，历史上最重要的动物之一是我们的第六种动物，卑微的驴，后来是一种驴和马的杂交动物——骡子。驴是第一种在商队中使用的动物，早在骆驼出现之前，它们就改变了干旱地区的陆路旅行状况，在此之前的大多数长途旅行需要借助水路才能进行。它们是埃及国家发展的催化剂，在数个世纪里，将西南亚的广阔区域连接起来；远在马拉战车出现之前，它们就为军队运送补给，为统治者提供骑乘工具。多产的驴运输货物和人员，它们吃苦耐劳，任劳任怨，有时甚至因过度劳累而命丧黄泉。在那样的社会关系中，人们将驮畜作为大众运输工具而非个体动物来对待。

类似于人与人之间的关系，动物和人之间的亲密关系归根结底只存在于个体与个体之间。在某种程度上，正是驴的庞大数量，才导致了它们中的大多数只能成为驮载货物的工具。农民，甚至贵族和祭司，可能会非常珍爱自己精心修饰的坐骑，但是它们中的大多数就像汽车那样，只不过是供人使用的工具。历史告诉我们，马作为我们的第七种动物，与人类的关系要亲密得多。这并不是因为马可以驮运货物、拉车、犁地（它们的确这么做），而是因为马和骑手之间有着与众不同的关系。成功的骑术需要骑手和马之间保持微妙的默契，这种默契需要不断得到强化，在放牧马匹或训练战车兵的时候尤其如此。马和骑手成为一对如此强大的搭档，以至于这些动物成为珍贵的财产以及声望和王权的象征。蒙古军队横扫欧亚大陆并改变了历史，成吉思汗发动的战争成为他丰功伟绩的象征。骑兵成为战场上强大的突击部队并非巧合。他们的效能取决于士兵与战马之间的密切关系。

我们的第八种动物骆驼是另一个改变历史的角色，不仅因为它在干旱环境中的独特才能，还因为它与人类有着非同一般的关系。人类发明的驼鞍将骆驼变成了高效的驮畜，据说它们不仅征服了撒哈拉沙漠，而且还在长达几个世纪的时间里，一举取代了东地中海地区的轮式车辆。那些驼夫和骑手与他们照顾的对象建立了一种近乎神秘的默契，指引他们的驮畜穿越几乎无路可走的险境，寻到水源。

在过去的5 000年里，驮畜商队成为历史上伟大的主题之一。他们运送货物和人员、稀世珍品和外交远征团，并为军队提供支持。最重要的是，他们在相隔遥远的人民和国家之间建立起了相互联系——不仅开启了贸易和政治互动，也让人们意识到了遥远的土地和人民以及文化多样性的存在。伴随着货物和食物的流通，思想从亚洲流向地中海地区，又从非洲向北方传播。我们不应该忽略驮畜的力量，它们为罗马军队提供补给，15世纪时，整个欧洲2/3的黄金都由它们从西非驮入。成千上万的人在商队往返途中耗尽一生，中世纪的开罗、大马士革和撒马尔罕等重要商队交通枢纽成为沟通古代文明的中心。没有这些驮畜和驱赶并理解它们的男男女女，这些传说中的贸易中心就不可能形成。伴随大规模的交流，动物不可避免地成为交通工具——我把它们称为皮卡车。

对我们来说，生活在这样的世界里令人难以想象——桨、帆、人类的手，而最重要的是动物，驱动着日常生活。在这个现已基本消失的动物驱动的世界里，仍然有几百万自给型农民与他们的动物亲密相处。例如，许多中世纪的农民和他们的家畜同住一屋，能够记住每一只动物的模样，并高度认可它们对日常生活的贡献。他们和动物之间是一种真正的伙伴关系，这样的关系使人类的生活得以延续，并决定了几千年的历史进程。然而，随着城市人口的稳步增长及后来工业革命的爆发，动物主人的尊重和自豪感与作为商品的动物之间产生了对立，人类与动物之间的亲密关系消失在这不断扩大的鸿沟之中。

工业革命前的几个世纪是人类真正获得主导权的时期，这种主导远远超越了罗马时期和中世纪农民原始的养殖方式。到18世纪，对牛和猪等家畜的控制育种改变了人类和动物的关系，育种技术达到令人称羡的程度。自豪的主人珍爱赛马和优质家畜，他们对动物无微不至的关怀在19世纪早期的贵族阶层中广为传播。然而，城市扩张和人口增长的力量势不可当，再一次创造了对肉食无法满足的需求。人们对牲口的出肉率更加痴迷，对肉食产量的追求更加强烈，大规模工业化家畜养殖业发展迅猛。除了对食物的需求，人们并没有意识到工业革命和不断发展的城市严重依赖役畜，从碾磨谷物到拖运货物，从开采煤矿到驱动驳船，每一件事都离不开动物的劳动。艰辛的劳动意味着长时间的恶劣待遇，以至于对役畜的虐待成为维多利亚时代的一个突出问题。与此同时，中产阶级家庭饲养宠物的风气日益流行。

从动物身上获取食物以及用动物做活体解剖成为 19 世纪的突出问题，并延续到 20 世纪。然而，只是到最近几年，对动物权益越来越多的强烈关注才延伸到饲养场和实验室。今天，动物具有人格特点的观念已蔚然成风，这会使人们放下压迫和剥削家畜的权力，善待那些塑造历史的功臣。目前，它们中的大多数都是我们的奴仆，不是被吃掉，就是被压榨。难道我们还要延续这种无法原谅的行为吗？抑或改变正在到来？历史提供了背景，却没有提供现成的答案。

作者说明

本书的地名采用最常见的拼写法。

考古遗址和历史遗迹的拼写采用我写作本书时所使用的参考资料中最常见的写法。"中东"、"近东"和"西南亚"可以替换使用，因为三者都很常用。"黎凡特"指东地中海沿岸地区。

参考文献和注释注重说明资料来源并提供广泛的参考书目，便于感兴趣的读者查阅更专业的文献。

所有放射性碳年代测定都已经过核准，并按惯例用公元／公元前（CE/BCE）来表示。

关于插图，已通过合理方式与版权所有人联系。任何人如有疑问，可与作者联系。

年表	
年代	历史事件
公元前 25000 年	克罗马农人及冰期晚期的其他人类在欧亚大陆捕猎野马。
约公元前 15000 年	狗在欧亚大陆被驯化,可能也在其他地区被驯化。冰后期全球暖化开始。
公元前 11000 年	以狩猎和采集为生的大型永久定居点在西南亚出现。
约公元前 10000 年	西南亚的多个地区开始驯化山羊、猪和绵羊。猪可能首先被驯化。
公元前 9000 年或更早	西南亚的多个地区开始驯化牛。
公元前 7000 年	牛在北非被驯化。
公元前 6000 年	牛和体型较小的家畜传播至欧洲温带地区。
公元前 4500 年(估计)	驴在北非和西南亚被驯化。
公元前 4000 年(估计)	马在欧亚大陆南部的多个地区被驯化。
公元前 3600 年	欧亚大陆南部的博泰文化兴起。几乎可以肯定,那时的人开始骑马。
公元前 3000 年	在美索不达米亚和欧亚大陆南部,牛拉车辆开始被使用。马开始在美索不达米亚被使用。
公元前 2000 年	发明马拉战车和辐条轮。
公元前 1 千纪	包括斯基泰人在内的欧亚大陆游牧文化兴起。 亚述人的毛驴商队在安纳托利亚和尼罗河沿岸出现。 希腊出现对"野蛮的"斯基泰人的描述。 骆驼被驯化。 罗马帝国的扩张。牛、小型家畜和骡子商品化,马开始成为贵族身份和地位的象征。
公元 1 千纪	骆驼完成首次穿越撒哈拉沙漠的旅行。 美洲驼被驯化并作为驮畜在安第斯山区使用。
18 世纪 50 年代	罗伯特·贝克韦尔等人开展家畜育种实验。赛马的养殖兴起。

伟大的共存:改变人类历史的 8 个动物伙伴

年表	
年代	历史事件
19 世纪早期	骑兵的鼎盛时期——拿破仑战争、印第安战争和克里米亚战争。 公众第一次强烈抗议虐待动物。 马驹在矿井里被广泛使用。 城市驮畜的鼎盛时期。 宠物饲养在中产阶级中兴起。
1851 年	伦敦首次举办正式的犬类展览。
1871 年	伦敦首次举办猫咪秀。
1887 年 /1911 年	关于虐待动物的立法在英国议会通过。
1899—1918 年	最后一次在战争中广泛使用动物——布尔战争和第一次世界大战。

第一部分

猎人与猎物

第一章

伙伴关系

24 600年前的冰期晚期，法国西南部佩赫默尔洞（Pech Merle Cave）。脂肪灯在黑暗中闪烁。灯光照亮了洞穴，黑影在凹凸的洞壁上起起伏伏，没入明亮的地面下。猎人蜷缩在潮湿的岩石上，抬头凝视对面两匹黑色斑点马。两匹马的面部各朝一方。岩石的自然形状使右边那匹头部凸显，柔和而波动无常的灯光给人一种似动非动的感觉。一个萨满轻声吟唱，从墙壁深处召唤马的力量。他手持赭色尖棍，在两匹马身上印上红色斑点，将其想象成捕猎时留下的伤口。吟唱声逐渐增强。至少有3个人，可能有男有女，走上前去，手撑着马旁边的岩石，将黑灰吹到石壁上。动物的超自然力量顺着他们的手流动，使狩猎成为正当行为。过了将近25 000年，上面的手印仍未退去。[1]

这是一种普遍的做法，在冰期的其他地方也有发生。在比利牛斯山脉的加尔加斯洞（Gargas Cave），一代代来访者——男人、女人和儿童，甚至婴儿——在洞壁上留下了他们的手印，有些印在塞满骨头碎片的缝隙旁，仅一个洞室中就有200多个。红色氧化铁或黑色锰粉使来访者

伟大的共存：改变人类历史的 8 个动物伙伴

佩赫默尔马

的手印更加明显，好像他们的手已经融入岩石，进入超自然的世界。

　　佩赫默尔位于一个有着幽深峡谷和冲积平原的地带，在最后一个冰期的鼎盛期，成群的野马在这里吃草。几代猎人在种马及其配偶的附近生活，在空旷地带，双方靠近行走也不用互相担惊受怕。他们能通过长相认识许多动物，甚至给一些动物起名。每一个季节，年轻男子都静静地潜伏在阴影里，观察动物进食或用蹄子刨开冬天的积雪寻找枯叶败草。他们见证冬夏季节动物模样的变化，观察当地马群的盛衰起伏，目睹交配过程和种马之间的激烈争斗。通过对动物的观察，猎人掌握了许多有毒植物和天然药物方面的知识。他们对这些马的了解不亚于对自己群体成员的熟悉程度，并因为马匹的精神力量始终对它们充满敬意。似乎他们已经爱上了自己的猎物。他们悄悄靠近，围拢捕杀，小心肢解杀死的猎物，尊敬的态度就像对待自己的狩猎伙伴。

这种描述肯定只是一种推测，但是，从人类学的角度判断，它肯定并非空穴来风、毫无根据。地球上没有一个狩猎社会不尊重它们的猎物。围绕各种真实或传说中的动物，澳大利亚原住民有着复杂而令人迷惑的口头传统，它们是"梦幻"*神话不可分割的组成部分，这种"梦幻"就是他们对大地和人类存在的无限遐想。加拿大北部森林里的克里族猎人认为每一个人身上都有精灵（spirit），正如世间万物有灵，无论是动物、植物、岩石，甚至帐篷及其门道。[2] 除了这些个体精灵（有些精灵比其他的更为重要），某些类型的自然存在，特别是一些动物，也有据说是其自身主宰的精灵属性，比如北美驯鹿或驼鹿。人类也同样如此。有些个体具有特殊的力量，比如长者，他们获得了关于动物和环境的毕生经验。有时他们拥有占卜权、知识以及促使狩猎成功的精神力量。毫无疑问，在法国和西班牙的洞穴中，冰期壁画背后的象征意义反映出人和他们猎杀的动物之间有着强大的联系。而这些联系并不构成支配关系。[值得注意的是，"animal"（动物）一词起源于拉丁语的 anima，意思是"灵魂"。]

---

* "梦幻"（The Dreaming），相当于澳大利亚原住民的创世神话。根据代代相传的"梦幻时期的故事"，神祇祖先变化成人形来到世上，创造了动物、植物、岩石以及今天地球上的一切事物。

伟大的共存：改变人类历史的 8 个动物伙伴

平衡、参与和尊重

冰期晚期年复一年的日常生活并不是围绕大规模杀戮展开的，而是以个人狩猎为基调。捕捉落单的鹿、诱捕北极松鸡、网捕野兔或围猎野马——所有这些都是这种生活的构件和片段，与引人注目又常常令人畏惧的动物世界近在咫尺。猎人们与动物杂居，每天目睹它们的生活，对彼此间的关系了如指掌。他们与自己的猎物一起生活，彼此亲密无间，这对我们来说难以理解。它们不只是可以被连发步枪或弓弩屠杀的生灵，还是有着自我习性和鲜明特征的生命个体，它们往往结成小群，连续几个月在附近徘徊。但是，这与我们今天对野生动物的态度有着怎样的反差呢？4 000多年前的《创世记》表达了西方社会的世界观："神……对他们说：'要生养众多，遍满地面，治理这地；也要管理海里的鱼、空中的鸟，和地上各样行动的活物'。"[3]

《创世记》让我们深信，我们人类控制着地球以及在地球上生活的所有动物。自然界是一种不同的存在。人类把自己置于环境、动物和植物之外，并控制着它们的命运。这是现代自然保护主义的一个基本观点，也就是提倡"原始荒野，人类不得入内"。人类学家蒂姆·英戈尔德（Tim Ingold）的说法令人印象深刻："这就像把一个'请勿触摸'的提示牌挂在博物馆展品前：只可远观，请勿靠近。"[4] 我们培养了一种与荒野分离的深刻意识，一种"请勿干涉"综合征。然而通过对洞穴壁画和澳大利亚现有猎人的研究，我们发现这种"不干涉"完全不符合我们了解到的传统狩猎生活方式。传统社会在对待动物时，保持着活跃、亲密和尊敬的态度。

在过去一个世纪或更长的时间里，通过对世界上许多地区现有猎人和采集者的研究，我们认识到自然环境并不是任由我们索取食物的被动存在。它是一个生机勃勃的世界，充满各种各样的力量。人们如果想要生存，就必须和这些力量建立联系，无论它们是动物、植物还是矿物——就像他们必须和同类中的其他人建立关系那样。这就意味着他们必须以体恤之心对待山川大地及其中的动物和植物。这就涉及截然不同的做法。成功的狩猎仰仗猎人与动物力量之间所建立的个人关系，这需要在以往的狩猎活动中精心构建。捕猎所获得的肉食是在遵循恰当捕猎程序方面长期投入的回报。通过对资源的管理，许多古代和现代狩猎社会采取了有意识的保护措施。

对传统狩猎者来说，同样的力量，既能让大自然充满生机，也能决定人类的生存和毁灭。正如另一位人类学家理查德·纳尔逊（Richard Nelson）在提及阿拉斯加的科育空（Koyukon）猎人时写道："人类最恰当的角色就是为主宰一切的大自然服务。"[5] 人类的福祉取决于和解与尊重。所以，科育空人屈服于环境的力量：他们从不与环境对抗。我们可能会说，有两个独立的世界，人类世界和自然世界。但是，对科育空人和其他狩猎者来说，实际上只有一个世界，而人类只占其中很小的一部分。

与大羚羊共舞

北极和亚北极、热带非洲和澳大利亚的人类学研究记录了猎人与各种自然环境的力量之间紧密保持的平衡，以及猎人与猎物

伟大的共存：改变人类历史的 8 个动物伙伴

之间的平衡。在世界各地，猎人都全身心投入到一项意义深远的与动物亲密接触的活动中。以杀死猎物而告终的成功猎捕被认为是猎人和猎物之间友好关系的见证，在此过程中，猎物被杀完全出于自愿。杀死猎物不是一种暴力征服行为，而是将动物带入一个熟悉的社会存在领域的成功尝试，是共存和相互交换过程的一部分。我们可以肯定，作为人类生存战略的一部分，这种紧密的联系在几万年以前就已经建立。

非洲南部桑族（San）狩猎采集者生活的大地上充满了各种大大小小的动物——大群的羚羊、迁徙的牛羚、斑马以及许多小动物。然后还有捕食者，如狮子、豹、鬣狗，以及令人生畏的水牛、大象和犀牛。每一只动物，无论大小，都是桑族世界不可或缺的一部分。在无限广大的超自然秩序中，每个个体都有自己的位置。在这个包括猎人在内的充满活力、生机勃勃和超自然的世界里，每一个生命都有自己鲜明的特点和个性。桑族人是动物生活万花筒中的成员，他们主动融入其中，与他们猎杀并食用的动物享受不分彼此的亲密关系。无论大小，他们对所有动物都体贴照顾，即使有些动物背负着杀手或骗子的恶名。一个人小心谨慎地行走在过去捕食者频繁出没的地带，在这里，他要保全性命取决于仔细的观察与代代口耳相传并精心积累的经验和知识，也取决于他与周围世界超自然力量之间的微妙沟通。

对桑族人来说，大羚羊（eland）是最重要的猎物之一，它们是形体最大、速度最快的羚羊类动物。桑族艺术家在岩洞的墙壁上刻画了数以百计的大羚羊，周围还有人在跳跃。这些绘画主要出现在南非东部的德拉肯斯堡山脉。[6] 直到最近，博茨瓦纳卡拉哈里沙漠的桑族人仍然保持着在刚杀死的大羚羊周围跳舞的传统。当药师（萨满）将他们的能力激活时，他们全身颤抖，然后大汗淋漓，鼻孔出血。一只垂死的大羚羊张着大口，浑身颤抖，大汗淋漓，化成液体的脂肪像鲜血般从大张的口中喷涌而出。也许，桑族人是在将人类的张狂比作垂死大羚羊的阵痛。在桑族牛舞中，模拟表演和声音效果是如此逼真，仿佛野兽真的出现在参与者面前一样。萨满起舞时，会产生幻觉，"看见"大羚羊站在火光的尽头。

不久，舞者与大羚羊合二为一，完成变形：他们也就成了大羚羊。这样，动物和人便实现了互换。桑族艺术家将大羚羊的鲜血与赭石混合，使他们的绘画在完成很久之后仍然是力量的源泉。在一些岩洞里，岩壁上留下了染过色的人类手印。把手指印在岩石或图画上，人类就获得了涌入自身体内的大羚羊的力量。这就好像大羚羊就在岩石后面，至少通过某种精神上的紧密联系与猎人分享它的力量。比这更早几千年的冰期的猎人可能也同样如此。猎人与猎物以及人与动物之间的亲密关系跨越了几千年。

不仅是桑族人，所有以猎物为生的猎人都发现自己陷入与动物的密切交往中。因此，猎人以什么方式与人相处，就要用什么方式对待他的猎物。他小心谨慎，因为他从来无法确切预见它们的行为。出于这一原因，对动物的详细了解，包括习惯和饮食、外貌和行为，都至关重要。猎人花费大量时间观察动物，不仅要了解它们的习惯，而且要像了解朋友及朋友的心情和特点那样去了解它们。猎人运用自己和他人的经验，以及大量对动物及其个性有着详尽描述的神话、传说和故事，长期掌控着自己与猎物的关系。

动物和人类生活在同一个世界，二者不仅以身体或意识，而且以整个生命彼此互动。人类与动物地位平等，本无高低之分，直到人们开始驯化各种动物，支配和从属关系才出现。人类社会和自然界之间的界限可以轻松跨越，两者可以相互渗透。以猎人为背景，记述动物与人类的关系史，就相当于写一部人类关注动物的历史，体现了我们照顾动物和与动物相互依存的理念；这和我们将动物与社会、自然与人类做出明显区分的做法截然不同。我们今天需要探究的是我们和动物之间关系的质量。就这一问题，过去的猎人（实际上还有今天尚存的猎人）有着清楚的答案。

遥远时代的故事

猎人与动物之间的交流可以追溯到遥远的时代。无数源自遥远过去的故事由猎人和采集者代代相传，经久不衰。在北方，很多这样的故事都是由人们在漫漫寒夜的温暖被窝里讲述的。科育空人讲述现有秩序形成之前就开始的"遥远时代"的故事。在那个时代，动物就是人类，具有人的外形，生活在人类社会，说着人类的语言。在遥远时代的某个时间点，有些人死后变成了动物和植物，生活在今天的土地上。理查德·纳尔逊称之为"梦幻变身"，这个过程在当地动物的身上留下了一些人类特征与人格特点。与世界上其他无数社会一样，在科育空社会里，这些通常极为冗长的故事相当于《创世记》里的创世故事。它们解释太阳、月亮和星座的起源，说明重要地标，常常以渡鸦为主角。

在许多美洲原住民社会里，渡鸦在创世神话中有着重要地位。对科育空人来说，渡鸦是个矛盾体："万能的小丑、仁慈的捣蛋鬼、滑稽的丑角以及神。"[7] 渡鸦控制着环境，使河水单向流动，给摆渡者造成麻烦。渡鸦创造了动物，为人类设计了死亡，并给他们设置了重重困难。正如一位科育空人对理查德·纳尔逊所说的那样："就像和神对话，这就是为什么我们要和渡鸦说话。是渡鸦创造了世界。"[8] 动物和人很接近，尽管它们有所不同：它们没有灵魂，而灵魂和动物的精灵是不同的。但是它们和人类确实很接近，它们感情丰富，能和同伴沟通交流，还能明白人的言行。动物和人类之间的互动非常密切，这意味着它们的精灵很容易被人的无礼行为冒犯。

　　科育空人认为，要以恰当的行为对待自然，因为强大的精灵随时会惩罚无礼或侮辱行为，也包括浪费行为。猎杀动物不构成冒犯行为，但是活着的或死去的动物必须被作为人类生命之源温柔以待。如果猎人行为不敬，他将与好运失之交臂。科育空人忌讳对动物指指点点，他们面对动物时，说话谨慎，不打诳语。他们在杀死动物时，不可以给它们造成痛苦，也不能将受伤的动物丢下不管。关于如何对待被杀死的动物，有着严格的规定，包括如何正确屠宰动物，如何恰当处理肉食。肉食消费有许多禁忌，不能食用的部分要受到尊重，并被合理掩埋或焚烧。

　　科育空人认为，环境是自然和超自然的结合，是人们生活的第二社会。猎人在森林中狩猎或穿行的时候，心里明白精灵正围绕着他们。每一只动物远非人们肉眼所见那么简单。遥远时代的故事告诉我们，动物也有人格特性。正如纳尔逊所言："它是生物群体的一员。"[9] 在科育空人的世界里，涉及动物的每一样东西至少部分存在于超自然时空。在科育空人及地球另一边的桑族人中，每一个族群的萨满都用自己的力量控制大自然的精灵，以此来疗伤治病；作为精灵的助手，他们还与北美驯鹿和其他猎物的保护神沟通，从而吸引动物，并使物产丰茂。

超自然力量的闪现

在非洲和澳大利亚等更加温暖的环境中，远古时期和有史可查的狩猎社会严重依赖各种植物食品。相比而言，狩猎只不过是些零星活动，即使在撒哈拉以南非洲猎物繁多的地区也不例外。没有零度以下的天然冷藏环境，鲜肉的储存是个难以解决的问题。与此不同的是，高纬度地区的猎人几乎以猎物的肉以及鱼类维持生存。[10] 冬季的食物储存至关重要；猎人必须捕杀数量足够多的动物，不仅是为了获取食物，也有其他目的，因为植物食品及用于穿衣、建房的植被全年严重短缺。

在冰期晚期以及之后的几千年里，卡里布鹿*和驯鹿这样的迁徙物种一直是高纬度地区人们钟爱的猎物。直至今天仍然如此，因为基本狩猎行为少有改变，尽管武器已大为改观。这两种动物都大规模成群迁徙，对于它们的行进线路和关键渡河地点，人们比较容易预测。有人可能会认为，猎人只要跟随行进的鹿群，就

---

* 卡里布鹿（caribou），北美驯鹿。这里采用音译，是为了避免与后面的驯鹿（reindeer）用词重复。

能随心所欲地捕杀。这一传统想法是完全错误的，因为驯鹿的移动速度比人快得多，也不像人那样，受儿童和个人财产拖累。卡里布鹿或驯鹿在过去和现在一直遭到大量捕杀，在战略要地被猎人伏击和诱捕，特别是在夏末秋初这些动物处于最佳状态的时候。仅仅获取肉食还远远不够，因为猎人需要等量的脂肪。这使得处于最佳状态的高脂肪动物成为猎人喜爱的捕杀对象，特别是秋季的雄鹿，在发情前，它们的脂肪含量可达体重的20%。今天，许多北方猎人在杀死动物后只拿走脂肪，而将尸体抛弃，任由它们腐烂，除了舌头和小腿部位的骨髓，因为它们是难得的美味珍馐。一年的多数时候，雌鹿和幼鹿是人们的首选，而未出生的幼鹿更是大受欢迎——令当今动物保护人士极为震惊。远古时期的人类很可能采用同样的做法。

另外，还有用途广泛的鹿皮。例如，幼鹿皮可以用来做内衣，雄鹿皮可以用来做皮靴。除此以外，鹿皮还可以用来做皮鞭、帐篷、皮包和皮划艇等。早在1771年，博物学家塞缪尔·赫恩估计，仅为了家用，哈得孙湾附近的每个契帕瓦人（Chipewyan）每年要消耗20多张卡里布鹿皮。[11] 同样，大量的肉食被遗弃，在夏末高温下腐烂，造成巨大浪费。这些被遗弃的死尸成为渡鸦和狼等食腐动物的美餐，它们每年大部分时间都跟在鹿群后面。浪费尽管巨大，却不足以造成驯鹿或卡里布鹿的灭绝。然而，浪费在所难免，因为人们只要仔细观察并把握好机会，就能捕杀大量猎物，且只要食用其中一部分就能满足生存的需要。成功与否取决于能否正确衡量气温、雪的深度和雪的硬度等多种因素，唯有如此，人们才能提前预测迁徙路线如何改变。否则，只能挨饿。

在小型狩猎团体中，头领在体能、耐力和狩猎技巧方面都要高于平均水平，并能对大家的意见进行分析、判断并将其转化为行动。作为头领，他将通过狩猎技巧获得的肉食及其他物品集中起来，然后再把这些"财富"分配给团队里的其他成员。家畜这样的个人财富并不存在，没有人会极力将更多的动物据为己有。短暂的领导权由一位猎人传给下一位猎人，在这样的社会里，猎物的繁殖由超自然力量控制。[12]超自然力量的所有权极其重要，常常由专职萨满掌控，在这种社会里，只有兽群才能确保人类的生存。形成鲜明对比的是，在驯养家畜的社会中，负责维护牧群长盛不衰的在过去和现在都是普通社会成员。

对许多猎人来说，超自然力量突然闪现，猎物就唾手可得。作为精灵的主宰，超自然力量决定哪些动物可供人类食用并再生。这就是为什么猎人对杀死的动物充满敬意——为了避免冒犯精灵。对北方人而言，驯鹿和卡里布鹿是永生不灭和不可战胜的。实际上，对古代和当今的猎人，如桑族人和北方猎人来说，捕杀猎物是一种再生行为。由于人们在消费和使用肉食和毛皮的时候都充满了敬意，死去动物的精灵就能回归精灵的主宰。

跟随指蜜鸟

野生动物和人类紧密互动的例子不胜枚举，而这些肯定与动物驯化毫不相干。二者组成了互惠互利的松散利益联盟，这经常是无意识的行为，并延续了几代人，就像肯尼亚北部博朗族（Boran）牧牛人和指蜜鸟之间的关系那样（见插叙"指蜜鸟与人类"）。指蜜鸟发现蜂巢，博朗人将它们打开。这就是博朗人和指蜜鸟之间的相互依存关系，因此人们认为，杀死指蜜鸟无异于谋杀行为。

指蜜鸟与人类

黑喉指蜜鸟（*Indicator indicator*）喜欢蜂蜡及蜂巢的其他组成部分。[13]它是能够消化蜡的少数几种鸟类之一，但它也有一个弱点。指蜜鸟虽然能够找到蜂巢，却无法将其打开。因为蜂巢位于狭小的裂缝、空心树干和白蚁堆里，入口处有攻击性极强的蜜蜂把守，蜂刺能够穿透羽毛，足以使指蜜鸟丧命。旱季快要结束时，昆虫变得稀少，鸟类只能以蜡为食——这个时候博朗人同样缺粮、缺奶，只能靠蜂蜜为生。他们还认为蜜蜂是高超的药剂师，认为它们酿制的蜂蜜可以治疗多种人类疾病，包括疟疾和肺炎。另外，蜂蜜具有极高的营养价值，特别是与鲜牛血或牛奶混合后，效果最佳。但是，人类也有弱点。他们虽然能够打开蜂巢，取出蜂蜜，却没有能力找到蜂巢。几百年甚至几千年来，指蜜鸟和人类为获取蜂蜜并肩作战。

寻找蜂巢的时候，人们会吹响握紧的拳头、贝壳或掏空的坚果。响亮的哨音在几千米以外都能听到。有时，猎人会点一堆烟火，或敲击木头，或大声喊叫，以此来吸引指蜜鸟。指蜜鸟循着声音找寻它们的人类伙伴。它们飞近猎人，落在显眼的灌木或树枝上，并发出"嘚嘚"的叫声。

黑喉指蜜鸟

当人靠近时，指蜜鸟加快鸣叫的节奏，并向蜂巢飞去。指蜜鸟飞一会儿停一会儿，基本以直线飞行，直至抵达蜂巢，然后保持安静，让猎人完成最后的搜索。每个取蜂蜜的人都会为指蜜鸟留下一些蜂巢。没人知道这种独特的亲密关系是如何形成的，但是寻蜜季节正好是鸟和人都缺乏常规主食的时候，因此，二者就以这种独特的共生方式相互依赖，寻找食物。这种伙伴关系得益于机动性发挥的作用——牧牛人的不断迁移、蜜蜂迁徙的习性以及指蜜鸟广阔的活动范围。有鸟做向导，猎人节省了大量时间，他们成功的概率大大提高了。

在传说和民间故事中，动物在创造性活动和永不停歇的日常生活中发挥了积极的作用。这些传说，就像狩猎经验，通过故事、歌谣、仪式、舞蹈以及艰难经历，以口头方式代代相传，在人类和他们的猎物亲密相处的时代，成为关于动物的知识瑰宝。随着动物对人类社会的改造，这一切终将改变。

第二部分

和智人一同崛起

第二章

好奇的邻居

18 000 年前的某个夏夜，欧洲中部。克罗马农猎人和他们的家人在篝火旁借着火光用餐。他们将吃剩的驯鹿骨头扔进漆黑的夜色，周围可能没有开阔地，抑或下面的斜坡就是天然悬崖。火焰升腾跳跃，人们只见狼的眼睛闪着亮光，在不远处注视着他们。大家明白，野兽就在附近耐心地等着人们入睡。过了一会儿，人们将鹿皮裹在身上，慢慢进入梦乡。饿狼悄悄地叼起被丢弃的骨头，又悄悄地离开，可是人们并不感到害怕。他们并不担心狼会把他们当成猎物，因为这群狼一直生活在他们的附近，世代以他们丢弃的剩食为生。甚至连孩子都能根据外形认出个体动物。人和野兽的行为是可预见的，对彼此都不构成威胁，二者都是社会性动物，不知不觉就形成了相互依赖的关系。

某种程度上，在寒冷的大地上和气候温暖的各种地理环境中与人类共同生存了数个世纪之后，一些狼加入人类的行列，进化成狗。它们为什么要这么做？这是什么时候发生的？这些问题使人们争论不休。不过，我们知道，很可能在 15 000 年前，这样的事情就已经发生，此后过了很久，我们才变成农民，定居在永久性村落里，开始放牧家畜。

所有专家都认为欧亚灰狼（Canis lupus）是家犬的原始祖先。遗传学最能说明问题。[1] 狗的线粒体 DNA（脱氧核糖核酸）通过雌性遗传，和狼的最大差异仅有 2%，然而，狗与近亲野生郊狼的 DNA 居然相差 4%（见插叙"狗、狼和 DNA"）。实际情况很可能要复杂得多，因为犬科动物之间的杂交司空见惯，导致它们的祖先更加复杂多样。[2]

15 000 年前，地球正处于冰期最后一股寒潮的控制之下。巨大的冰盖覆盖了斯堪的纳维亚和北美的大部分地区，地球海平面比今天低大约 91 米。空旷无垠的无树大草原从大西洋一直向西伯利亚的腹地延伸，寒冷多风的大陆桥将东北亚和阿拉斯加连接起来。9 个月的冬季实属常态，欧亚大陆为众多耐寒哺乳动物提供了栖息地，包括原牛、欧洲野牛、驯鹿和野马。大小不一的捕食者比比皆是，其中包括灰狼和人类，二者捕杀的动物种类繁多。那里的人类是熟练机敏的猎手，俗称克罗马农人，他们被以法国西南部的一个洞穴命名，该洞穴于 1868 年首次被发现。[3] 43 000 年前，他们以极少的人口散居在整个欧洲。在几万年的时间里，狼和人共享一个充满挑战的环境，二者不一定相互竞争，但都仔细观察着对方，彼此的距离常常近得令人吃惊。这种毗邻的生活导致两者之间的关系发生了深刻的变化。

狼有那么坏吗？

狼一直背负着坏名声，这可以追溯到很早以前，很可能是因为它们捕杀牛羊。它们是贪婪、凶猛的杀手。狼对羊圈里的羊大开杀戒，攻击小孩，在村子边上的黑森林中游荡。虚构的大坏狼是人们对狼的长期刻板印象，根植于中世纪的民间故事中。在北欧神话中，斯科尔狼（Skoll）吞噬了太阳，世界毁于诸神的黄昏*，暴力斗争和自然灾害接踵而至。大坏狼已成为一个危险的反面角色，一个通用的警世故事，甚至被搬上了迪士尼电影和《芝麻街》**（它在那里为自己的罪恶忏悔，并养成了吹泡泡的嗜好）。[4]实际上，我们现在知道，许多狼颇为胆小，甚至很友好，并有着强烈的好奇心。

大量负面的宣传集体抹黑了狼的形象。15 000 年前，我们与狼为邻，共同生活，虽然必须小心谨慎，但也相安无事。在有些地方，人与狼共处肯定是司空见惯的现象，正如我们今天见到的人们在城市街道上遛狗的场景。然而，一旦成为农民，我们就要掉过头来对付我们的食肉邻居，保护我们的牲畜不受伤害，因为狼的传统野生猎物变得稀缺。随着牛羊数量的激增，人们定居在更加拥挤的场所，他们尽其所能，把狼赶尽杀绝。统治者和政府也加入了这场杀戮。很久以前的公元前 6 世纪，一旦有狼被杀，雅典立法者梭伦都要提供赏金。最后，狼还影响了宗教教义。基督教的象征主义把狼描绘成魔鬼和邪恶的动物，它们追踪并挑唆那些忠

---

* 诸神的黄昏（Ragnarök），北欧神话预言中的一连串巨大劫难，包括造成许多重要神祇死亡的大战。

** 《芝麻街》（*Sesame Street*），美国金牌学前教育节目，1969 年在美国首播。

诚的信徒。为保护牛羊，欧洲的国王支付赏金，让人们猎杀野狼。亨利七世统治末期的 1509 年，狼群因被认为是羊的克星而遭到无情猎杀和诱捕，从而在英格兰绝迹。这种仇杀跨越了大西洋。到 1930 年，美国本土 48 个州实际上已经没有狼的踪影，西部连一匹也没有。然而，灰狼仍然是地球上除人和家畜以外分布最广的大型哺乳动物，尽管它们目前占据的地盘只有古代的 1/3。幸运的是，几代人的研究教会了我们很多关于狼的知识，也使我们懂得它们对地貌景观的影响。

群体捕食者

灰狼有点像德国牧羊犬，但是头更大，腿更长，爪更宽。它们身材修长，体格强壮，移动迅速。腿长的优点使它们能够在积雪中行走，而它们的大部分领地经常被积雪覆盖。除了人类和俄罗斯远东地区的西伯利亚虎，狼没有其他天敌。它们曾经是世界上分布最广的哺乳动物，数量仅次于人类和狮子，习惯与人类为邻，并和人类分享共同的猎物。

和人一样，狼也是群居动物，生活在组织严密的狼群中。大多数狼群包括一对父母和它们的孩子，偶尔会有兄弟姐妹或其他成员。[5] 狼群有着严格的等级制度，处于顶层的是繁衍后代的一对雌、雄头狼。成年下属是头狼的助手，但通常会离开原生家庭，并组成它们自己的繁殖狼群。狼的社会等级不断发生变化，支配和从属地位可以通过身体形态来衡量，如耳朵或尾巴的位置。狼群不断迁徙，通常排成单列行进。在跟踪迁徙中的驯鹿或其他猎物时，它们能够行走很远的距离。它们凭借灵敏的嗅觉进行捕猎。据说它们能发现 7 千米以外的驼鹿及其幼崽。它们小心翼翼，悄悄而快速地接近猎物，然后全速追击，力图在最短的距离内将其扑倒。专家们认为，狼捕猎的成功率大约只有 10%，很大程度上是因为驼鹿和麝牛这样的动物在陷入险境时能够有效地保护自己。相比之下，卡里布鹿、鹿和驯鹿则依靠速度逃生。实际的攻击需要狼群协力包围猎物，全力撕咬，将其扑倒。之后群狼立即开始享用杀死的动物，尽可能充分填饱自己的肚子，以弥补长时间缺少食物所造成的饥饿。狼通常是食腐动物，因为它们捕食年老体弱的动物以及幼兽，特别是当猎物经过漫长的冬季，身体羸弱不堪、营养不良的时候。

狼是所有捕食者中最具团队精神的动物之一。这种习性可能是源于其在冰期形成的集体捕猎行为，因为这样它们才能对付野牛和驯鹿等体型高大的有蹄动物，特别是在实际捕杀的时候。它们的这种做法很像早期的人类，将投机和食腐相结合。开始的时候，狼比人类更为成功，因为人类的武器不过是用烈火烧制或用石块打磨的矛，要尽可能接近猎物才能成功。从尼安德特人*骨架上留下的伤情可以判断，50 000 年前的猎人有时候要跳到大型动物的背上，把矛刺入它们的心脏。这一点，狼和人何其相似。狼依靠速度追击，然后近距离攻击。

15 万年前，随着智人，即现代人，在热带非洲出现，狼和人

---

* 　尼安德特人（Neanderthal），生活于旧石器时代的古人类，因其化石发现于德国尼安德特山洞而得名。从 12 万年前开始，他们统治着整个欧洲、亚洲西部以及非洲北部，但在 24 000 年前，这些古人类却消失了。

类之间的竞争差距开始缩小，因为人类逐渐改进了狩猎技术——前端装配鹿角的矛可以用发射器助推发射，提高了射程和攻击的准确性。后来又出现了弓和毒箭。30 000 年前，人类和狼是欧亚大陆上的近邻。两者都生活在结构严密的群体中；狼和人都生儿育女，并把自己的后代作为小群体的一部分。在很多情况下，猎人和狼甚至可能共同狩猎。当彼此熟悉又不害怕对方的时候，这样的事情并非天方夜谭。

从洞穴中的壁画我们可以看出，30 000 年前的猎人对猎物和其他捕食者充满了敬意。狼从来没有出现在岩洞壁画中，但它们是如此普遍，人们肯定会对这些近邻敬重有加，并将它们纳入狩猎知识和神话故事中，作为宇宙起源剧本中的重要角色。当然，这仅仅是个假设。但是，当今的北方猎人对待狼的方式肯定来源于古老的传统。阿拉斯加的纽那米特（Nunamiut）因纽特人崇拜狼在捕杀驯鹿时的狩猎技巧。北极地区的因纽特猎人把狼视为向导，甚至认为这种动物以前就是人类——因此将它们作为兄弟一般对待。但是，也有些故事把狼描述成危险动物和创世神话中的邪恶力量。在多数情况下，人和狼之间是这样一种关系：人给予狼的是尊敬，而狼有时对人充满好奇。双方都有各自的优势。

在冰期晚期捕食者繁多的地带，狼肯定是一种司空见惯的动物。与狼为邻的人类对狼群十分熟悉。比如，他们知道，除了春天和初夏的穴居季节，狼群为了寻找猎物会不断迁徙。[6] 狼群也知道捕猎的战略位置，它们在这里跟踪并追杀迁徙中的驯鹿——常常与人类伏击集群动物的地点不谋而合。两者都是十足的社会性动物，习惯于投机和食腐，甚至分享对方捕杀到的猎物。人类将杀死的猎物搬到狩猎营地时，会丢弃那些无用的部分。对狼来说，捡食人类丢弃的骨头和肉是一件再自然不过的事。几个世纪以来，这种食腐习性已经成为第二天性，将人类和动物带入一个更为紧密的共生关系。狼利用人类的宽容，获取人类提供的食物。人类和狼都已习惯两者之间的合作，在狩猎、观察周围环境和社会关系方面，合作无处不在。多年的捡食行为导致了一种默契的关系，甚至出现了这样的情况：有些更善于社交的狼趴在投食的猎人身旁，发出个信号，可能是一个眼色或其他肢体动作，就能表达它们对废弃食物的需要。后来，你也可以想象，猎人和这些狼跟踪驯鹿群；狼充当向导，可能还负责包围猎物，而猎人使用高效的武器负责捕杀。几只狼，或整个狼群，可能和狩猎团队联手，它们对其他捕食者的出现发出警报，对猎物进行侦察，最后打扫战场，捡食腐肉。在这种合作中，双方可以各取所需——狼可以获取可靠的食物，而猎人得到了保护和情报。

狗–狼?

狼是什么时候变成狗的呢？为了回答这个问题，我们必须求助零散而又极不完整的考古发现，年代越古老的发现，越会给我们带来复杂的科学挑战。简单地说，狗和狼的骨骼究竟要如何区分呢？我们已知的可能由早期的狗留下的遗骸，最多也只是些残片，无法为研究人员提供清晰的线索。这些残片为我们提供了诱人的动物形象，而它们可能是半狼、半狗的动物。

最早的家犬骨化石可能是比利时戈耶洞*的头骨残片，据称可以追溯到大约32 000年以前；另外还有西伯利亚南部阿尔泰山拉兹博尼奇亚洞（Razboinichya Cave）中距今33 000年的牙齿和下颌骨残片，据说其基因与古代的狼只有细微差别。[7]然而，不幸的是，戈耶头骨和人类的居住没有紧密联系，价值不大。所以戈耶狗就是家犬的结论仍然值得怀疑。研究拉兹博尼奇亚洞骨化石的遗传学家对他们的发现颇为谨慎，但是狼和人类的紧密互动可能比我们已知的年代要早得多。

幸运的是，我们还有更多发现。在欧洲的中部和东部，我们发现了10多处冰期晚期的考古遗址，里面有无数猛犸骨化石。大多数化石位于较高的河道台地上，或水边的低矮山区。这些体格庞大的动物提供了大量食物以及制作工具和装饰品的材料。人们在修建圆顶房屋时，用它们的骨骼做成坚固的框架，再用猛犸皮搭建屋顶。10万年前的尼安德特人食用猛犸肉，但他们只能偶尔逮到猛犸，可能采用伏击的方式或趁它们陷入沼泽时将其擒获。然而，大约45 000年前，现代人带来了更加小巧、效率更高的武器，他们能够从更远的距离攻击猛犸。研究古代动物骨骼的专家帕特·希普曼（Pat Shipman）推测，猎人可能也使用了另外一种武器——一种体型较大、形态上有别于狼却类似于狗的动物，其骨骼残片在猛犸屠宰场与猎物骨骼散落在一起。希普曼将它称为"狗-狼"，这种犬科动物有着不同寻常的线粒体DNA，在现代

---

* 　戈耶洞（Goyet Cave），位于比利时中南部的一系列相互连通的石灰石岩洞，洞内发现多块旧石器时代的狗化石。

犬类或现代及古代的狼身上都未曾发现过。该物种单体型的雄性可能与母狼杂交，它们产生的后代可能就是现代犬类或狼的祖先。这可能就是在驯化方面的早期尝试，但即使留下过后代，数量也很少。

在撰写本书时，希普曼的"狗-狼"推论仍然具有很强的不确定性，她只是通过研究欧洲各地的骨骼残片得出了这一结论。如果这种"狗-狼"确实存在过，那它们对于追求更大猎物的人类肯定是无价之宝。像狼一样，它们可能会包围笨重的猛犸或其他大块头猎物，大声吠叫，使猎人能够近距离捕杀。它们也可能像看门狗那样，让其他捕食者远离宰割好的鲜肉及附近的居住地。"狗-狼"可能并没有经过专门的狩猎训练，但是它们会像狼那样跟踪并包围猎物，以便有效地猎杀猛犸和其他难以对付的动物。另外，它们也能更好地控制杀死的动物尸体。结果可能导致更多的食物和不断增长的人口，更多的猛犸屠宰场就可以说明这一点。体型更大的"狗-狼"也可能将肉食从屠宰场运回营地，不过这纯粹只是一种推测。[8]

希普曼的假设以及遗传学家对早期犬类的研究认为，狼的驯化经历过一段很长的过渡期。其间，狼是人类的紧密合作对象，而不是整天生活在人们身边的家畜。这种假想的"狗-狼"在冰期末期就已经灭绝，因为它们与后来的家犬有着显著的区别。无论它们和人的关系有多么紧密，在那种必定松散的相互依存关系中，它们为自己的人类邻居带来了显而易见的好处，而这种关系建立在相互尊重和对肉食共同需求的基础上。

狼是如何被驯化成狗的？

除了"狗-狼"之外，我们永远无法得知充分的驯化是如何完成的。最有可能的情况是，人们收养被遗弃的狼崽，后来它们成为宠物，最后就变成了狗。它们和人类的孩子一起被人抚养长大，然后开始在自己的种群内繁殖"狼宝宝"。经过一代又一代，它们变得越来越像狗。这种假设认为，人们曾经抓到过数量众多的狼崽。但它很少考虑狼在人们身边的行为，以及它们作为社会性动物的与生俱来的、强烈的好奇心。

人们抚养抓来的小狼崽，借机将它们驯化到一定的程度，使它们对人更加亲近，特别是在狼崽只有 3 个月到 8 个月大的时候。狗和狼的主要社会关系就是在这几个月中建立起来的。根据生物学家雷蒙德·科平杰（Raymond Coppinger）的研究，驯化的狼会在人面前吃东西，而野狼不会——这是一个重大区别。[9] 并不是说驯化的狼崽就会变成狗，因为要真正变成狗，还需要其他关键的适应过程。首先，动物必须在家庭环境中找到自己的位置，这需要它们把自己当成家庭成员，而不是野生动物。同时，狗对压力的忍耐力比狼要强得多，这就意味着，只有极少数狼崽能够成功适应。但是，早期的抚养并不意味着必须将它们完全驯化或防止它们逃跑。人和狼都有非常相似的等级森严的社会组织，这种组织的运转以家庭生活和有效的交流为中心。这种生物特性可以帮助有抗压能力的狼更好地适应家庭生活，与人和谐相处。并不是所有的幼狼都能轻易融入由人而不是狼主导的社会中。那些无法适应的好斗分子肯定会被杀掉，或者被驱赶到野外。

狼变成狗的过程既是生物进程，也是一个社会进程。转变过程部分涉及饮食的改变。狗和人都是杂食动物，但是驯养的幼狼必须适应由碎肉和素食构成的饮食。它们无法学到对野狼来说再平常不过的集体狩猎技巧。它们的食物要么来自人的施舍，要么来自被随意丢弃的剩食，要么来自自己捕捉的小型啮齿动物和其他动物。这种独自狩猎的嗜好很可能成为与人类合作的关键技能。从不同来源获取各种不同的食物，需要费尽心机和耐心恳求。这样的饮食状况很可能导致体型变小，以适应环境，减少对营养的需求。

　　就个体而言，狼很容易适应狗那样的生活，但是，它们要怎么延续自己的血脉呢？它们和野狼交配的机会极其有限，特别是因为大多数狼群不允许外来者与头狼和其他成年野狼交配。那么，几乎可以肯定，它们只能在人类的屋檐下和同属于家养的狼进行交配。最早的狗进入了新的栖息地，并得以迅速传播，填补了一个新生态位，这也是性早熟带来的优势。从严格的生态角度来说，我们可以把这看成一种狼向人类社会殖民的行为，而后来它们就演变成了我们所说的狗。家犬进入性成熟期比野狼要早得多。因此，与狼相比，它们的个头逐渐变小，外表也更显稚嫩，这种趋势随着数量的增长进一步加快。人类学家达西·莫里（Darcy Morey）雄辩道，对早期的狗来说，最好的策略就是"以最快的速度和最多的数量繁殖健康的狗崽，然后让它们到外面去传播"。[10]

　　狼加入人类社会，变成驯养的狗，并在欧洲、欧亚大草原、东亚，甚至喜马拉雅等广阔区域（见插叙"狗、狼和 DNA"）的许多地方及不同场合与人类建立起紧密的关系。狼的驯化是一个扩散的过程，是一个直接和不可避免的结果。因为，人和动物世代为邻，共同生活，相互依赖，形成了非正式的紧密关系。人们通过仪式和对其他生灵深深的敬意，进一步强化了这种关系。

狗、狼和 DNA

自从 ABO 血型体系在 20 世纪早期确立以来，遗传学在动物和人类进化的研究方面发挥了重要的作用。现代分子生物技术能够使我们对狗、绵羊和牛等动物身上的每个细胞核里的遗传信息进行研究。在活的动物身上进行细胞核 DNA 研究非常容易，但是在动物死后，难度会迅速增大。在细胞核外叫作线粒体的微小结构中有一种线粒体 DNA，只通过雌性遗传。近年来，对这种线粒体 DNA 的研究为追溯不同动物的祖先带来了新的希望。线粒体 DNA 在遗传的过程中，以稳定、独特的比率发生改变，而且是随机突变*。一些惊人的发现包括，早在哥伦布之前，安第斯山地区鸡的基因特征就与波利尼西亚鸟的基因相吻合。这表明，在欧洲大发现时代之前，两地之间可能已经有过联系。

我们对狗的遗传史仍然知之甚少。[11] 通过将亚洲、欧洲和北美洲 27 个狼种的 DNA 与 67 个品种的 140 只狗的 DNA 进行比对，结果毫无疑问，狼就是狗最早的祖先。

---

* 随机突变（random mutation），指发生基因突变的细胞是随机的，每个细胞都有概率发生。

然而，驯化只发生过一次，还是在很多地方都发生过呢？2002 年，一家颇具影响力的研究所提供的线粒体证据表明，东南亚是犬类的一个发源地，但是那里最早的考古发现只能追溯到 7 000 年前，比欧洲要晚得多。最近一项对世界各地151 只狗的 Y 染色体（通过雄性遗传）所做的研究显示，其中一个发源地位于东亚的长江以南。越来越多的证据指向了一个东南亚种群，该种群已传遍全世界。然而，已知最早的家犬来自欧洲和西南亚。遗传学家指出，欧亚大陆的犬类与狼有过很长时间的杂交史，而东南亚的犬类一旦被驯化，就远离狼群而居。因此，它们形成了自己的进化路径。澳大利亚野狗出现于大约 4 200 年前。通过计算100 只澳大利亚野狗的 Y 染色体遗传标记突变率，研究人员计算出欧亚大陆的犬类和东南亚犬在 7 000 年前便分道扬镳。随后，东南亚犬以这样的路径演化：当农业在广阔地区落地生根的时候，它们开始向西传播*，并凭借数量的不断增长，取代了西方品种。

　　研究和争论仍在继续，但似乎可以肯定，狼和人在很多地方都相互融合，在有些地方，这种融合至少可以追溯到 15 000 年前。

---

* 　原文是 moved east（向东传播），经与作者核实，应为 moved west（向西传播）。

第三章

珍爱的狩猎搭档

公元前 8000 年的春天，丹麦。猎人蹲伏在茂密的芦苇丛中，弯弓搭箭。右手边放着一堆箭，随时备用。来自南方的野雁完成艰辛的旅行后，在浅水湖平静的水面上休息，这一切都没有逃过猎人的眼睛。他双脚踩在泥里，一动不动，等待野雁游到箭矢的射程范围内。右手边，他那棕黑色的猎犬静静地趴着，纹丝不动，轻轻喘气，保持警惕。6 只野雁悠闲地游着，慢慢向岸边靠近。猎人缓慢从容地拉弓，瞄准猎物。猎犬纹丝不动，目视前方。嗖，嗖……猎人射出一支箭，随后抓起另一支，再射。惊恐的野雁一跃而起，但有两只被尖端装有燧石的利箭射中，在水中不停地扑腾。猎人轻轻一声令下：猎犬起身，窜入水中。它游向挣扎中的飞禽，一只一只地咬住，弄到岸边。猎人快速拧住雁脖，将它们扔进网袋。猎犬摇着尾巴，期待地抬起头。猎人拍拍猎犬的头，可能也给点碎食，然后继续狩猎，他慢慢移动到一个新的有利位置，期待更大的收获。几个小时后，猎人和猎犬回到营地，猎犬嘴里紧紧咬着最后一只猎物。

正如我们所见，狼和人在很多地方都走到了一起，有些地方异常寒冷，有些则要温暖得多。关于"狼-狗"的证据也许并不充分，却越来越多，然而我们还是不知道狼究竟是什么时候被完全驯化成家犬的。如果真的有过"狼-狗"，我们肯定不能说它们就是完全驯化的动物。

关于真正的狗，我们有什么证据呢？最早确信无疑的狗在德国波恩-奥伯卡瑟尔（Bonn-Oberkassel）遗址的一座古墓中重见天日，墓穴中葬有一名 50 岁男子和一名 20~25 岁的女子，由采石工人于 1914 年用铁镐挖掘出土。[1] 工人们弄碎了大部分骨骼后，考古学家才赶到墓地进行调查，按现代标准衡量，他们采用的方法粗糙至极。不幸的是，这只 14 000 年前的动物只留下了一块下颌残片。

在挖掘一个墓穴的时候，我总想弄明白，古墓中的动物或人究竟发生过什么。死者死于衰老、慢性病，还是战争创伤？他或她曾经受人爱戴，还是被人蔑视？她有孩子吗？死后举行过什么仪式吗？通过骨骼，通过身体劳损或严重感染留下的痕迹，或者通过 DNA，我们可以对许多这样的问题进行梳理。波恩-奥伯卡瑟尔墓穴尤其令人着迷，因为世界上已知最早的狗和两个人埋在一起，而这两人可能就是它的男女主人。

波恩-奥伯卡瑟尔犬生活在 14 000 年前，确实是一条非常古老的狗。但是，它究竟是狗，还是狗的野生近亲狼呢？如何区分狗和狼是个出了名的难题，特别是当幸存的骨骼残缺不全的时候，而通常情况下都是如此。一般来说，家犬的个头偏小。它们的牙齿和头骨与狼有着细微的差别。将两者做区分是个严峻的挑战，因此专家们只能借助一种判别分析的统计工具。研究人员设计了

伟大的共存：改变人类历史的 8 个动物伙伴

一种分辨仪，利用已知的各种狼骨和犬骨的测量值，计算出测量值与平均值的差。这样，就可以将波恩-奥伯卡瑟尔犬的下颌与狼和家犬的平均值进行比对。动物考古学家诺贝特·贝内克（Norbert Benecke）不仅将奥伯卡瑟尔犬的下颌与其他考古发现做比对，而且还将其与格陵兰的狼骨和动物园标本甚至澳大利亚野狗的骨进行对比。他发现这块下颌百分之百属于犬类，从而证明他的发现是迄今已知的世界上最早的狗。遗憾的是，过了1个世纪，他的发现仍不充分。[2]

奥伯卡瑟尔犬是世界上最早的狗吗？当然不是，因为在冰期末期，气候迅速变暖造成环境发生巨大变化，许多地方已经面目全非。目前，波恩-奥伯卡瑟尔犬是已知最早的狗，陪伴在一对男女的身旁，这表明人与动物亲密无间，至少是一种互为伴侣的关系。14 000年前，狗也开始在其他地方出现，包括俄罗斯中部平原第聂伯河流域的定居点。有两块几乎完整的头骨和今天的大丹犬头骨大小类似，这种大型动物可能是被人抓来圈养的狼，甚至就是"狼-狗"。在乌克兰也有其他关于狗的发现，但令人吃惊的是，距今15 000年之后，狗的骨骼显著变小，特别是距今10 000年至距今9 000年的西南亚标本。那个时候，家犬已经很普及，其体型比狼要小得多。

11 000年前的犬型性病

狗会患一种传染性生殖器癌，无论它们身在何处，这种性传播疾病（STD）会导致狗的生殖器出血或长出奇怪的肿瘤。这种传染性癌最早出现在11 000年前的1只狗身上。不像其他癌症会随着患者的死亡而消失，这种性传播癌可以通过患者生前的交配活动传染给其他狗。一组研究人员对这种癌症基因组进行了测序，结果显示，它携带了大约 200 万个变体，远远超过人类癌症的 1 000~5 000 个。[3] 他们选用了 1 只已感染的澳大利亚土生营地犬和 1 只巴西猎犬，两者相隔 16 000 多千米。两只狗的肿瘤基因结构惊人地相似。利用一个随时间而累积的单一突变，他们能够估算出这种癌最早出现在大约 11 000 年前，此时，冰期已经远去，农业在西南亚扎下了根。他们还将现代肿瘤细胞的 DNA 与 1 106 只郊狼、狗和狼的基因类型做比较。他们认为，最初那只携带癌细胞的狗类似于阿拉斯加雪橇狗或有着棕灰色或黑色短毛的哈士奇犬。它的性别还不得而知，但它很可能是近亲繁殖的个体。

传染性癌在今天的犬类中十分普遍，但是在大约 500 年前，它只存在于一个孤立的种群中。自那以后，这种癌症在全世界广泛传播，原因可能是在欧洲大发现时代，狗随着远航的船只将此病带到了世界各地。肿瘤变异率显示，澳大利亚犬和巴西犬的癌细胞大约在 460 年前开始分化。

单一细胞产生变体，并导致自我复制，癌便在动物和人体中出现。然后，癌细胞就会转移到身体的其他部位。但是，癌细胞脱离原宿主的身体并传播到其他个体身上，实际上是十分罕见的。唯一其他已知的传染性癌是一种传播迅速的面部癌，发现于一种肉食性有袋类动物塔斯马尼亚恶魔*体内，通过口咬传播。

患传染性癌的未知犬类祖先为我们留下了基因图谱，有助于研究人员更好地认识多种癌病演变的驱动因素。最重要的是，这些研究人员有机会弄清楚，到底是什么过程导致了癌的传染性。或许有一天，这样的过程会在其他动物身上或人体内出现。

我们永远无从知道，为什么14 000年前的一男一女会和他们的狗葬在一起，因为过去的非物质遗产经过几代之后便消失得无影无踪。它是个忠实伙伴、保护者，还是狩猎时不可多得的帮手？它是作为陪葬品，伴随主人进入另一个世界，还是死于主人之后？再一次，考古记录无言以对。它肯定受人钟爱，因为送葬者不会无缘无故把它和人埋在一起，而这两人很可能是它的主人。目前，这是已知最早的狗墓，然而更重要的是，葬狗传统在不同社会中延续了几千年，无论是在狩猎社会中还是在农耕社会中。

冰后期

最早的家犬出现在冰期最后一股寒潮退却之时，这可能并非巧合。在几千年里，迅速变暖和环境更替给世界广阔地区的狩猎社会带来了深刻变化，其影响覆盖西欧和北欧，横跨欧亚大陆，

---

* 塔斯马尼亚恶魔（Tasmanian devil），学名袋獾（*Sarcophilus harrisii*），是一种有袋类的食肉动物，现今只分布于澳大利亚的塔斯马尼亚州。

直至西南亚。全球自然变暖导致斯堪的纳维亚、阿尔卑斯山及加拿大的大冰盖迅速萎缩。海平面上升，大陆架消失于海底，气温开始升高。北部地区呈现出崭新的面貌：冰盖和开阔的草原向北退却，更多的土地上出现了茂密的森林。

成千上万的猎人和采集者调整生存策略，以各种方式适应环境的变化。有些狩猎团体从法国西南部和西班牙北部的栖身谷地向北迁移，进入巴黎盆地和德国北部等更加开阔的地带，从而，他们可以像以前那样，继续捕猎驯鹿和其他冰期的动物。[4] 其他人则迁徙到新裸露的海岸和冰川消融后形成的湖泊地带，变成渔民和捕鸟者。而许多群体留在原地适应新的生活。此时此地，野生植物食品变得和猎物同等重要。他们耐心跟踪，以弓箭为武器，捕杀的猎物不再是驯鹿和其他耐寒的动物，而是红鹿和其他森林野兽。在这个不断变化的世界里，独来独往的飞鸟和水禽这样的猎物显得极为重要，而狗的作用日益凸显，它们远不只是人类的伴侣——当时没有人开荒种地或放牧牲畜。狗第一次成为真正的狩猎伙伴，弥补了猎人的局限性和体形劣势。

在这个猎物变得更小、更难以捕捉的时代，凭借无与伦比的嗅觉和潜行跟踪能力，狗在追猎森林野鹿或小型啮齿动物方面战功显赫。训练有素的猎犬能够驱赶水禽，并将打中的猎物从湖泊和河流中捞回。今天，"猎犬"（包括猎狗、寻回犬和㹴犬）或枪猎犬的品种繁多。有些猎犬会循着气味跟踪猎物。"视觉猎犬"，如惠比特犬，有着敏锐的眼力和快速奔跑的能力。它们远远地跟踪猎物，然后实施追击和捕杀。猎鹬犬擅长驱赶隐蔽的猎物，为猎人创造机会，而㹴犬擅长发现兽穴和捕捉试图逃跑的动物。寻回犬是游泳能手，这使它们成为捡回水禽和陆地鸟类的理想选择。所有这些猎犬和其他许多品种都是它们的主人选择育种的结果。

当然，15 000 年前至 12 000 年前，所有这些品种都不存在，但是与猎人的不断接触和耐心训练将狗改造成了不可多得的狩猎工具。这个过程中几乎肯定使用过奖励办法。狗的基本功能可能只是伴侣，因为它们不大可能完成主要的捕杀任务。猎人对自己的猎犬应该了如指掌，至少不亚于对猎物的了解程度。当猎犬感觉到周围有野鹿或其他隐藏的猎物甚至是熊的时候，猎人应该能看出一些蛛丝马迹。然而，在这个越来越多的食物来源于各种飞鸟特别是水禽的世界里，猎犬越发显得难能可贵，它们能够将被打死的猎物从茂密的灌木丛中或水里拾回。猎人肯定要对他们的狗进行严格训练，以便它们能够保持克制，在接到拾回猎物的任务前安静等待。理想的猎犬要有一张"软嘴"，还愿意取悦和服从猎人，这样拾回的猎物才会完好无损，而不至于被马上吃掉。有时，它们注视着鸟儿从空中落下。其他时候，它们会用耳朵倾听猎人的指令，在它们游向深水时，猎人待在岸边。回到营地后，猎犬获得的奖励可能是一只鸟或部分猎物。

所有这些画面都是对数千年前的往事所做的假设。但是，我们如果能了解一下那个时代的狩猎武器，就不会认为这种假设毫无根据。克罗马农人和其他冰期晚期的猎人使用前端装有鹿角或尖骨的长矛，但他们的后代采用的是更为轻巧的狩猎武器，这说明他们的后代所处的环境有更多的森林，捕杀的猎物是陆地和水上的飞禽和其他小型动物。他们发明了一种致命的箭，前端装有锋利的细石箭头，考古界将其称为"燧石箭"〔microliths，来自希腊语 micros（小）和 lithos（石头）〕。人们在欧洲的狩猎遗址上发现了成千上万支燧石箭，制作年代在公元前 10000 年至公元前 6000 年。英格兰北部斯塔卡（Star Carr）遗址的一个冰蚀湖旁，有一个公元前 8500 年长期使用的狩猎营地，那里的居民猎杀红鹿和狍子等多种哺乳动物以及野鸭等水禽。这个居民区有一块狗的头骨遗骸，它的碳同位素数据显示，这只狗的饮食可能包括水禽、鱼、软体动物、植物食品和鹿肉。[5]北海对面丹麦的韦兹拜克（Vedbaek）有一个公元前 5300 年至公元前 4500 年的著名狩猎遗址，那里的居民是十分高效的猎人，他们可以吃到极其广泛的猎物和植物食品，也包括鱼。在这里，燧石箭同样十分普遍。人们在这个遗址上发现了两个狗头骨，其中一个葬于墓穴中。

很多个世纪以来，在遍布湿地和森林的世界里，狗成为人类的伴侣和狩猎伙伴。它们还能看家护院，有些甚至被用来拉车运货，这在古代北美十分普遍。但没有迹象显示，早在 10 000 年前就有过这样的事。值得注意的是，它们有时也成为人类的食物。在丹麦的狩猎营地和其他地方，你能看到很多这样的例子：为获取骨髓，狗骨头被敲开，头骨上留下了刀切斧砍的痕迹。

仪式犬

除了伴侣关系或狩猎中的伙伴关系，或偶尔作为驮用犬忠实服务于人类，狗在许多古代社会中显然与人有着精神上的联系——古代墓穴就是最好的证明。数千年后，我们无法透过无形的历史清晰看到这种联系，但我们知道狗在美索不达米亚和古埃及以及罗马和希腊社会中都有着强大的神话联系。印度教徒认为狗是天堂和地狱的守护者。多明我会僧侣社团把黑白杂毛狗作为他们的象征——拉丁语的 domini canes 意为"神的狗和猎犬"。北欧人认为一只名叫"加姆"（Garmr）、血迹斑斑的看门狗守卫着地狱之门。

我们知道，至少在 14 000 年前狗墓就出现了。波恩-奥伯卡瑟尔犬埋在一个双人墓穴中。在以色列的爱恩玛拉哈*，1 只狗崽或狼崽被埋在 11 000 年前一位长者的墓穴里，老人的手搁在这只小动物的胸口上。[17] 位于哈约尼姆台地（Hayonim Terrace）的另一处以色列遗址，有两只狗与公元前 9000 年至公元前 8500 年的人埋在一起。葬狗的做法在后来的时代肯定十分普遍。瑞典斯卡特霍尔姆（Skateholm）的一块墓地里有 14 座狗墓，其中有 4 只狗与人合葬，1 只狗的脖子被故意拧断，放在一名女子腿上。有些狗墓中埋有陪葬品，还被抛撒了红色赭石。

跟随首批人类定居者的脚步，狗也来到了美洲大陆，成为原住民能够驯养的少数几种动物之一。它们的基因多样性使我们能够确定它们的起源地不是美洲，但特意修建的墓穴再一次反映出它们有着强大的仪式功能。这样的例子不胜枚举，其中就包括约公元前 6500 年的 3 座狗墓。它们位于中西部伊利诺伊河畔科斯特（Koster）的一个长期使用的狩猎-采集点，每一只狗都埋在浅坑里，显然仪式非常简单。最密集的狗墓位于肯塔基州格林河河谷的考

---

* 爱恩玛拉哈（Ain Mallaha），西南亚中石器时代的一个定居点，位于以色列北部加利利海以北 25 千米处。

古遗址，11 座贝丘下至少有 111 座墓穴，其中，28 只狗与人合葬。亚拉巴马州的田纳西河河谷中段也集中了这样的墓穴。

人类学家和其他人细心收集、保存的口头传统使我们得以了解狗的仪式作用。其中，最负盛名的仪式出自美国东南部的切诺基（Cherokee），有时这个地方也被称为狗部落。切诺基的圣犬扭转了混乱的局面，恢复了秩序与和谐，使人类和自然环境的力量重新达到平衡。圣犬开辟了抵达精神世界的通道，行使对道德行为的裁判权，并确保仪式的正常进行。最重要的是，狗保护人性，并引导人性通往冥界，这样就使得狗与死亡、与西方产生了深远的联系——西方是逝者的世界和永恒的夜空 *。

恢复秩序和平衡的观念可能正是许多古代社会为狗举行葬礼的原因。献上一只狗，让它作为裁判，为犯下某种仪式过失的死者引路，就能恢复居民区的精神平衡。头部或脸部是魂魄离开躯体的门户，将狗放在上面，象征着狗成为仪式的向导。切诺基人有时将狗和亡故的萨满合葬，可能是为了指引这些特别强大的灵魂离开生命世界。

我们与狗紧密生活在一起已有大约 15 000 年，面对全球急剧变暖所带来的挑战，这种关系在狩猎社会中逐渐形成。从一开始，狗与人之间的密切关系完全可能孕育出更加紧密的精神联系，经历数千年的形式变化仍代代相传。狗和人类很早就已经成为日常生活中的伙伴，远早于 12 000 年前的那场社会变革——大

---

* 夜空（the night sky），在作者看来，"西方"是日落的方向，它在许多社会中都象征着"死亡"，"夜空"（黑暗与永生）与"死亡"也有着同样的象征联系。

面积干旱和其他各种无法抗拒的因素把西南亚及后来其他地区的狩猎群体变成了农民和牧民。就是在这一时期，家畜在人类的生活中开始发挥主导作用，人类和动物之间的关系彻底改变了历史。

第三部分

农业革命的引擎

第四章

最早的农场：
猪、山羊、绵羊的驯化

约公元前 10000 年，土耳其东部塞米[*]。数代人过去了，村子的位置一直没变。低矮的圆形小屋围绕着一片开阔地，聚集在橡树林覆盖的山坡下。在远离居民点的地方，更加开阔的小树丛取代了森林，向着远处的底格里斯河延伸。民房中间夹杂着一些木制圈舍，几头年轻的母猪和猪崽躺在地上晒太阳。一条条鹿肉和瞪羚肉挂在附近的架子上晾晒，旁边放着用柳条编制的储物筐，里面装满了上一年的橡子和开心果。两名猎人从外面归来，肩上用木棒抬着一头杀死的野猪。另一位猎人抱起一头被捆绑的、尖声嚎叫的小母猪，松绑后，把它放进猪圈，与一头母猪和猪崽关在一起。男人们迅速将野猪肢解，把切成条状的猪肉挂在晾晒架上，猪头和脖子被放在一旁作为当天的晚餐。

---

[*] 塞米（Hallan Cemi），土耳其古聚落遗址，其中出土了大量不满 1 岁的雄猪遗骸，这是迄今人类养猪的最早记录。

干旱和驯化

12 000 年前，一场剧烈的气候变化席卷而来，给西南亚的人类生活造成了深刻影响。数千年来，小型狩猎采集群体居住在一个干旱的世界里，他们不断迁徙，寻找赖以生存的稀缺水源。熟谙自然环境的人们早已习惯靠山吃山——耐旱的野草以及块茎、鹿和兔子都可以成为他们的食物。最重要的是，他们可以捕杀瞪羚。这是一种小型沙漠羚羊，它们在春季向北迁徙，在秋季向南迁徙，为人们提供了相对可靠的食物来源。然后，大约 15 000 年前，冰期已成强弩之末，全球变暖已是大势所趋。气候变得更加温暖，也更加湿润。曾经的半干旱灌木丛里长出了大片的橡树、橄榄树和开心果树。丰茂的草原养育了茂密的野生大麦和小麦。坚果收成如此富足，迁徙的瞪羚数量如此之多，以至于许多人居住在人口数百的大型居民区，这成为人们常年世代生活的家园。这种生活与他们祖先那种频繁迁徙的生活截然不同。但是，正如他们的前辈们所做的那样，这是一种最适合环境现实的生活。

14 500 年前至 13 000 年前，一代代猎人和采集者过着衣食无忧的生活，以至于他们建立了比以前大得多的定居点。他们开始将死者安葬在墓地里。逝者身上有贝壳和其他奇异的饰品，这可能反映出社会组织比以前更为复杂以及人们对祖先的崇高敬意，毕竟，这片土地本来就是从祖先那里传承下来的。温暖的气候和更多的降雨并没有持续很长时间。大约 13 000 年前，1 300 年寒冷的干旱周期使西南亚变成一片干渴的大地，气候学家称这段时期为新仙女木期[*]，这是以一种高山冻原花来命名。更加寒冷和干旱的环境吞噬了曾经水源丰沛、食物充足的广阔土地。许多群体放弃了永久居住地，恢复了迁徙生活，以应对更加干旱的环境和坚果产量的不足。持续的干旱迫使人们适应更加有限的、散布在毫不规整的土地上的粮食供给。面对干旱，森林开始衰减；野草产量急剧下降。捕杀瞪羚以及对粮食和豆类进行更为精细的加工勉强维持着社会运转。现在，加工植物食品的磨石随处可见。就是在这几百年里，这一地区不同地貌上的居民开始刻意畜养野草，企图扩大他们的生存空间。他们也看中了那些群居的有蹄动物，这些动物和人一样，依赖可靠的水供应。动物与人为伍，共同生活，又一次成为普遍现象。但这次的结果不是伴侣关系，而是对我们今天最常见的一些家畜，如猪、山羊和绵羊，进行彻底驯化。

猎人变成了农民，不再东走西跑，而是立足于土地、羊群、牛群和牧场。对动物的需求改变了人们早已习惯了的生活节奏。人类社会发生了根本性变化。当然，气候变化和干旱并不是所谓"农业革命"的唯一推动因素，但它们却是强大的催化剂，加快了一个崭新世界的形成，在这个世界里，动物最终改造了人类社会的面貌，使城市和文明的出现成为可能，并帮助建立起一个全球化的世界。永久定居点、对牧群和个体动物所有权、继承权及对牧场的控制——所有这些都必不可少，在某种程度上，也是管理动物的需要导致的结果，并起到了改变历史进程的作用。

---

[*]　新仙女木期（Younger Dryas），末次冰期更新世向更为温暖的全新世过渡前出现的一段极寒期（公元前 11000 年前后），北半球的大部分地区气温急剧下降。

家猪？还是善加管理的野猪？

    大约 12 000 年前，被考古学家称作塞米的定居点坐落在托鲁斯山脉（Taurus Mountains）东侧橡树林覆盖的山麓地带。[1] 在这里，人们的生活并不依靠野生谷物，而是靠坚果和森林猎物以及无处不在的瞪羚。他们捕杀野山羊和野绵羊，主要对年长的动物下手，这是林中追猎者所能指望的办法。但是，他们最重要的猎物可能是猪。野猪（*Sus scrofa*）是一种森林动物，习惯在大树覆盖的山区生活。野猪以植物的叶和茎为食，会拱土造洞，喜食林下灌木。当然，猎人对野猪的活动范围、日常活动、进食习惯和睡眠习惯都了如指掌。他们知道母猪下崽后会在树叶遮掩的巢穴中待上大约一周或更长时间，然后才会和猪群一起活动。他们对公猪的凶猛心有余悸，保护幼崽的公猪总是让人不寒而栗。一旦公猪离开，对付年轻的母猪就容易得多，特别是当它们待在猪巢里的时候。任何母猪都会为猪崽哺乳，因此杀死母猪、捉住猪崽并将它们带回家是一件相对容易的事。一旦被关进猪圈，小猪崽很快就会被驯化，很容易与人建立信任关系。这些猪可能——有人强调"可能"这个词——是所有家畜中最早被驯化的，因为幼年野猪很容易被人控制。

    虽然猪崽性情温顺，但是控制成年野猪就要比控制山羊和绵羊困难得多，特别是成年公猪，因为它们非常危险，具有很强的攻击性。因此，我们不能绝对肯定塞米野猪已被完全驯化。那里的居民对猪肯定有过较大规模的捕杀，但是遗址上的骨骸实在令人费解，因为它们的大小介于野猪和家猪之间。与狩猎时被杀掉的成年野山羊和野绵羊不同，被杀的塞米（野）猪有43%不到1岁，10%不超过6个月。就屠宰比例而言，公猪以11：4占绝对多数，而猪都是在村里被就地屠宰的，野山羊和野绵羊的屠宰点却是在别的地方。这一数据有力证明了驯化的存在，或者至少证明了人们对其进行过系统性管理，因为驯化的猪具备很多优势，它们繁殖力旺盛，受孕概率高，生长速度快，产出蛋白质的速度快于其他驯化动物。但是，由于野猪难以控制，人们可能在驯化时做出糟糕的选择，采集或种植小麦和大麦等谷物的人尤其可能做出这样的选择，因为这些谷物是野猪喜爱的食物。

世界范围的现代经验使我们知道对猪的管理有一些相对简单的方法。[2] 其中之一就是将它们放养到野外，偶尔去查看一下即可。另一种方法是，白天让它们在外面自由活动，晚上将它们赶回村子过夜。不管是哪种情况，这些圈养的猪都可能与野生种群和这些种群的公猪接触，尽管现在它们可能心猿意马，饮食习惯也今非昔比。随着时间的推移，人们可能在饲养母猪和小猪的时候，将它们放到野外交配，以获得更多猪崽。他们为什么要这么做呢？当时的整个西南亚陷入困难时期，干旱对坚果产量造成毁灭性打击，而此前几个世纪的繁荣造成人口大量增加。人们为争夺食物激烈竞争，野鹿和其他猎物日渐稀少，因此圈养小猪并找到某种增加食物供应的方法，以此作为风险管理，便是情理之中的事。塞米遗址的骨骸显示，那里发生过系统屠宰幼猪的现象，其中多数为公猪，这似乎表明了宰杀多余的种猪是司空见惯的事，想必人们是冲着猪肉去的。但这些是驯化的动物，还是受到严格管理却处于半野生状态的动物呢？

我们可能永远得不到答案，因为猪的零碎骨骸留给我们的线索十分有限。在地球的另一端，新几内亚高地和低地地区对猪的传统管理方法提供了一些诱人的线索。在那里，养猪已成为几个世纪里生存经济的核心。[3] 新几内亚人采用多种方式管理猪的繁殖，然而圈养的猪通常是野生公猪和家养母猪的后代，多余的公猪则被阉割。在那些年代，让家养的母猪和野外公猪交配比现在容易得多，因为当时的农业集约化程度低，定居点附近有更多的森林。而让家养的公猪和同样是家养的母猪交配，避免它们在野外拈花惹草，则需要更加稠密的人口、数量更多的家猪以及不同居民区之间定期的家畜交换。在个人拥有家畜还是新鲜事物的社会里，这样的交易可能带来巨大的社会后果。

家猪被完全驯化，并达到可以内部繁殖的程度，可能经过了很多代人才最终实现，特别是在人需要和猪争夺谷物的情况下，因为谷物是那个时代整个西南亚农业人口的主要食物。这可能就是为什么从土耳其到埃及甚至更远的地方，猪被完全驯化成家畜会在山羊和绵羊之后，毕竟猪的优势在于猪肉和它们的社会价值。[4]

野绵羊和野山羊

清晨的阳光下，猎人大摇大摆地走在空旷的草地上，边走边裹紧身子以抵御寒冷。浓重的阴影和耀眼的阳光此消彼长，一群摩弗伦羊（Mouflon）啃食着野草，宁静而安详，在乍暖还寒的暖阳下，它们棕红色的羊毛闪着柔光。一只头上长着华丽弯角的公羊抬头冷漠地望着熟悉的访客；他们从旁边经过，径直走向最近的母羊。其中一只母羊慢慢靠近这些人，几乎推搡了一位弓箭在身的年轻人。他俯下身，想去抚摸母羊的头，可它挪闪到几米开外，完全不感到害怕。羊群靠拢过来，自顾自地吃着草，丝毫不管猎人们已慢慢走开。对于这种亲密接触，这群人已习惯，实际上他们每次靠近绵羊都是这样的场景。摩弗伦羊与人类之间的关系随意而亲密。

山羊和绵羊都不是令人生畏的危险猎物。据我们所知，它们也不会让人联想到神话故事中险象环生和野蛮攻击的情节。就像其他有蹄动物，它们的防御方法就是逃跑，而且它们只在察觉到危险迫在眉睫时才会如此反应。一代代猎人一直观察着他们的猎物，他们很清楚，在空旷地带若无其事地行走很少会引起羊群的警觉。

今天的山羊和绵羊身上保留的某些特征可能在 10 000 年前的羊身上表现得更为明显。约翰·米昂琴斯基（John Mionczynski）是一位当代的养羊专家。他将自己的羊带到美国西部的偏远地区——这些羊强壮、勤劳、自律。[5] 他说，最重要的是，它们与人为善，适应力强，在寒冷地区和半干旱地带也能随遇而安。山羊有着极强的好奇心，米昂琴斯基和其他许多人都见过偏远地区的野山羊和野绵羊大方地径直向他们走来。像人一样，山羊非常合群，好奇心强烈。它们的聪明程度超出许多人的想象，只要打过几次照面，它们就能记住其他动物和人的模样。在干旱的岁月里，这些特点能够加强野山羊、野绵羊和人类之间的亲密接触，也能在干渴的土地上拉近彼此的距离。某种融洽的共生关系可能就此形成，而这种关系几乎不可避免地导致了动物的驯化。没人知道人们为什么要选择绵羊和山羊，但是就像在塞米地区养猪那样，人们可能将养羊作为一种风险管理的方式，以应对食物短缺。

尽管遭到几个世纪的大量猎杀，今天的山羊和绵羊的祖先仍然在偏远的山区保存下来。西亚的摩弗伦羊，即野生绵羊，源于西南亚的广阔地区，包括土耳其和高加索山脉，甚至巴尔干半岛，而3 000年前，它们在这些地方已销声匿迹。[6]摩弗伦羊行动敏捷，以食草为主，能够适应陡峭的山地。相比之下，矮壮的波斯野生山羊——有时被称为"野山羊"（bezoar）——能在峭壁和崎岖的山坡上行走自如，利用出色的攀爬能力逃避捕食者的追击。野山羊是一种食嫩叶和食草的动物，比起摩弗伦羊，它们能够获取更多种类的食物。野山羊和野绵羊都是对领地不敏感的群居有蹄动物，大部分时间待在等级严格的羊群里。一般来说，母羊的个头比公羊小。公羊为争夺母羊展开激烈竞争，优胜者可以获得多名配偶。

在任何情况下，为了达到驯化的目的，仔细观察和日常接触是必不可少的。但是，到底发生过什么呢？可惜，科学数据先天不足，这就意味着我们只能去观察当今动物及其野生祖先的行为。换句话说，我们只能进行合理推测。可以肯定，在许多情况下，猎人会捕捉一只或多只幼年摩弗伦羊，使它们脱离原来的野生羊群，成为圈养的家畜，作为一种随时可以获取食物的便利方式，这难道不是最符合逻辑的推理吗？我们还可以肯定，圈养的方式在有些时候行之有效，但更多时候并不成功。

我们可以进一步推演这样的假设场景：一代又一代过去了，野山羊和野绵羊在容易狩猎的猎场度过自己的一生，有限的水源养育了这里的动物和人类。不可避免，被抓到的动物数量会不断增多。圈养幼兽成为日常生活的一部分，而我们只能将这称为"预驯化"。这些被人控制的动物实际上仍然是野生的，但是由此形成的羊群大部分时间都待在人类定居点附近，可能有简易围栏保护，使其免受捕食者的夜间攻击。

不得不承认这样的画面只是一种想象，但据我们了解，这是唯一符合山羊和绵羊行为习性的假设。这是一种与狗的驯化截然不同的过程，狗在被驯化时与人有着更多的互动。最后的分析认为，人类的主要兴趣一定是在气候发生重大变化的状况下如何获得可靠的肉食，因为长期的干旱使猎物和野生植物食物变得稀缺难求。以前，西南亚的狩猎群体都能在春秋迁徙季节猎获几百头瞪羚。人们仍然严重依赖瞪羚，但是山羊和绵羊即将在他们的生活中发挥核心作用。

瞪羚为何没有被驯化？

为什么农民没有驯化无处不在的瞪羚呢？瞪羚（*Gazella sp.*）是地球上跑得最快的羚羊之一。[7] 它们体型矮小，通常成群出没，依靠粗劣的半干旱植被就能繁茂生长。对古代猎人来说，瞪羚有一个相对容易预见的显著特点——它们在春末夏初处于最佳状态时大规模向北迁徙，然后于秋天返回。几千年来，猎人和后来的农民大规模捕获迁徙中的瞪羚，为当年剩下的日子攒足肉食。

用密实的木桩建造的大型围场坐落在一条小河边。围栏上留了些豁口，对着外面的深坑。每年，猎人们等待着瞪羚的到来，它们在迁徙途中成群结队到河边喝水，最终到达夏季草场，在那里繁衍后代。猎人们看到高高扬起的灰尘就知道羊群正在靠近，他们准备好武器，保持合适的距离，一边大声吆喝，一边挥舞手里的棍棒和弓弩，女人们拍打着皮制斗篷。猎狗大声吠叫，羊群恐惧万分。惊慌失措的羚羊仓皇涌入围场。它们试图跃过围栏，却挤在了入口处，纷纷掉入早早为它们准备好的陷阱，很多羚羊摔断了腿脚，痛苦挣扎着。猎人们一拥而上，用棍棒和长矛大开杀戒，几十只羊死于非命。同时，其他猎人将一支支利箭射向栅栏里拥挤的羊群。猎杀完毕，猎人马上开始屠宰。他们一只接一只地剥下羊皮，熟练地将它们肢解，将肉切成条状晾晒，以供全年食用。

通过与瞪羚持续接触，猎人们发现，圈养这种动物几乎是不可能的，因为它们善于跳跃。它们对所有捕食者都心怀恐惧，包括人。然而，我们可以肯定，猎人捕捉过瞪羚幼崽。没有人像著名非洲探险家理查德·伯顿爵士*那样观察过贝都因人（Bedouin）。据他记载，"贝都因人在驯养瞪羚幼崽方面如此成功，以至于它们会像狗那样跟着自己的主人，还会跳到主人的肩上嬉闹"。[8]这种随性的宠物饲养方式与圈养和繁殖大量成年牲畜截然不同，

---

* 理查德·伯顿（Richard Burton，1821—1890），英国探险家、语言学家，研究阿拉伯社会的学者，19世纪最著名的探险家之一，因翻译《一千零一夜》举世闻名。

而圈养山羊和绵羊要容易得多。

绵羊、山羊和存活曲线

刻意圈养幼年山羊和绵羊的做法肯定在很多地方都出现过。究竟发生了什么？我们只能想象。刚开始，捕捉是一种非常随意的行为，可能就像抓幼年瞪羚那样。但是，就野山羊和摩弗伦羊而言，一旦人们清醒意识到，这些相对温顺且相当聪明的动物能够在圈养状态下繁衍生息，悉心照料新生或被遗弃幼崽的行为就会逐渐发生质的变化。这时，猎人可能会将幼崽和成年羊群分开，根据日常行为的优劣和温顺程度，选择合适的幼崽单独饲养。捕捉这样的动物相对来说比较容易，因为人类和野山羊经常互动，相处和睦。

这些羊一旦被圈养起来，可能在相对较短的时间内，就具备了创始羊群的基本要素。这些羊的生活条件与野山羊截然不同。现在，这些动物与人有着频繁而亲密的身体接触，极大强化了彼此之间渴望信任和理解的动机。新的主人控制着这些动物的行为，对羊来说这并不陌生，因为在野外，它们已经习惯了羊群里的等级制度和领导权威。这些动物马上获得了多种好处：更好的保护——免受捕食者的侵扰、御寒和避暑的必要遮蔽，以及更好的牧场和种类多样的食物。野生动物的选择压力顿时发生了变化。

从土耳其到西南亚，再到尼罗河谷地，几代研究人员发现了众多农耕村落和早期城镇的遗址，然而令人沮丧的是，我们对驯化后不断变化的人兽关系仍然知之甚少。考古遗址、动物骨骼残片以及动物考古学家所说的"存活曲线"[*]只讲述了一个残缺不全的故事（见插叙"存活曲线研究"）。这些研究提出了一些根本性问题。驯化山羊和绵羊最初的几千年里，牧群管理的目的是什么？饲养动物是为了肉食吗？如果是这样，大多数年轻、多余的公羊在达到理想体重时就要被杀掉。另外，牧民管理动物的目的是为了获取羊毛吗？在这种情况下，成年公羊和母羊都会被杀掉，两者都能带来管理收益。但是，如果牧民是为了获取羊奶，大多数公羊在年幼时就会被杀掉，这样人们才能喝到最多的羊奶。不幸的是，我们很难通过动物骨骼判断制奶业是否存在。

存活曲线研究

你能区分美洲野牛（bison）和麝牛（musk ox），或者非洲大羚羊（African eland）和黑斑羚（impala）吗？真正具有挑战性的是，你能区分野生和家养的山羊或绵羊吗？动物考古学家——研究考古遗址出土的动物骨骼的专家——发现，即使各个身体部位完整无缺，这也是非常困难的事。而当屠宰这些动物的人为获取肉食、骨髓和肌腱等而不得不将骨架砍成小块时，这项工作就变得难上加难。幸运的是，就野生动物和完全驯化的动物而言，头骨、下颌骨和四肢关节骨末端这些特征鲜明的身体部位能使识别工作变得相对简单。模糊的过渡期，比如说野生和驯化的

---

[*] 存活曲线（survivorship curves），由美国生物学家雷蒙·普尔在 1928 年提出，是生态学依照物种的个体从幼体到老年所能存活的比率，所做出的统计曲线。

绵羊或猪之间的过渡期，特别具有挑战性，因为这时野生和驯化的动物之间只有细微变化。而这还没有将雌雄二型（雌性和雄性之间的体型差别）和其他类似因素考虑在内。要弄清人类在那几千年里对待动物的行为变化，最有效的方法就是利用上下颌骨的大型样本制作存活曲线，这些颌骨上的牙齿能为我们提供必要的信息，使我们知道个体动物被杀死或屠宰时的年龄。

牙齿几乎可以提供连续不断的线索，使我们能够认识个体动物从出生到终老的年龄。首先长出的是乳牙，然后是成牙，成牙按相应的顺序长出。例如，如果一群猎人将一群野牛赶下悬崖，其结果可能就是动物考古学家所说的"灾难型年龄分布"，几乎没有年长的野牛。在"消耗型分布"下，幼年和老年动物占据了绝大部分，相较于它们在活着兽群中的庞大数量，壮年动物则显得很少，这可能是猎人用长矛捕杀的结果。这两种分布与驯化的牛群或羊群表现出的特征完全不同，因为在驯养状态下，肉食供应受到了人为控制。如果是这种情况，你可能会发现很多刚长出成牙的壮年动物，而老年动物却很少。这就说明牧群中有太多多余的雄性动物。有些雄性可能被阉割，而多数会被杀掉以便人们获取肉食和副产品。年老雌性如果失去了繁殖和产奶能力，或当它们（也包括雄性）连拉车的能力都没有的时候，也会被杀掉。

进入驯化时代的门槛后，情况甚至变得更加复杂。你可能会发现选择性捕猎和系统性屠宰多余家养公羊的情况同时存在。要弄清这些特征的含义，唯一的办法就是对大量样本进行研究，并以挖掘出的整个居民点为背景进行评估。对山羊、绵羊和猪进行的生存状态研究仍然处于相对初级阶段，但未来的前景十分光明。

很多变量都会影响存活曲线，尤其是对于自给型牧民而言，他们严重依赖动物食品和原材料，同时也能充分认识到导致牧群毁灭的风险。例如，他们倾向于拉大屠宰公羊的时间间隔，作为应对食品短缺的手段。牧民不得不应对各种环境、政治和社会现实，这些因素会在短期内发生巨大变化。例如，牧群哪怕从夏季草场迁徙到冬季草场，就足以扭曲从单个遗址上获得的曲线图。当牧民向更多的城市人口供应肉类和其他产品时，情况也会发生巨大变化，后来发生的事就是这样的例子。

通过研究人们在土耳其境内一系列遗址上发现的大量山羊和绵羊的骨骸，我们可以跟踪其中一些变化的踪迹，至少大体上能够做到。[9] 例如，在公元前 8 千纪的后 500 年，有人类居住在土耳其中部一个叫阿西克利霍裕克（Asikli Höyük）的大型村落里，那里的居民屠宰的山羊年龄都在 1 岁至 3 岁。从中我们没有发现体型变小的迹象，也没有看到明显的驯化特征。也许这些动物并没有受到人类的严密管理，而是与野生繁殖的种群有着密切联系。在今天的苏博德（Süberde），牧民屠宰的牲畜大多介于 1 岁至 3 岁之间，其中大多数在 21 个月至 22 个月。苏博德的绵羊比起野生绵羊个头更小，这很可能就是在人类的管理下生活和繁殖造成的结果。作为一种策略，故意宰杀年轻雄性绵羊（特别是较大的公羊）的最早确凿证据来自苏博德西北的厄尔巴巴霍裕克（Erbaba Höyük），公元前 7 千纪时有人类在此定居。

到公元前 6000 年，西南亚广阔地区的农民在放牧山羊和绵羊时遵循同时获取肉食和奶制品的策略，放牧的场所常常在它们高大野生祖先的自然栖息地之外。多余的公羊提供了鲜嫩的肉食，但山羊存活的时间更长，可能是因为它们的毛具有很高的价值。

成为财产

我们不知道家养与野生的山羊和绵羊的明确分化是什么时候开始的，但这是个循序渐进的过程，很可能是在公元前 9000 年前后，随着羊群规模的扩大而终成定局。[10] 此时，来自捕食者的危险明显减弱。以前所需的伪装——在野外极为重要——在创始羊群中已不复存在。毛色也变得五颜六色。由于身体的敏捷性和硕大的体型已无足轻重，动物的体型和个头随之发生变化。四肢短小、身材矮小的动物在驯化后有着更多的生存机会。羊角曾经是抵御攻击、竞争配偶的武器，具有重要的价值，而现在它们变得更加小巧、样式更多，有时候甚至完全消失。野山羊和野绵羊有着强烈的危险意识，在交配季节或保卫领地的时候，它们比家羊具有更强的攻击性。后者不再需要野生动物运用自如的防卫机制。

以前的山羊和绵羊都是季节性进食者，它们在春季和秋季迁徙到不同的地点觅食。而现在，情况发生了变化，因为拥有这些牲畜的人类更喜欢开阔的地形，而以前这样的地方会让动物暴露给危险的捕食者。人类还会限制牧群的走动，这导致了四肢大小及比例的变化，譬如说，四肢会变得更短。两种动物都更加适应定居生活，因此也更容易被控制。因为更少迁徙，它们获取食物和水的方式与野外的羊截然不同。更加富饶、稳定的环境减少了牧群之间的竞争，在自然选择的作用下，它们性成熟加快，繁殖能力增强，脂肪储备变得更多。从一开始，牧民们就可能杀掉多余的公羊，只留下配种所需的。公羊攻击性更强，因而较难控制。牧群的年龄和性别结构发生了显著变化，繁殖模式的变化尤为突出。现在，公羊开始繁殖的时间要早得多，远早于野外公羊开始争夺交配权的时间。它们的体型变得更小，羊角也逐渐萎缩。

研究野生动物过渡到家畜的微妙变化极其困难。我们只能通过残缺不全的骨骸来了解过去的放牧行为。生命活动不可避免的结果是，各种驯养的牧群生下的公羊数量远远超过了繁殖的需要。这就意味着牧民有相当充分的理由在多余的公羊成年之前将它们杀掉或阉割。然而，其他因素同样不可忽视。羊群仅仅是肉食的来源？牧民也对羊奶或羊毛感兴趣吗？周围的自然环境能够提供充足的过冬饲料，以满足种畜和多余公羊的需要吗？在个人所有权和牲畜管理正在深刻改造农业和畜牧社会的条件下，这些问题显得尤为重要。

山羊和绵羊的驯化一开始就从根本上改变了人类的生活状态。有些价值观则一直没变。由于牧群的规模不大，人们对动物仍然敬重有加。牧民珍惜每一只牲畜，也能将它们作为独立个体识别出来。这些合群的牲畜变成了真正的家庭成员。它们受到悉心保护，每天被赶到牧场，羊毛被人修剪，多余的公羊被宰杀，以便人们获取肉食并控制羊群的规模。有些羊圈紧靠主人的住所，而有些则与民房合为一体。人们极其重视放牧的可持续性。饲养山羊和绵羊的牧民意识到，过度放牧十分危险，对自然界的植物巧取豪夺危害严重。与此同时，海洋的深刻变化悄然来临。数万年来，猎物似乎唾手可得，人人有份，猎人的唯一义务就是与他人分享狩猎所得。人兽关系中的尊重和礼仪将动物看作宇宙中充满活力的角色。即使家养的牧群规模尚小，它们在生态平衡中也代表着一种新生力量。山羊、猪和绵羊成为财产，这是野生猎物望尘莫及的。它们被人拥有和照料，还能被传给子女和亲属。它们是动物，而不是猎物，为人们提供肉食和原材料，使人们安居在田野和牧场。牧民投入的时间今非昔比，几乎全身心致力于动物的照料与保护工作，同时还要从事相关的谷物种植。这些新的责任几乎立刻造成了社会变革，人们开始依靠牲畜和农作物，扎根于业已形成的聚落社会。新的暗流在社会上涌动——继承权、放牧权和所有权登上了历史舞台。同时，受人敬重的牲畜不可避免地变成了社会工具，被人们用来缔结婚姻和其他关系。没过多久，它们就成了一家之主日夜牵挂的财富，并不可避免地成为威望和权力的象征。

第五章

劳作的大地

驯化改变了这个世界的景观、动物以及人性。大约 10 000 年前——准确年代永远无从知晓——无数刻意的行为，如圈养幼年有蹄动物，不断改变着人类和动物的关系。经过令人惊讶的短短几代人，曾经给予和索取的象征性伙伴关系变成了主导和控制的关系。现在，人类成了主人，动物的角色也发生了改变。它们成为个人所有权的对象、物质财富的标志和强大的社会工具。然而，正因为如此，它们对不断变化的人类社会的性质造成了深远影响。现在，就让我们来看看那些决定性因素。（我把牛放到后面来讲，因为它们在很长时间里以另一种方式改变了历史。野牛的体型硕大，它们有时非常凶猛，很难被驯化，放牧的要求也高得多。）

群居的社会

许多早期农耕定居点都从事自给型牧业，其主要关心的是养活家人和亲属，以及从动物那里获得个人财富，当然，所获也包括动物隐含的所有社会意义。那个时候，牧民和他们的羊群或牛群之间保持着相对亲密的关系。因为动物的数量较少，主人对它们的情况非常熟悉，可能会给许多动物起名，并且能认出所有个体。绵羊热爱交际，习惯于亲密关系。它们喜欢和牧群里的其他成员待在一起，如果一只绵羊和同伴分开，它会显得焦虑不安。只要有4只或更多绵羊就能产生群体行为，而认识这些行为是管理羊群的秘诀。在羊群内部，最亲密的关系一般存在于亲属之间，在较大的羊群里，母羊和它们的后代常常会组成小团体。

不同于瞪羚，尽管绵羊有自己的居住范围，但它们从不建立领地。它们不仅合群，而且每一个羊群都倾向于跟随一只头羊，多数情况下就是带头行动的那只羊，尽管羊群中形成了严格的等级制度。牧羊人会巧妙利用这些行为。他们知道，绵羊能识别人的声音以及其他羊的叫声，而且过了很多年它们都不会忘记。最重要的是，牧民可以将羊群"引领"到特定的牧场，或多个牧场，它们可以在这些狭小的区域长时间自在地吃草。绵羊是纯粹的食草动物。它们喜欢吃草和低矮的粗纤维植物，在被同一种草覆盖的草地上有着良好的表现，这使得放牧绵羊变得更加容易。山羊贪食远离地面的枝叶和植被。将山羊和绵羊混在一起放牧可能会对环境造成毁灭性后果，因为从黎明到黄昏，它们可以不停地吃草，用来消化的休息时间很短。因此，对它们进行有效管理至关重要。我们只能想象不加控制的放牧在脆弱和半干旱的土地上所造成的生态危害，而对在裸露的土地上生活的牧民来说，这样的危害在很短的时间内就会显现。

在某种意义上，羊群作为动物群体，不同于大家可以分享的野生猎物，是由个人、家庭或家族拥有和管理的财产。最早的牧群规模可能最多不超过几十只，因为村子小，管理牲畜的牧民有限，冬季的草料稀少。为了保护羊群，牧民总是忙得不可开交：白天在外放牧时要持续看管牲畜，安排挤奶的时间；夜间还要对畜栏保持高度警戒。

像种植庄稼那样，放牧山羊和绵羊需要精心管理，琐事繁多：关注育种和分娩的季节、为避免土地裸露实行轮歇放牧、保护牲畜不受捕食者侵扰、冬季来临前或为重要的宴会宰杀多余的牲畜。这种永不停息的节奏——很大程度上受季节更替所左右，而在温暖的气候条件下，又受制于水源和牧草——背后是人们采取的几千年来从未改变的实用策略，丝毫不受社会和文明兴衰的影响。人类的生活就是忙于应对动物的生存和死亡、毁灭牧群的意外疾病以及不断变化的家族需要和社会义务。无论他们饲养什么牲畜，也无论他们生活在何处，自给型牧民都要用实际可行的经验管理他们的牲畜，这些经验经过无数代人的不断改进，简单明了，绝对实用。3 500 年前，英格兰芬格特（Fengate）的牧羊人提供了令人振奋的证据。[1]

如何放牧绵羊？

公元前 1500 年夏季，英格兰东部。黎明后 1 小时，太阳冉冉升起，投下长长的影子。薄雾在低空盘旋，很快消失在温暖的阳光下。身着兽皮披风的牧童又将迎来漫长而炎热的一天。羊群蜷缩在羊圈里，母羊和正在长身体的羊羔挤在入口处。一位少年打开门栏。在另一名牧童的柔声催促下，羊群向前移动；一只狗在旁边游弋。绵羊像往

常那样紧跟头羊，它们熟悉这片狭小的牧场，知道这就是
它们能够自由自在吃草的地方。几小时后太阳就要落山，
牧童们将带领这些牲畜回到农庄的安乐窝，这样的做法经
历了几代人从未改变。

　　弗朗西斯·普赖尔（Francis Pryor）既是一位考古学家，也是
一名牧羊人，他对芬格特进行过调查。这个 3 500 年前的绵羊牧场
位于东英格兰大沼泽的低洼草地和湿地上，就在拥有大教堂的城
市彼得伯勒*附近。他认为古代的绵羊牧民生活在"精神的世界"里，
那是一个动态鲜活的世界，充满了祖先的事迹和千丝万缕的象征性
联系，田野和牧场上游弋着友善和敌对的神灵，以及超自然世界不
可预知的力量。他们的世界也是一个"劳作的大地"，一个不断变
化的环境，既包含沟渠和树篱等物质特征，也包括绵羊的、牧羊
犬的和牛的行为等非物质特性。

　　为了改良工作环境，人们修缮树篱，加深并养护沟渠，确保
栅栏和围场处于良好状态。要做好围场和道路的定位，甚至房屋
和院落的选址，需要考虑的因素远不止土地的海拔和坡度。排水
系统、遮阴条件和土壤类型是关键所在，重要程度非同一般，以
至于农民们会在他们的大脑里为自己的土地勾画出一幅极为准确
的地图——这一传统一直流传至今。例如，在东英格兰平坦的沼
泽区，农民拥有多种不同类型的土地。有些是冲积平原；其他的

---

*　　彼得伯勒（Peterborough），英国东部城市，这里发现了青铜器时期的遗迹，距离伦
　　敦约有 125 千米。

则在冬季被定期淹没。如果你想让你的牲畜在洪泛区的夏季优良草场茁壮成长，同时又在冬季保持干爽，你就需要多种类型的土地和土壤。这常常导致令人眼花缭乱的牲畜管理，可能包括顺应农田＊布局来修建和使用牲畜通道（驱赶牲口的小道），使牲畜能够井然有序地从一种放牧模式过渡到另一种放牧模式。

这样的小道也可以用来分隔个人用地，并作为界线对最终形成的精心规划的土地进行再分割。这些土地仿佛是由农田、沟渠、树篱和小路拼接而成的七巧板，但对土地使用者和管理者来说，弄清这些图案的含义并不困难。无论在什么地方，古代劳作的大地既是物质景观，也有社会属性。

高效的牲畜养殖依赖用各种屏障严密管控的牧场。树篱和沟渠可以阻止野生动物和捕食者进入，但更为重要的是，它们还是控制放牧的工具，特别是在牧群拥挤的地方。这些设施能够让草地恢复生长，还能使地表的粪便在分解后被处于恢复期的植被吸收。给土地留出一定的休耕时间还能减轻寄生虫，如吸虫等所带来的危害。如果牧草充足，品质优良，羊群就能在较大的范围内活动，只需要儿童或少年就可以对它们进行妥善管理。

牧群规模增大、牧草质量下降及土地供应不足等因素导致了封闭牧场的出现。因此，更加严密的控制显得十分必要。几千年来，土方工程可能被用作家族土地所有权的标记。这些工程有时也包括墓堆，正如我们在不列颠南部看到的那样。这些坟墓散落

＊　本节所述农田系统，指由多块土地构成的多功能农牧系统，既可以放牧，也可以种植庄稼。

在开阔的土地上，羊群在草地上吃草，年轻人和牧童在一旁看护，躺在墓堆下的祖先注视着这一切。由于农牧人口的增加，边界的重要性也随之凸显，羊羔都能跨越的矮堤和浅沟已不能满足需要，取而代之的是实实在在的树篱。弗朗西斯·普赖尔认为，几千年来，这样的树篱是用附近森林里砍来的冬季硬木栽种而成，这些硬木坚硬、容易成活，而且其自带的树刺起着天然的保护作用。他指出，很多个世纪以后，这样的树篱在 19 世纪早期臭名昭著的圈地运动期间得到普遍使用。

在芬格特，牧民们采用了普赖尔所称的精心设计的"机动策略"。[2] 机动性至关重要，但绝非随便迁移那么简单。每年冬天，牧民们迁到洪水鞭长莫及的高地上，住在以一座单体圆形房屋为核心的小农场里。这些土地和住房可能只有一代人使用过。4 月底或 5 月份，附近沼泽的水位慢慢回落。每个家庭里的部分成员带着大部分牛羊搬到葱绿开阔的湿地草场上。年轻人和小孩负责看护羊群。秋季，养得膘肥体壮的牲畜被赶回到高地上。这是个举行宴会和仪式的季节，人们从四面八方广阔的乡村聚集到这里。他们杀牛宰羊，举办婚礼，不同家庭之间交换牲口。

芬格特遗址显示，这片土地被浅沟状牲畜通道分隔成一系列地块。这些小道垂直向下延伸至水淹洼地，将高低两处的土地连接起来，供每一位牧民使用，这与他们中世纪后代能用的如出一辙。起初，挖掘人员无法沿着小路到达水的边缘，但幸运的是，一个大型电厂的建设使他们有机会沿着两条路沟直达水边，路沟在此分岔，顺着干湿地形的界线延伸。令人信服的证据显示，人们曾经利用这些小路驱赶牲畜。在普赖尔所称的主路上，土壤磷酸盐分析结果提供了沉积粪肥存在的大量证据。这充分说明，曾经有数量众多的牲畜从这条路上走过。在路的终点人们可以看到很多牲畜踩踏的明显痕迹。

弗朗西斯·普赖尔在狭小的区域里饲养自家的绵羊，因此，就芬格特时代放牧绵羊的情况，他成功获得了第一手经验。那是个拥挤的放牧区域，但是在狭小的空间里，绵羊和其他牧群更容易管理。这就是为什么现代牧民会将尽可能多的动物塞进一辆卡车里。牛和绵羊都是群体动物，因为作为牧群的一员，它们能获得一种安全感。将牲畜限制在一个狭小的空间里也能使畜牧工作更加简单易行，也便于将它们分选归类。对于不同的动物，工作方法也截然不同。比如，猪最好单头处理，你可以用木棍轻推猪头，引导它们乖乖地按照你的意图行动。无论是在开放的区域还是在封闭的区域，绵羊对狗都会有强烈反应。不管是野生还是驯养的绵羊，当感觉到威胁来临时，它们都会紧密地聚集在一起。现代牧羊人把放牧时使用狗的做法称作"犬牧"。一般来说，牧羊人让绵羊对狗产生恐惧，使它们聚集成群，便于管理。对狗来说，这样的行为完全是一种本能，在狼群时代就已经形成。狼群里的低等成员将动物驱赶到头狼身边，头狼就将它们咬死，吃掉一些肉，剩下的留给其他成员。普赖尔认为"犬牧"可以追溯到很远的过去，远远早于中世纪僧侣时代以及英国向欧洲大部分地区出口羊毛的时代。

大多数管理绵羊和其他家畜的传统方法都会对动物的本能善加利用。对绵羊实施驱赶、分批处理、行动限制、例行检查以及分类是放牧程序的组成部分，很可能远在芬格特时期之前就已经存在，并一直流传下来，现存的农田系统可以体现这一点。对3 500年前的农民来说，首要任务是成为务实的经营者，他们明白长势良好、精心管理的牲畜是成功畜牧业的基础。除了专业知识，他们还十分了解绵羊和其他牲畜愿意以及不愿意做的事，除非有人故意搞恶作剧。一个典型的例子就是农田出入口的设置。如果将其设置在一条栅栏的中间，绵羊就会畏缩不前。而把出口设在夹角处，两排交会的栅栏构成的漏斗结构就会让牲畜聚集起来，促使其自然通过狭口。如果愿意，农民可以利用木制栏杆和临时设施构成的漏斗结构，引导牧群从这样的出口进入狭窄的检查通道。这样，人们就可以对牲畜的年龄和身体状况等进行检查。牲畜穿过狭口进入一道有三个岔口的门，农民就能把羊分成不同的类型，这可能还需要持有障碍物的儿童的帮助。

检查通道的长度取决于绵羊的数量。普赖尔使用7米长的检查通道处理大约250头牲畜，但是在青铜时代还没有估测牧群数量的工具。他估计，整个芬格特农田系统容纳的牲畜"远少于1 000头——即使在夏季高峰期所有羊羔都在场的时候"。[3]在农田系统已被挖掘的区域内，牲畜的数量可能在2 000头至3 000头。普赖尔说，这说明它绝非自给自足的小规模放牧，而是一种更加集约化的经营模式，可能相当于中世纪羊毛贸易高峰期的生产水平。

这是个了不起的成就，他们采用的品种可能是矮小、耐寒的索伊绵羊（Soay sheep）的古代版，这些羊在大型牧群中有上佳表现，能提供优质羊毛和高质量的羊肉。

所有这些都成效显著，因为有季节性牧场和极为丰茂的夏季

芬格特挖掘现场概貌

草场作为支撑。在公元前 1800 年至公元前 600 年，大沼泽[*]的边缘地带为绵羊的集约化养殖提供了优良的环境，当时的牧民使用的简单方法成为今天绵羊养殖的基础。绵羊的充裕可能引发当地的社会变化，造成不同个人和族群之间在拥有绵羊数量方面的财

产差异。牧群规模的扩大使农民获得了更大的社会影响力，他们有能力大宴宾客，通过赠送礼物来彰显他们的慷慨和强化与其他人的关系，并建立优越的婚姻和其他联盟关系。但是，突如其来的传染病能在几天之内毁灭整个牧群，因此牲畜养殖所带来的财富极不可靠，常常是昙花一现。唯一的保护措施就是将牲畜分散到整个区域的不同家族成员手中。

社会差异可能以多种方式得到体现，特别是在肉类消费成为威望的标志、大宴宾客成为年度大事的背景下。在芬格特农田系统附近的弗莱格芬（Flag Fen），弗朗西斯·普赖尔发现了一系列非凡的青铜制品，包括铜斧和铜剑，还有一个作为祭品被扔进沼泽的肉钩；这些物品常常被折弯后扔进茫茫黑水。[4] 我们永远不知道这些祭品的意义，但是它们很可能是献给强大的祖先即土地守护神的祭品。祖先的灵魂潜伏在黑暗之中，象征性地主宰着这片沼泽里的一汪黑水。像其他地方一样，活着的人和死去的人、超自然世界与物质世界之间的联系在人类生存中占据着非常核心的地位，并通过饲养在耕地和沼泽地里的牲畜的肉得到了部分诠释。

财富和社会地位的象征

绵羊和山羊都是普普通通的动物。它们提供肉、奶、皮、毛或毛发，以及脂肪和其他副产品。它们是可靠的肉食来源，远比猎物可靠得多，尽管在几千年的时间里，狩猎仍然是生存等式的组成部分。牧群中被宰杀的多余雄性动物在农业社会不仅提供了稳定的肉食，而且带来了重要的社会效益，人们对待动物的态度与狩猎群体截然不同。人们第一次拥有犬类以外的牲畜，不再是单只动物，而是雌雄皆有。这些动物既包含延续牧群的种畜，也包括社会货币的重要来源：多余的雄性。

从现代自给自足社会的情况来看，以家庭和族群为单位的牲畜个人所有权从一开始就从根本上改变了社会。那些拥有牲畜的人把它们作为财产代代相传。同时，在族群内部或定居点，牧群的规模成为财富的象征，也常常是社会地位的标志。牧群的主人可能认识每一只牲畜并从幼崽时期就仔细观察它们，但是最后的分析表明，牧群中的成员也是强大的社会工具。在很短的时间内，创始牧群中的多余公羊就具备了重要的象征意义，特别是其被当作礼物，无论是被活着送人，还是被宰杀后款待乡邻之时。拥有可繁殖的牧群就意味着拥有了社会地位和威望，因为牲畜成了蹄子上的财富。

这里的关键是财富和微妙的继承问题，包括牲畜和被用来放牧的草场的继承权。不同于猎物，牲畜就像住房和牧场，是可以留给后代的有形资产和财富。财产及土地所有权按照一定的规则通过父系或母系由上一代传给下一代，这些规则发展到今天已日臻完善，并对社会和经济产生了重大影响。土地所有权和放牧权从一开始就受到严格保护，特别是在那些有过惨痛教训的人中间，他们深知贪吃的小型牧群会对周围环境造成多么严重的危害。

亲属关系在冰期的狩猎社会一直都非常重要。相隔遥远的不同群体之间的联系对生存至关重要。遇到狩猎事故时，亲属可以到其他群体中避难，也可以使用对方的领地。但随着动物驯化的出现，这种格局发生了显著变化，因为每一个社群（比如谷物种植者）都依附于土地，而这些土地通常归族群所有。农民和牧民的文化活动非常类似。许多古代农耕社群同样拥有自己的家畜，因为全职牧民在今天很少，以前可能也不多见，而且全职牧民难免也要获得一些粮食或从事粮食种植，以便在困难时期维持生存。在农民和牧民手中，耕地和牧场沿着祖先的血脉代代相传，这一做法可以追溯到遥远的过去。人类生存的新规则伴随着适应动物驯化的过程。这些规则阐明了继承的性质，强化了不同家庭和亲属之间婚姻关系的重要性，这在狩猎群体中是无法想象的。

无论通过父系还是母系，婚姻和继承都是严肃的重大事件，通过仔细协商和礼物交换，特别是作为嫁妆的牲畜的交换，得以确定。这样，多余的雄性牲畜就派上了用场：作为礼物被送给需要建设自己牧群的新婚夫妇，或者作为婚礼上的祭品，抑或作为给予贵宾的礼品。在所有农耕社会中，建立利益共享、义务共担的紧密关系十分必要，对于拥有牲畜的人来说尤其如此。为了保障自己的利益，他们需要将牲畜分散到广阔的土地上，以避免传染病和干旱的威胁，甚至是人类的掠夺。现在，动物第一次成为个人财产——一种被人们珍惜、重视，并可以计量的东西——可以被作为精心准备的礼物馈赠给亲友，这并不一定是将其作为我们今天意义上的货币，而是作为在人类生活中有着核心作用的生存等式和财富积累的一部分，对猎人和采集者来说，这样的方式是难以想象的。

绵羊和山羊从来不是声名显赫的牲畜，但就像农民依附于土地，它们也离不开土地，因而两者之间形成了另一种伙伴关系。在这一关系中，一方提供保护和食物，而另一方提供肉食和社会影响力。

双方都是农耕社会的成员，与自然环境和祖先的精神世界有着紧密的联系。这种伙伴关系的一个惊人案例来自 20 世纪的新几内亚。

接下来是猫的驯化

猫至少在 9 500 年前就开始被驯化，很可能驯化自非洲野猫（*Felis sylvestris lybica*），也就是西亚的野猫。驯化是如何发生的总是一个不解之谜，但是它可能源于捕食大鼠和小鼠的野猫，这些老鼠以储存的谷物为食。目前有据可查的最早的家猫是一只 8 个月大的猫，其尸体和一名男子的尸体葬在一起。该墓穴大约建于公元前 7500 年，位于塞浦路斯南部利马索尔（Limassol）附近史罗莱康巴斯（Shillourokambos）的一个大型村落里。[5]

不同于其他的早期驯化动物，特立独行的猫不太喜欢群居。它们和人的共生关系与其他任何动物相比，有过之无不及。但它们的身体形态，特别是猫咪的萌态，会激起人的抚养兴趣。（共生关系是一方物种受益而另一方不受损害的关系。）在埃及，已知最早的猫生活在公元前 3700 年，在那里它们是家庭宠物，因为能成功捕捉啮齿动物和蛇而备受青睐，有些猫死后被妥善安葬。[6] 它们也被称作 *miu* 或 *miut*（"猫会发出'喵，喵'的叫声"）。到新王国时期（公元前 1530—公元前 1070），它们出现在墓穴的壁画中，与主人共同狩猎，拾回鸟和鱼，或坐在女主人的椅子旁。

在埃及，猫有着强大的超自然联系。猫女神巴斯特

（Bastet）不仅保护孕妇，还是舞蹈和音乐的守护神。据说，她能保护人们免受疾病和恶魔的伤害。巴斯特女神是温暖阳光的化身，通常以猫头女人身的形象出现，手持代表生命的十字架安可*。尼罗河三角洲的布巴底斯（Bubastis）是巴斯特女神的祭祀和神庙中心。许多死去的宠物被做成木乃伊安葬，有时被埋在布巴底斯的大型地下墓窟里或其他地方。1888 年人们在埃及中部的贝尼哈桑（Beni Hasan）发现了一座猫冢，里面埋了大约 80 000 只猫。希腊历史学家狄奥多罗斯（Diodorus）于公元前 1 世纪发现，"人们用雪松油对死去的猫进行处理，这种香料能散发出令人愉悦的气味，让尸体保存很长时间"。[7] 杀死一只猫意味着死罪。公元前 47 年，一个倒霉的罗马人无意间杀了一只猫，结果被石头砸死。

罗马人对猫崇敬有加，有时将它们视为家庭守护神。实际上，它们是唯一一种被允许进入神庙的动物。猫作为啮齿动物的杀手受到罗马人的尊敬，有时也被视为自由的象征。罗马军队带着猫远征高卢，最后抵达不列颠，目的是让它们保护军粮。今天的罗马是至少 300 000 只野猫的家园，它们躺在城市的遗迹里，2001 年开始作为罗马的一项"生物遗产"受到保护。

---

* 安可（ankh），源自埃及的一个神秘符号，上部为一圆环的十字形饰物。因其象征着生命，所以它也被称作"生命十字"。

猪和祖先

没有人知道新几内亚人是什么时候开始养猪的，但是如今，生猪养殖是当地传统社会的重要支柱，是动物在人类环境中茁壮成长的典型例子。[8] 大约有 7 000 名说马林语（Maring）的农民居住在新几内亚高地。早在 20 世纪 60 年代，人类学家罗伊·拉帕波特*就和策姆巴加人（Tsembaga）生活在一起，这些人的生活以祖先崇拜、战争和养猪为主。他们是联合与对抗所构成的复杂关系的一部分，他们的生活受祖先的超自然力量支配。没有祖先的鼎力支持，养猪和日常生活的其他事务就难以获得成功。策姆巴加人和他们邻居的生活围绕着一个战争循环和一项仪式活动展开，这种叫作"凯阔"（kaiko）的仪式以一场盛大的猪宴为高潮。

一旦"凯阔"仪式结束，猪食堆积如山，公猪所剩无几。人们进入休战状态。生活的需要使他们将心思投入到养猪上。他们种下"朗比姆"（rumbim）灌木丛，让它们自由生长，直到生猪再次繁茂，他们就将灌木丛连根拔起，这代表新一轮循环的开始。"凯阔"仪式大约每 12 年举行一次，但是策姆巴加人不知道如何计时，因此举行"凯阔"仪式的时间取决于社会因素。妇女种植山药、芋头和红薯，同时也养猪。一旦小猪断奶，人们就要对它们进行训练，使它们能够像狗那样成为人的小跟班。4 个月至 5 个月大时，猪被放到森林里觅食，直到人们把它们召回，之后每天

---

* 罗伊·拉帕波特（Roy Rappaport），著名人类学家，以仪式和生态人类学方面的研究著称，代表作有《献给祖先的猪—— 一个新几内亚民族生态中的仪式》。

定量供应山药和红薯。随着生猪逐渐成熟，数量不断增多，为饲养这些猪，妇女们的工作越来越繁重。她们必须扩大养殖园的面积，尽快把更多的猪养大，这样她们的族群就可以赶在敌人之前举行"凯阔"仪式。1963 年，拉帕波特参加了一场"凯阔"仪式，那些更加厉害的策姆巴加妇女，每人饲养 6 头 61 千克的猪，这是除了抚养小孩和其他家务之外的一项艰巨任务。女人们清理出新的园子，饥肠辘辘的生猪大肆践踏用栅栏围好的耕地，这造成社会矛盾加剧。女人的抱怨最终取得了成果。男人们铲除"朗比姆"，举行"凯阔"仪式的时间到来了。

拉帕波特 1963 年参加的"凯阔"仪式连续几天大宴宾朋，生猪付出了惨重的代价。按数量计算，策姆巴加人宰杀了 3/4 的猪，而以重量计算，则达到了 7/8。他们把大量猪肉分给盟友和姻亲。在 1963 年 11 月的重大仪式中，有 96 头猪被宰杀，2 000 人到 3 000 人分到了猪肉和脂肪。他们连续 5 天暴饮暴食，每位策姆巴加人吃掉了 5.5 千克猪肉和脂肪。

所有这些宰杀活动和对猪的关注，以及精心制作的服饰、精心编排的舞蹈和仪式都符合人们的实际需要。"凯阔"仪式满足了人们对猪肉的食欲，在他们的饮食习惯中，猪肉是极其罕见的。他们生活的环境潮湿而阴凉，是养猪的理想场所，生猪在放养中能够获得大部分食物。然而，过多的生猪会给女人造成沉重的负担，并威胁到马林人的种植园。这就是"凯阔"仪式需要发挥作用的时候，因为祖先不愿意看到女人和园子受到伤害。"凯阔"仪式能够取悦祖先，还有助于控制生猪的数量。没有人可以规定固定不变的限量，因为每年的情况都会发生巨大变化。生猪饲养数量取决于当地的人口规模、各个部落的财富、附近敌人的意图以及可扩张的次生林面积。为了维护各自对地球资源的不同主张，策姆巴加人和他们的所有邻居陷入一场激烈的斗争中。他们靠发动战争或仅仅靠制造战争威胁确立这些主张的合法性，使他们的祖先对生猪的欲求永无止境。同时，通过将大量营养价值丰富的猪肉储藏起来，马林人可以在战争来临时吸引和奖励自己的盟友。通过"凯阔"仪式，盟友和敌人就能够评估出自己的实力以及主人保卫领地的能力。这一整套体系决定了植物、动物和人员如何在新几内亚高地的广阔地区进行分配。策姆巴加人的生猪成为名副其实的社会润滑剂。

作为古代的自给型农民或牧民，不管牧群的规模多么微不足道，拥有和管理这些牧群都会彻底改变他们的生活以及他们与动物的关系。即便是山羊、绵羊和生猪，它们的意义也远非肉食和兽皮那么简单。作为财富和社会义务的源泉，它们以新的方式塑造了人类社会。正如我们后来看到的，一旦进入牧牛时代，人性就再也回不到从前了。

第六章

圈养危险的原牛

原牛（aurochs，学名 *Bos primigenius*）在法国西南部拉斯科洞窟的岩壁上欢腾跳跃——这些用黑线条绘成的野牛图像有着咄咄逼人的、竖琴形状的牛角。17 000 年前，这些体型硕大的野牛在脂肪灯的柔光中闪动，它们是洪荒之力的象征和狩猎时的挑战。野生公牛是狩猎传奇和神话故事中的危险猎物，它们身体矫健灵活，能以迅雷不及掩耳之势用牛角将猎人挑死。

原牛是冰期过后存活下来的欧洲最大的食草动物之一，有些体重可达 700 千克。这些野牛长着前倾的大牛角、大长头和修长的腿，一旦被激怒，其身体矫健、移动迅速的本领便显露无遗。原牛至少有 3 个亚种曾经在欧亚大陆以及北非广泛分布。所有这些亚种都已灭绝，欧洲最后的原牛死于 1627 年波兰的自然灾害。复原原牛的努力产生了一些与它们极为相似的动物，然而，要获得彻底成功，专家们仍然一筹莫展。一旦遇到原牛，人们就很难忘怀。罗马将领朱利乌斯·恺撒在远征高卢的战役中曾经与它们不期而遇。他如此描述这种动物："体型略小于大象，力量和速度无与伦比；无论是人还是野兽，一旦与它们遭遇，都将在劫难逃。"他还说："即使是被抓到的牛犊也很认生，完全无法驯化。"[1]

然而，恺撒错了。在他的时代之前大约 8 000 年，南亚和西南亚的农民就驯化了野牛，几乎与驯化山羊和绵羊的时间一样早。这一事件产生了重大的历史意义。公牛迅速成为领导权的象征，牛则成为理想的财富。它们耕田犁地，加强农业生产，对城市和文明的形成做出了积极的贡献。早在公元前 6 千纪，牛就在美索不达米亚拉犁耕地。它们逐渐代替了早期农民使用的让人腰酸背痛的挖地棒和锄头，大大促进了农业生产力的发展。

驯化原牛这样的大型动物要比驯化较小的家畜困难得多。人们一想到它们的庞大身躯和难以预知的险恶就会望而却步。然而，在西南亚和南亚，显然有少数人成功驯化并管理了少量大型、凶猛、天生具有领地意识的动物，使其成为比猎物更为可靠的食物来源。显然，他们后来学会了从牛身上挤奶。仅仅是将几头原牛关进畜栏圈养，就是一项严峻的挑战。也许他们会和毗邻村落交换一些信息，甚至半驯化的牲畜。对此，我们永远不得而知。但是，有一点是肯定的，那就是这些动物有着重要的象征意义，因为在当时，捕杀凶猛的野兽和食肉动物是社会文化的核心理念。今天，牛是世界上最重要的家畜，其中包括13亿头奶牛。它们提供奶制品、粪肥、皮革及肉食。现在我们认识到，如果没有它们，人类简直无法生活。

牛群管理一瞥

人们究竟是如何将这些难以对付的动物驯化成功的呢？对于较小的家畜，我们会借助合理的猜测，因为对于细节，我们永远不得而知。然而，对牛的行为和牧群管理程序的现代研究为我们提供了一些线索。动物学家坦普尔·葛兰汀[*]指出，牛对捕食者非常警觉。[2]它们的大脑就像哨兵，不会放过任何突发行为。一旦威胁来临，它们就会聚在一起，依靠数量优势寻求安全，或转身以牛角为武器，准备战斗。许多不熟悉农场生活的人根本意识不到肉牛并非人们想象的那么温顺。它们与宠物牛和耕牛，以及每天被挤两三次奶的奶牛反差强烈，后面这些牛喜欢与人密切接触，体内少有胆怯基因。例如，有名的荷斯坦奶牛在基因方面几乎肯定比其他家牛离野生祖先远得多，因为这种牛是为了产奶而被选择驯化的。在大型牧场，肉牛对人的出现习以为常，但它们并不是绝对温顺的牲畜。葛兰汀提到过"逃离区"，也就是你在接近野生动物时，要保持多远的距离它们才不会逃离。与放养的肉牛相比，家养奶牛的逃离区几乎接近于零。

这主要取决于养牛的方式。大呼小叫、突然出现或像奔腾的野马那样快跑必然导致牛的恐慌。牛的神经系统主要用于发现捕食者和潜在的威胁，因为它们是野生世界中捕食者的主要目标。所有牛都有恐高症，也害怕突如其来的举动。恐惧也会在牛群中传染。葛兰汀的一位朋友有过恰如其分的描述，他说，面对陌生事物，它们"既好奇又害怕"。好奇心和不确定性是造成轻度焦虑和警惕的原因。它们渴望探索新鲜事物，但又害怕面对可能产生的后果。强迫其接受新事物是行不通的。

---

*　坦普尔·葛兰汀（Temple Grandin），美国动物学家，从小就是个自闭症患者，但她超乎常人的视觉思维能力使她能够洞察动物的心理。她排在《时代周刊》2010年评选的100位"全球最具影响力人物"英雄榜的第五位。

如果要被迫移动，它们可能会感到恼火。只要有吃的，家牛愿意不辞辛劳。如果它们相信在旅行的终点能大饱口福，它们甚至愿意乘卡车转移到新的牧场。它们熟悉人的管理程序。远距离放牧牛群要困难得多，特别是在缺乏良好牧场的开放区域。最成功的转移是将牲口的恐惧控制在最低限度的转移。西部片中那些老套的赶牛方式都是大错特错的做法，因为牛仔大呼小叫、口哨惊天、快马奔驰，会让牛因惊恐而四处狂奔。长距离驱赶牛群的最佳办法是用温和的行为压迫它们的逃离区，如果它们朝着正确的方向前进，你便可以稍稍后退。一旦牛聚集成群而不是四处逃散，你就可以安静地驱赶整个牛群。它们在吃草的时候队形松散，因为正是在这种时候，牧民会给予它们更多的保护。在其他动物，比如羚羊中，这种行为也非常普遍。在东非塞伦盖蒂大草原（Serengeti Plains）这样的空旷地带，哪怕狮群就在附近，羚羊仍然能若无其事地在草地上静享美食。当狮子悄悄靠近时，它们心中有数，不慌不忙。原牛也有类似的天生预防行为。通过使用温和的放牧方法，现代牧民能有效调动此类行为。一旦牛聚集成群，牧民可以更深地进入逃离区，利用它们自然的防御本能，控制它们前进的方向。而奶牛与此不同，它们习惯于在人的引导下前往牧场或回到畜栏。

对牛的管理很可能在 19 世纪达到最高境界，1866 年至 1886 年，当时的牛仔赶着几千头牛穿越美国西部的广阔地区。2 000 万头牛从得克萨斯一路走到堪萨斯州阿比林（Abilene）等地的火车始发站，然后被运到芝加哥和其他更靠东边的饲养场。牛仔们缓慢、轻声地驱赶，因为他们知道粗暴行为所造成的压力会使成百上千头牛在旅途中丧命。从得克萨斯到堪萨斯，平均每趟大约驱赶 3 000 头牛，需要 10 名牛仔日夜看护，每天行进大约 24 千米。完成一趟赶牛任务可能需要长达 2 个月的时间。这种赶牛的做法并非美国西部所特有。在中世纪的欧洲，匈牙利灰牛穿越多瑙河地区，一路跋涉至欧洲西部的牛肉市场。瑞士人翻越阿尔卑斯山，将牛赶到意大利，直到定点奶牛养殖成为更有利可图的选择时，这种做法才宣告结束。在美国西部，大规模的铁路建设以及长期过度放牧敲响了长途赶牛活动的丧钟。关于早期的牛群管理，相关的研究不胜枚举。例如，牛群中牛的数量应该超过 4 头，因为大牧群里少有争斗，将它们关在更大的畜栏里，能给被攻击的动物留下及时躲避的空间。同样重要的是，要尽量将相互熟悉的牛关在一起，这样就能减少攻击行为的发生。

对于这一问题，19 世纪和今天很多牧场牛（range cattle）的行为似乎可以帮助我们了解原牛的某些习性。这种动物没事的时候显得很温和，然而突然的动作或意外的响声可能引发它们的攻击和暴力行为。捕杀这种难以对付、容易被激怒的猎物需要娴熟的潜行跟踪技能。然而，如果我们能从非洲猎物或牧场牛身上获得某种启示的话，那就是，人们在原牛清晰的视线内悄悄走动肯定不会使正在吃草的它们产生任何情绪反应。我曾经静静地走在成群的羚羊当中，丝毫不带明显的威胁意图。它们只是抬头看看，然后继续吃草。但是，如果我从树林或高高的草丛中突然出现，它们马上会上蹿下跳，感觉受到了威胁。动物如果意识到自己被跟踪，有被攻击的威胁，它们就会做出截然不同的反应。对于牛最早是如何被驯化的，这可能是个不错的启示。

猎人们之所以能够生存，取得狩猎的成功，是因为他们能够近距离了解猎物。每个季节，无论是夜晚还是白天，清晨还是黄昏，他们对猎物都了如指掌。他们知道什么时候不能靠近猎物，以及如何消除它们的恐惧；他们还观察原牛如何保护牛犊。我们可以想象一下，狩猎群体的生活场所和一小群原牛近在咫尺，他们甚至会大摇大摆地在牛周围走动，丝毫没有要捕杀这些动物的打算。也许一头小牛或未成年的公牛掉了队。猎人很可能认识不同的动物个体，他们便会悄悄地将这头离群的牛赶到一个大型围栏里，并提供食物和水。于是，一个缓慢的驯化过程拉开了帷幕。最后，几只被抓来的牛逐渐适应了与人相处的生活，并在围栏里繁衍后代；或者，它们白天在附近吃草，晚上回到牛栏过夜。现在，猎人变成了保护牲畜免受捕食者侵扰的牧民。要让这种笨拙的动物适应圈养生活、被人管理，甚至被人挤奶，肯定需要好几年时间。定期挤奶肯定使驯养者和被驯养者之间形成了紧密的联系，这可能就是为什么在后来的许多畜牧社会中，牛和它们的主人之间形成了亲密无间的关系。

利用、繁殖和培育的做法与 18 世纪开始的现代畜牧业的经验遥相呼应（见第十五章）。早期的牛牧民最关心的问题是如何获取易于管理的温顺的动物。他们一定很快发现了阉割多余的雄性能够使管理牲畜变得更容易。这一做法也使牧民能够选择他们喜欢的牲畜进行繁殖。在相对较短的时间里，驯化的牛个头较小，几乎未成年（一种被称为"幼态持续"*的状况），而且更温顺，

---

* 幼态持续（neoteny），社会生物学上的一个重要概念，即减缓成熟的过程，指生物后代出生后保留幼年的状态特征，受其父母的"监护"和养育，直至独立谋生或自食其力的成长过程。

与人相处也更不认生。

野牛或许是危险的猎物，但一旦被驯化，就能给人带来丰厚的利益。它们营养丰富，每千克牛肉可提供 2 360 卡路里的热量。几乎可以肯定，人们驯化它们的首要目的不是获取牛奶而是牛肉。随着西南亚向农耕社会转变，以碳水化合物为主的饮食结构造成了骨质疏松之类的慢性健康问题，同时也需要蛋白质弥补谷物食品的缺陷。经过最后的分析，人们认为，保护、繁殖和宰杀饲养的牲畜比狩猎更加便利可靠，因此，人类再也无法离开大型哺乳动物及它们的幼崽了。驯化是一个共生的过程，是动物和人类共同努力的结果。

驯化原牛

现在让我们来看看考古方面的数据。大多数权威人士认为原牛至少有过 2 次或者 3 次驯化。欧洲的克罗马农人从未驯化原牛，因为原牛最早是在更加干旱、森林更少的环境下被驯化的。在这样的地方，人可能更容易接近动物，因为动物可以清楚地看见人类。有时被人们称为黄牛（*Bos taurus*）的无瘤牛（Humpless cattle）最早在今土耳其的托鲁斯山区被人圈养，那里牛的遗传多样性最丰富。如果分子生物学家的研究可信的话，我们便可以确定，只有 80 头牛介入了牛的驯化。[3] 来源于古代和现代的线粒体 DNA 显示，驯化过程只涉及有限的牛类世系，持续时间可能达 2 000 年之久，驯化的地点可能在底格里斯河和幼发拉底河上游，今叙利亚和土耳其境内。迪雅德（Dja'de）和卡约努（Çayönü）都是公元前 9 千纪的古代村落，彼此相距不到 250 千米。公元前 8800 年至公元前 8200 年，那里的居民生活越来越依赖养牛，而不是狩猎。两个村落的几百件残缺不全的骨骸记录了一个缓慢的驯化过程。

一旦被驯化，这些牛便在西南亚迅速传播，这部分可归因于对追逐水草的需要，可能也是商业贸易的结果。它们也可能早在公元前 8700 年在中国东北被驯化，但证据并不充分。然而，可以肯定的是，到公元前 3000 年，牛在中国和朝鲜半岛已得到广泛使用。与此同时，最早的城市和文明出现在美索不达米亚和尼罗河沿岸地区。早在埃及文明于公元前 3100 年建立之前，尼罗河流域就出现了大量的家牛，在此之前至少 2 000 年的人类遗址可以证明这一点。大约公元前 5500 年，农民们带着牛和其他牲畜在整个欧洲传播。大约公元前 5000 年，瘤牛（Bos indicus）很可能在南亚的印度河流域被驯化，并传播到中国南部和东南亚。

塑造人们思维的商品

到公元前 7500 年，农耕村落，甚至一些小城镇，在近东的广大地区如雨后春笋般发展起来。土耳其安纳托利亚高原一个较大的定居点恰塔霍裕克（Çatal Höyük）为我们清晰地阐述了牛和人之间日益复杂的关系。[4] 在那里，日常生活的各个方面，无论是世俗生活还是仪式活动，都没有发生在大型公共建筑中，而是在人们世代居住的房屋里展开。它们是真正的"历史建筑"，是对祖先的纪念，墙上的壁画非常华丽，具有巧妙的象征意义。除了关于人类的绘画，危险动物和公牛也随处可见。灰泥浇灌的牛颅骨自房子建成起就装点其中。墙上、长凳上都装有突出的公牛角。地板下是受人尊敬、上过灰浆的祖先头骨和祖先的墓穴。恰塔霍裕克的房屋是活生生的历史见证，曾是记录历史、进行宗教活动和祭祀祖先的场所。这些房屋也可能在仪式性宴会中发挥过重要的作用，有着神话和精神联系的野生公牛是这些宴会中必不可少的角色。动物和人类的祖先守护着房屋的主人，这也是遍及西南亚的早期农耕社会那不曾断绝的强大主题的一部分，在那里，农耕生活围绕着四季变化，循环往复，周而复始（见插叙"脱离自然？"）。

脱离自然？

需要强调的是，动物的驯化并不是一种一厢情愿的关系，并非完全由人说了算，不是以人的意志设定驯化条件，然后榨取动物的价值。相反，人类是这一宏大进程的参与者，而这一进程是人与自然环境的关系发生深刻变化的一部分。一些法国学者，如雅克·科万（Jacques Cauvin）认为，农业使人依附于土地并"脱离"自然，使人与众不同，从而上升到一个比动物更高的层次。[5]科万还认为，人类的意识由此发生了重大转变。

就在农业出现之前，动物图像曾盛极一时，人们在哥贝克力石阵*和恰塔霍裕克等地的神庙里可以看到许多这

---

* 哥贝克力石阵（Göbekli Tepe），约建于 11 600 年前，比吉萨大金字塔还早 7000 年。1994 年海德堡大学考古学家克劳斯·施密特发现了该遗址，并认识到了该遗址的价值。尔后，他在附近定居下来，毕其余生对它进行研究。

样的例子，狐狸、秃鹫和其他凶猛野兽的图像比比皆是。

哥贝克力石阵坐落于土耳其东南部的一座土丘上，约公元前 9600 年，被凿成块的石灰石构成了一系列环形结构。[6] 它们形似地窖，用 2.4 米高的矩形石柱装饰，石柱上雕着原牛、羚羊、野猪、蛇和飞鸟图案。但上面没有驯化的动物，只有猎物和捕食者。哥贝克力石阵可能是个神庙，许多代人在这里举行关于捕食者和猎物的古老仪式，也许还吸引了至少 100 千米之外有着类似建筑的社群的访客。

制作野生动物图像的做法持续了很长时间，在另一个遗址，即幼发拉底河附近的内瓦利克里遗址*上，人们能看到鸟落在人的头顶和人头异形人立于鸟旁的图案。这些有形的仪式标志随处可见，它们将猎人与猎物、人与动物联系起来，几千年来一贯如此，在有些地区，一直延续到了现代社会。后来，情况发生了变化：大约公元前 7500 年后，只剩下人类女子和公牛的图案，似乎在人类脱离自然环境之后，女人和牛便成了生命与死亡象征的一部分。从那以后，人类的优越感开始滋生，朝着支配自然界及其动物的方向跨出了一小步。冰期的猎人与自然界的亲密关系至此戛然而止，也就是在这个时候，人类开始驯化我们今天司空见惯的家畜。

---

* 内瓦利克里遗址（Nevali Çori），1979 年被人们发现，但 1992 年阿塔图尔克大坝（Atatürk Dam）建成蓄水之后，该遗址被淹没在阿塔图尔克湖底，科学家再无缘对它进行研究。

牧牛活动及其价值观在西南亚农耕社会的广大地区扩散开来。尽管后来这样的价值观发生了根本性变化，放牧的重要性也大不如前；然而，即使过了很久，长期形成的观念仍然影响着社会的风俗习惯。法国人类学家克洛德·列维-斯特劳斯（Claude Lévi-Strauss）说过，包括牛在内的动物是塑造人们思维的商品——动物主人确实是这样思考的。牛成为人们可以积累的财富、向外炫耀的家产和竞相争夺的对象，也成为祭祀活动中用来表达敬意的祭品。但是，它们也是深深根植于畜牧业的人类行为和价值观的核心所在。牧民对牧群的有效管控有助于促进人畜繁荣。奶牛年复一年提供的牛奶和奶酪凝结着人与牛之间的牢固关系。除了献祭的需要，人们极不情愿宰杀这种牲畜，两者之间的牢固关系可见一斑。接下来，为获取肉食而屠宰家畜成为一大难题，部分原因是这样做会缩小牧群的规模，而另外一个原因则是需求和社会价值观之间的严重冲突。

牛、权力、财富——由于圈养的动物（特别是奶牛）和守护人之间形成了紧密的联系，牛和牧民之间的亲密关系在动物驯化早期业已形成。这种相互依存的关系产生了独特的社会价值观，在以生存为目的的牧牛社会中，这样的价值观盛极一时，并一直延续至今。牧民和牲畜之间建立起来的关系带有浓厚的情感，有时到了近乎痴迷的程度。

牧牛人的放牧半径十分广阔，尤其是在半干旱的环境下，这种环境中，哪怕是少量的降雨也能使这片土地上的牲畜从中获益。放牧需要巨大的土地面积。据估计，如果东非马赛人 *的牛群不是被

---

* 马赛人（Maasai），东非现在依然活跃的，也是最著名的一个游牧民族，人口将近 100 万，主要活动范围在肯尼亚的南部及坦桑尼亚的北部。

19世纪晚期的一场牛瘟（牛瘟疫，现已绝迹）大量毁灭，他们饲养的牛最终就会将肯尼亚、坦桑尼亚和乌干达统统变成它们的牧场。这些土地就像一块块巨大的肺叶，当降雨滋润植被并带来积水的时候，大量人口就会被吸引过来居住，而在干旱降临之时，原来的人便作鸟兽散，留下空旷凄凉的土地。动物在此引发了历史的核心动力——扎根于土地的农民和边缘地带的游牧民之间常常形成敌对关系。在干旱的年份，到处抢劫的游牧民把他们的牲口赶到更加湿润的农耕土地上寻找水草。位于今天伊拉克南部的乌尔（Ur）和其他苏美尔城邦生活在游牧民族的不断侵扰所带来的恐惧之中，特别是在干旱的年月。公元前2200年，大量牧群向南方迁移，城邦的统治者修建了一座180千米的长城，史称"亚摩利挡墙"（Repeller of Amorites），以阻止游牧民的南下。他的努力无济于事。乌尔城的人口增加了3倍，经济因不堪重负而崩溃。[7]

用来耕作和定居的土地对定居者来说象征着秩序和稳定，而定居者们不断受到外来游牧民的威胁，游牧民们占有牲畜却没有一寸土地。希腊人和罗马人认为科西嘉岛的山地牧羊人是强盗和野蛮人，与野兽无异，这类观念在古代的日本和埃及也十分普遍。英国人埃德蒙·斯宾塞（Edmund Spenser）在伊丽莎白时期写道："看看以牧牛为生的所有国家，你就会发现，他们既野蛮又粗俗，还酷爱战争。"[8] 14世纪的地理和历史学家伊本·赫勒敦（Ibn Khaldun）将阿拉伯放牧骆驼的群体称为权威的挑战者。"他们是我所知道的最野蛮的人群。与定居者相比，他们无异于难以驯化的野兽。"[9] 尽管有这些贬义评价，但人类与游牧民之间的关系塑造了对世界许多地区的人们有重大影响的关键思想和价值观。

动物驯化意味着人们将注意力从捕杀猎物转移到活的动物身上。不同于集体共有的、人人都可以捕杀的猎物，驯化的牲畜是个人拥有和管理的财产。牲畜每杀一只就少一只，都会对牧群造成损失，因此牧民必须考虑各种其他因素，不仅包括食物需求和牧群需要等成本，还要权衡各种利益，如履行社会和仪式义务。像牛这样繁殖缓慢的大型动物，充分考虑这些因素显得尤为重要，因为每一头牛都很难被取代。单个家庭无法吃掉一头大型动物身上的肉，除非他们有储存或干化设备，而这又会增加日常生活的复杂性。对传统牧牛人的现代人类学研究发现，他们对待牲畜的行为方式与现代牧民截然不同，因为现代人所关心的无外乎价格、蛋白质和热量。

管理策略

在 20 世纪的牛牧民中，几乎没有人会完全以放牧为生。他们依赖谷物，必要时甚至亲自种地，而这通常被视为一种有失身份的行为。牲畜产出的血、肉和奶并不能真正满足生存的需要。古代的牛群可能规模很小，因为牛的繁殖速度比山羊和绵羊慢。这使得屠宰、干旱或疾病造成的损失很难恢复。从人类学家所记录的最近的传统方法判断，每一位牧民都有自己的管理策略，这很大程度上取决于牧群的规模和财富的多寡。从一开始，畜牧家庭就以牛的头数来计算家庭财富和社会地位。少量的牲畜和粮食都有其自身的价值，但是从社会意义的角度看，它们不是财富。土地归部落或其他亲属群体所共有，因此唯一的货币就是牲畜。牛的优势是它们是一种群居动物，在群体中可以茁壮生长，哪怕没有草料也能依靠天然植被生存，否则，仅仅是将其关在牛栏里饲养，也会因成本过高而难以为继。在许多非洲社会，牛实际上相当于"钱"。在许多其他古代牧牛文化中，情况肯定也大致如此。

随着牛成为更加重要的财富，致富欲望与生存需要之间的冲突日益凸显。如果古代社会像今天这样，管理策略可能就会发生改变。牛变成了贮备财富，常被用来交换粮食。在旱灾高发的干旱环境中，蹄子上的财富并非永久财富。家畜的主人试图通过出借牲口降低风险，将动物分散到广袤土地上的族人手中，或者通过租借增进友谊，帮助亲属。那些没有牲畜的人常常依附于富裕家庭，用他们的劳动换取几头牲畜，这样他们就可以建立自己的牧群。不断扩大牛群的规模需要投入大量精力和智慧。然后还有彩礼（有时叫作聘礼），也就是男方为缔结婚姻付给女方的聘金，这是许多牧牛社会中的基本动态。

"牛身上的寄生虫"

牧牛社会直至最近仍然在旧世界，包括非洲和亚洲的广阔地区兴盛不衰。幸运的是，赶在人口增长和工业化浪潮侵蚀它们的生活方式之前，一系列经典人类学研究给我们留下了这些社会的基本面貌。考虑到畜牧社会的保守性，我们从中可以了解到一些在更为遥远的过去管理牛群的真实情况。例如，我们知道自给型牛牧民与他们的牲畜建立了极其紧密的关系，几乎到了匪夷所思的程度。

享誉盛名的牧民包括身材高大、四肢修长的努尔人（Nuer），南苏丹尼罗河两岸的沼泽地带和开阔的大草原上到处留有他们放牧的身影。英国人类学家 E. E. 埃文斯-普里查德（E. E. Evans-Pritchard）在 20 世纪 30 年代和努尔人生活在一起。他写道，他们"把园艺视为牲畜短缺强加给他们的苦差。他们唯一喜欢的劳动就是照看牛"。[10] 牛归家庭所有。亲属关系构成了强大的联盟，部分由支付聘礼的方式来确定。埃文斯-普里查德把牛从一个家庭营地到另一个营地的转移看成谱系图上的谱线，并进行了认真的跟踪调查。

　　牛对努尔人的生活如此重要，以至于他们，无论男女，都经常用他们最喜爱的牛的形态和颜色作为自己的名字。每一位牛的主人都与自己谱系的神灵建立了密切的联系。把灰尘擦在牛背上，人们就可以与神灵或鬼魂沟通，请求帮助。努尔人也通过献祭公牛或更小的动物与死人联系。对牛的痴迷——这样说一点也不过分——部分可归因于它们巨大的经济价值，但也是因为人们的社会关系是用牛来确定的。

　　为了生存，努尔人非常重视奶牛，因为它们可以产奶，产奶越多奶牛的价值也就越大。像非洲东部其他牛牧民那样，努尔人会在牲口脖子处割开口子，提取牛血，特别是在牛奶供应不足的干旱季节。努尔人饲养牲畜不是为了将它们杀掉，尽管他们很喜欢吃肉。不过，他们的确会吃动物死尸，即使死掉的是他们十分钟爱的动物。牛很少被用于祭祀，主要被用在葬礼或婚礼这样的重要场合。

　　值得注意的是，努尔人重视他们的牛是为了炫耀，也是因为一头又大又肥的牛能给他们带来声望，特别是那些走起路来高耸的隆肉一摇一晃的牛，能使主人风光无限。正如埃文斯-普里查德所言："努尔人可谓是牛身上的寄生虫。"[11] 他们的牛群过着悠闲安逸的生活，而人满足了牛的所有需要——为牛群生火驱蚊，为了确保牛的健康不停搬迁，为牛制作装饰品，保护它们免受人类的袭扰和动物捕食者的攻击。每一位牧民都认识牛群中的每一头牛：它的颜色、角的形状、特点、历史、祖先世系以及产奶量。他们知道哪头牛会在夜晚哞叫，哪头喜欢引领牛群回栏，哪头在挤奶时躁动不安。主人越能炫耀自己的牛，就越心花怒放，比如晚上和温顺的牛群一起行走，听着牛铃响叮当。努尔人和牛之间的共生关系是一种共同利益关系，也是身体亲密接触的关系。

20 世纪 30 年代，牧民在广阔无垠的土地上放牧，他们的移动方向取决于植被和水供应的变化。4 月至 8 月的雨季，人们搬到小型营地居住。在干旱严重的季节，他们聚集到常年有水的大型定居点。洪水泛滥期间，人们将营地搬到小山丘或高地上，为自己和动物争取足够的空间，因为牛在水中站立时间太长有百害而无一利。今天，努尔人的牧牛业已失去往日的活力，成为不断增长的人口、政治和社会动荡、南苏丹内战以及无处不在的现代化进程的牺牲品。许多努尔人侨居在内布拉斯加。[12]

距 20 世纪很久以前，变化就已经产生。公元前 4 千纪，为满足城市的需要，畜牧业迅速发展，规模不断扩大，特别是山羊和绵羊的养殖发展迅猛。古代牲畜饲养场生产的一切产品都被由城市、神庙和统治者构成的无情黑洞吞噬。在这些饲养场，动物的社会功能无足轻重，它们的数量和重量才是人们追求的目标。当饲养家畜的目的从满足自我生存转变为服务宗教思想的时候，我们发现人类以及人类和动物之间的关系处于一种矛盾状态。对努尔人来说，这简直难以想象。

第七章

神圣的祭品和蹄子上的财富

"他在拥有围城的乌鲁克来回走动 / 如同野牛一般力大无穷，他头颅高抬〔傲视群雄〕。"这就是苏美尔人神话般的英雄人物吉尔伽美什，他是古代文学经典《吉尔伽美什史诗》的主人公，是"乌鲁克城的勇敢子孙，暴怒无常的野牛"。其家谱显示，他是"威严的野生奶牛，即女神宁孙（Ninsun）之子"，"像野牛一般统治自己的臣民"，能够打破既有秩序，而同时他还是百姓的守护者。[1]《吉尔伽美什史诗》远不只是一部英雄人物的故事。它是一部关于意识形态的文献，阐释了国王在社会中的作用。那是一个神和人相互交织的社会，统治者和祭司利用他们独有的知识和仪式行为向众神献祭，并使众神得到慰藉。史诗中关于动物的许多观念反映出当时的动物、人类和超自然力量之间仍然有着十分紧密的联系。

到吉尔伽美什时期，牛群的日常生活中浮现出一种象征性的模糊概念。奶牛是哺育众生的地球母亲的象征，是维系生命的力量。狮子和狮鹫一直代表着领导权，以及追猎行动和战争中的勇敢精神。不可避免，公牛也是雄性力量的标志，它生性凶猛，却是牛群的保护者。公牛的凶猛特性也隐含着它与荒野和无法解释的力量之间的联系。这种观念极其重要，对吉尔伽美什这样的早期统治者树立权威的方式产生了重大影响。公牛有着强大的爆发力。它们成为神和统治者的化身，公牛的神授力量强化了国王的权力。这种观念塑造了地中海社会几百年的宗教思想。与此同时，也许在公元前 4 千纪，美索不达米亚地区轮式车辆和犁的发明引入了另一项要素——牛作为挽用力畜的运用。

神圣的国王，神圣的公牛

到公元前 4 千纪，我们会发现牛的作用开始一分为二。一方面是牛的超自然功能——力量的象征和祭祀用的牺牲品；而另一方面则是更为实用的功能，牛被用作耕地和运输货物的挽用力畜以及肉食的来源。把统治者等同于公牛能使国王获得尊敬和无限的权力。埃及法老将自己比作神圣的公牛。埃及人通过奥西里斯（Osiris）崇拜表达对公牛的敬意。早在公元前 2900 年左右的第一王朝时期，就有专门纪念哈皮*，即"奔跑的哈皮"的节日。[2] 然而，在埃及历史上，对牛的崇拜还要早得多，可能要追溯到公元前 3000 年前。当时的牧民从越来越干旱的撒哈拉沙漠将对牛的崇拜以及领导似强壮公牛的观念带到了尼罗河地区。哈皮一开始可能是掌管粮食和牲畜的丰饶之神。神圣的公牛象征着法老的力量和生殖能力，法老常被称为"母亲哈托尔的强壮公牛"，哈托尔是

---

* 哈皮（Hapi），孟菲斯地区受人崇拜的神圣公牛，被作为联系人类和全能的神卜塔（后来是奥西里斯）的媒介，在希腊被称为"阿庇斯"（Apis）。

奶牛女神和西方极乐世界的主人。

几个世纪以来，对神圣的阿庇斯公牛（孟菲斯造物神卜塔的化身）的崇拜在埃及人的生活中打下了深深的烙印。埃及法老拉美西斯二世（公元前1279—公元前1213年在位）将阿庇斯崇拜推向了一个新的高度。他下令，在下埃及皇家都城孟菲斯附近修建安葬阿庇斯公牛的地下迷宫塞拉潘神殿（Serapeum），建好后使用过好几个世纪（见插叙"再现塞拉潘神殿"）。[3] 每一头活的阿庇斯公牛都有着共同的颜色：全身为黑色，额头上有白色钻石标记。天生就带有这种标记的公牛在卜塔的神庙里过着养尊处优的生活。阿庇斯是一位圣贤和先知，是智慧的源泉，由祭司照料并监督它的一举一动。若一头阿庇斯公牛在25岁至30岁（奥西里斯神灭失的年龄）死去或被献祭，则举国沉痛哀悼。发现有正确标记的新阿庇斯公牛是一件令人欢欣鼓舞的大事。

再现塞拉潘神殿

公元24年，希腊地理学家斯特拉波（Strabo）提到过阿庇斯公牛埋葬于一座叫塞拉潘神殿的地下墓穴里，它位于一条不断被流沙掩埋的斯芬克斯大道的尽头。阿庇斯是一位圣贤和先知，他如此强大以至于对他的崇拜一直延续到罗马时代后期的公元400年。一旦当年的狂热崇拜被人们遗忘，埋有公牛木乃伊的塞拉潘神殿便消失于无形，直到1850年才重见天日。当时，富裕的亚历山大人和开罗人用15座斯芬克斯雕像装饰花园，29岁的法国人奥古斯特·马里耶特（Auguste Mariette，1821—1881）对此十分好奇。他当时就职于巴黎卢浮宫，当局派他去寻找科普特语的（Coptic）和其他具有历史意义的手抄本。在为收集到的物品办理出口许可证的时候，他对斯芬克斯雕像进行了一番了解，得知它们来自尼罗河西岸的萨卡拉墓地[*]。马里耶特想到了斯特拉波说的话，雇了30名工人，在8个世纪前的古代地理学家所描述的那条大街上挖出了140个斯芬克斯。最后他在"简直就是流体"的沙子下面找到了塞拉潘神殿的入口。挖掘工作仿佛是在水中进行。这一发现轰动了整个世界。

阿庇斯墓隐藏在一道壮丽的砂石门后面。墓穴内，安葬阿庇斯公牛的巨大砂石棺赫然醒目，棺盖在几个世纪前就被盗墓者移动过。然而，大量资料和无数珍贵手工制品仍然保留了下来。根据挖掘许可条件，他需要将他的发现交给埃及当局。于是，马里耶特于夜间在漆黑的墓坑里悄悄地将运往卢浮宫的物品打包，而白天，埃及官员看到墓穴空无一物，大失所望。

马里耶特付出了4年艰苦的努力，使大量手工制品和公牛木乃伊散件恢复原貌。他有幸在一个密封的神龛里发现了从未有人光顾过的阿庇斯墓葬，其年代可以追溯到拉美西斯二世时期。那位将最后一块石头砌在墙上的工人在灰泥上留下的指印清晰可见。在一个满是灰尘的角落里，

---

[*] 萨卡拉墓地（Saqqara necropolis），古埃及墓地，在古王国时期的首都孟菲斯城郊（今开罗的西南）尼罗河西岸，从北到南延伸达7千米。

人们甚至能看到参加葬礼的工人留下的脚印。石棺中除了未被人打扰过的公牛木乃伊，还有丰富的黄金和珠宝葬品。马里耶特采用一贯的粗野做法，用火药将盖子炸开。

奥古斯特·马里耶特在余生里致力于埃及学研究，并成为埃及第一位"文物保护者"。在其他方面，他为威尔第在开罗首演的歌剧《阿依达》编写剧情，还监督修建了古埃及主题公园。

然而，与此同时，墓穴中的壁画描绘了工人屠宰牲畜以及在贵族领地放牧的场面。这些牛，无论是辛勤劳作，还是被人宰杀，都完全出于实用目的。国家不是用货币而是按照相应的份额将同一种实物支付给贵族和平民。在这样的社会里，牛肉不可避免地成为重要的食物来源。公元前2550年之后，胡夫和他的继任者不惜花费巨资修建吉萨金字塔，统治者雇用了大量劳工投入这项工程，并为他们提供住宿和食物。据估计，一个建造金字塔的居民点每天需要消耗1 800多千克肉食——来自牛、绵羊和山羊。[4] 为法老孟卡拉（Menkaure）修建金字塔的10 000名工人所消耗的蛋白质大约只有一半来自鱼、豆类和其他非肉类食品。另一项估计称，每天大约要屠宰11头牛和37只绵羊或山羊。保持如此大的屠宰量需要饲养21 900头牛和54 750只羊。养活这些牲畜需要大约400平方千米的草场，这些草场很可能位于肥沃的尼罗河三角洲。家畜是古代埃及经济不可或缺的组成部分，它们被用来拉车犁地和作为配给的食物，还可以被用于产奶或提供其他副产品。书吏清点牛羊的数量，与干鱼和粮食相比，它们的商品价值毫不逊色。

宫廷垄断和跳牛

　　希腊的家牛来自安纳托利亚：一种长着很长的 U 形牛角的家畜，这种牛角主要被用作喝水的器皿。牛群的规模很小；它们可以在宽阔的土地上来回走动；公牛是拉犁用的重要力畜。这是一种低强度的放牧方式，主要依赖植被丰美的山地草场。到公元前 1700 年，牛在克里特岛的米诺斯文明中显得尤为重要，无论在经济上还是象征生活*中都发挥了重要作用。米诺斯文明以其宫殿网络为核心，其中今伊拉克利翁（Heraklion）附近的克诺索斯宫殿（Knossos）最为复杂，它是一个由院落、神庙、作坊、仓库和居民区构成的大型建筑群，曾经有 13 000 人至 17 000 人在这里居住。[5]

　　克诺索斯的繁荣建立在对羊毛和纺织品依赖的基础上，其依赖程度如此之高，以至于那里的绵羊多达 10 万只，用来放牧的草场达到 20 万公顷，甚至更大。关于米诺斯的经济，泥版上的线形文字 B 有过大量记载。这些记录告诉我们，奶牛牧民曾为个体牲畜起过名字，如机灵（aiwolos），或小黑（kelainos）。如果有牛被送到克诺索斯宫殿之外，宫殿泥版上都会留下记录，几乎没有例外。有些离开克诺索斯前往附属居民点或其他宫殿的畜力牛（we-ka-ta）被成对送出宫，从事拉犁的劳动。然而，大部分牲畜都是单独离开，这些价值很高的商品注定会成为祭祀的牺牲品。作为馈赠的礼物，牛有着巨大的价值，不仅可以在仪式上使用，

---

*　　象征生活（symbolic life），与宗教、神话、传说等联系在一起的精神生活，体现了人类的灵魂需求，与世俗的物质生活或经济生活相对。

还可以作为肉食、皮和其他副产品的来源。那个时候，铜锭的形状就像用来交易的牛皮，这可能并非偶然，也许象征着牛的价值。

米诺斯时期的牧牛业似乎完全在宫廷的严密控制之下，这种垄断构成了与其他宫殿和居民区相联系的精密关系网的一部分。牛所蕴含的财富使统治者能够通过提供祭祀牲畜，以及向百姓展示王室慷慨大方的方式来维护自己的政治权威，这种牲畜本来就是力量和权威的古老象征。

根据希腊传说，人身牛头兽米诺陶（Minotaur）居住在克诺索斯附近的一个特殊场所。这头凶猛的野兽由米诺斯王的妻子帕西淮（Pasiphaë）所生，是她与一头白色公牛交配后的产物。*此牛为海神波塞冬所赠，波塞冬以此表明他对米诺斯的支持。米诺斯将这头怪兽关在宫殿附近，据说后来它为希腊英雄忒修斯（Theseus）所杀。忒修斯本是雅典统治者献给米诺陶的祭品，是作为年度贡品被献给克里特人的众多童男童女中的一员，没想到怪兽竟然在他的手下一命呜呼。除了米诺陶的传说，我们对这头奇特的野兽一无所知——该词由希腊语 Minos（米诺斯）和 tauros（公牛）组合而成。也许它是以牛头形象出现的祭司，负责将人献祭给神灵。我们对此永远不得而知。

米诺陶以异乎寻常的方式提醒人们公牛在米诺斯社会中的重要地位。米诺斯宫殿里到处都是公牛。用于仪式的铜斧、摇铃、陶俑、石印以及壁画都是对这些强大动物的最好纪念。克诺索斯宫的壁画，

---

*　根据希腊神话，帕西淮与公牛交配是波塞冬对米诺斯的惩罚。因为米诺斯没有按照波塞冬的旨意将赠送的公牛献祭，反而将其据为己有，所以波塞冬使用海神的法力让米诺斯的妻子爱上了这头体貌俊俏的公牛。

以及远至尼罗河三角洲阿瓦利斯古城（Avaris）的米诺斯建筑的壁画上留下了公牛的图案和人跳过牛背的场景。令人印象最深刻的是一种被称为角状杯（rhytons）的仪式器皿，其底部有孔，用来分配祭品的血液。最有名的莫过于出自克诺索斯宫殿的那个角状杯，它形似公牛头，是用皂石雕刻而成的，被以水晶和黄金装饰。在享用祭品肉食的宴会上，用牛头角状杯正式祭酒的时候，需要再放一次血，这是为了用正式仪式代替屠宰行为。

克诺索斯宫殿墙壁上的壁画描绘了青年男子跳过公牛的情形。跳牛本身就是学者们的竞技项目。是为了重现古代的宇宙戏剧，还是为了展现人类对公牛的掌控？这仍然是个不解之谜。也许在这种仪式中，年轻的参与者做出空翻或跳跃动作，从冲过来的牛背上跃过，就像燕式跳跃（saut de l'ange）或法国西南部其他现代跳牛士的表演那样。[6] 遍及东地中海其他地区的跳牛仪式肯定是米诺斯社会生活的核心，也许是精英阶层巩固其整体社会权力的一种方式。在米诺斯社会中，牛是独一无二的权力象征，在错综复杂的贸易和交换领域也是一种特殊商品。

公元前 1450 年以后，迈锡尼人（Mycenaean）控制了克里特岛，米诺斯文明让位于迈锡尼文明，在这种大陆性社会中，牛作为一种核心财富具有十分重要的意义。随着迈锡尼文明影响力的加强，跳牛仪式也消失在了历史长河之中。现在的精英阶层对牛的使用更为实际，因为他们控制着种畜、役畜和食物的供给。仪式性宴会成为行使政治权力的重要工具。有些宴会规模宏大。希腊西部皮洛斯城（Pylos）的迈锡尼宫殿里的线形文字 B 泥版全出自同一个密室，里面储存着大量牛骨，是 5 头到 11 头牛留下的遗骸。

这些牲畜提供了足够多的肉食，除了满足人数有限的精英群体外，还可以满足更多人的需要。在另一个迈锡尼遗址，即尼米亚附近的聪吉扎（Tsoungiza），遗留下来的牛骨大部分是头骨和小腿骨，似乎牲畜的其他部位被肢解，并被连骨带肉送到别处，供其他参加庆典的人食用。

祭祀、仪式性宴会和食物分配——米诺斯人和迈锡尼人处理牛的方式是一种获得并强化威望的方式。通过举行宴会并向那些主要以谷物为生的人分发肉食，作为财富的牛就变成了社会资本。在伯罗奔尼撒半岛东部的皮洛斯，牧牛业比在克诺索斯重要得多，线形文字 B 资料告诉我们，当时的经济规则和宗教信仰紧密地交织在一起。迈锡尼世界的每一个人都被这些神圣的纽带——牲畜繁殖、祭祀和仪式性宴会——紧密地联系在一起。公牛是力量的象征，与宙斯和波塞冬等众神有着密切的联系。因此，荷马时期的皮诺斯国王内斯托尔（Nestor）将"俊俏的黑色公牛"献祭给"震动大地、有着海蓝色鬃毛的神"波塞冬。[7]

迈锡尼人将牛从各种经济活动中剥离出来，使它们成为社会和政治组织的核心要素。这一遗产代代相传，几个世纪后被古希腊人继承，他们的小型农业社群享有自治权，但是要在更广阔的范围内从事制造业和贸易活动。而献祭、仪式以及祈求众神的祭祀活动仍然是希腊人生活的核心部分，他们与原牛的遥远后代之间的关系也因此变得色彩斑斓。

克诺索斯宫殿的金角牛头角状杯

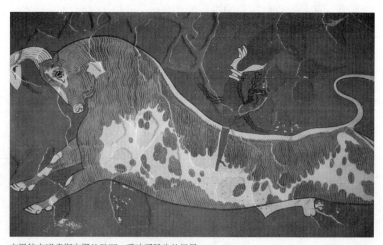

克里特克诺索斯宫殿的壁画，反映了跳牛的场景

伟大的共存：改变人类历史的 8 个动物伙伴

挥之不去的困局：祭祀和杀戮

希腊人陷入了两难境地。牛不仅是一种特殊的财富，也是人类行为和价值观的焦点，这无疑是牧牛业带来的结果。牧民操控着牧群，使人丁兴旺，牲畜繁茂。年复一年，奶牛提供的奶成为人和牛之间的坚强纽带，不到万不得已，人们不愿杀牛，除非是为了祭祀的需要，二者之间的牢固关系由此可见一斑。祭祀是一种仪式活动，是与超自然世界和受人敬仰的神建立联系的方式，具有深远的仪式意义，通常以一场盛宴告终，而这种盛宴本身就是一项社会结果。[8]

猎人和牧民之间反差强烈：猎人伺机捕杀原牛，而牧民养育牧群，为牧群提供庇护，确保它们有水喝，并将它们引领到草场上放牧。实际上，牧民是牧群的首领，而不是捕食者，直到牲畜被屠宰的那一刻，而这似乎可以被看成一种背叛。这是希腊人非常看重的事情。历史学家普鲁塔克有过著名的评价："他们把献祭活动物看成一件非常严肃的事，即使现在，人们在屠宰牲畜时也极为谨慎，要事先将献祭的酒倒在牲畜身上，并等待它晃晃脑袋表示同意。"[9] 比起猎人，牧民对动物有更大的生杀大权，因为牧民控制着自己的牧群。正如哲学家柏拉图曾经指出的那样，神的培育使人变得虔诚。同样，牧牛人也培育着自己的牲畜。

这一点在祭祀仪式中可见一斑。希腊人给献祭用的牛戴上花环，为它们洗浴，并用鲜花装饰它们。待宰的牛来到祭坛前，祭坛上放着的篮子里藏着宰牛的屠刀。撒在牛身上的粮食使它点头同意献祭。祭祀仪式将屠宰推向神圣、虔诚和超自然的领域。

古希腊文化研究者杰里米·麦金纳尼[*]指出了他所称的"牛习语"（bovine idiom）的重要性。这些牧民耳熟能详的习语记录了古希腊生活中的古老痕迹。[10]共同的习语帮助希腊人在几个世纪的混乱中艰难前行，寻找共同身份，尽管这一目标从未完全实现过。这几个世纪被称为古风时期（Archaic Greece，公元前 800—公元前 480 年）[**]，德尔菲（Delphi）、奥林匹亚（Olympia）和尼米亚（Nemea）这样的伟大圣地相继出现，成为所有希腊人的重要圣殿，尽管各地崇拜的对象各不相同。随着古典文化习俗的形成，奥林匹斯山的万神殿地位凸显，牛的重要性如日中天。

希腊神祇拟人化了牲畜养殖社会的思维方式和价值观，他们能将自己变成公牛，像女神赫拉那样拥有牛的眼睛，或代替牧民放牧。神以牛的形象出现，通过祭牛介入俗世并得到满足，而人们尽情享用祭祀的牛肉。牛肉是营养之源，也是联系超自然世界的媒介。烟雾缭绕的祭台、哞哞直叫的公牛和血淋淋的屠刀——这些都是仪式的重要组成部分，除了用于希腊城邦的祭祀活动，在奥林匹克运动会及德尔菲的节日庆典中也必不可少。牛用流血的方式造福居民，在这个农业变得越来越重要的社会里，除了挽用力畜，牧牛业被排挤到了边缘地带。然而，祭祀制度对献祭牲口的需求却越来越大。

祭祀活动持续升温，给农业社会造成了巨大的经济压力。[11]

---

[*] 杰里米·麦金纳尼（Jeremy McInerney），美国历史学家、宾夕法尼亚大学教授。主要研究艺术史、宗教史和文化史。

[**] 古风时期，希腊社会的根本转变期，也是造型艺术的形成期，在这个时期，东方文化通过贸易交往对希腊艺术产生了影响，而希腊艺术又通过吸收东方文化之长和逐步摆脱东方文化的影响而形成自己的风格。这时期的美术成就主要是瓶画、建筑和雕刻。

献祭需要的牲畜越多，农耕用地也就越少——这里的土地本身就崎岖不平。雅典人一年足足有 1/3 的时间要被公共祭祀和宴会活动占用。如果涉及的是主神，献祭的牲畜非牛莫属，仅雅典一地就要消耗大约 6 500 头。在更加偏远的乡村环境中，主要圣所周边都设有牧场。真正的问题在于城市，所以雅典只得在城外租用土地。纪念雅典娜女神的泛雅典娜节（Panathenaia）于每年仲夏的 7 月 4 日举行，要计算这类重大节日消耗的肉食几乎是不可能的，不过这一特别的盛事恰好与屠宰多余牲畜的最佳时间相一致。原本极为单纯的祭祀活动变得越来越复杂，所以牛的购销从当初的神圣经济向世俗领域特别是地下黑市扩张。随着时间的推移，希腊的牧牛业变成了 个横跨宗教、私人和公共领域的行业。牛不知不觉地而非大规模地变成了一种商品。

更为实用：牛在罗马的命运

亚里士多德曾经写道，动物是大自然赐给人类的礼物，"既是好劳力，又是美味佳肴"。兽类本无善恶，因为"兽类的劣行与邪恶有着本质区别"。[12] 动物服从于人类的需要，而人类从不知道它们的需要。将野蛮人视为兽类并将他们等同于动物只需要一小步。对那些被带到罗马的科西嘉山地人，希腊地理学家斯特拉波有过这样的描写："你能在他们身上看到野兽和牲畜的本性，其相似程度令人惊叹。"[13]

罗马人对待牛的方法比希腊人更为实用。作家马库斯·特伦提乌斯·瓦罗（Marcus Terentius Varro）在他 85 岁时写道："牛仍然是人种地时勤劳的盟友。"[14] 他将自己一生的农耕经验浓缩成

《论农业》（*De Res Rusticae*）一书。他的论据无懈可击——为争取投资利润最大化，他毕生经营种马场，培育了无数马匹和骡子。他实行规模化养殖，严格按力畜的标准饲养几百头公牛，因此他写的著述实至名归。农场的运作很大程度上依靠奴隶的劳动，为此，瓦罗独抒己见。他建议让年龄较大、能读书写字的奴隶做工头。"他们不能用皮鞭而要用语言控制自己的手下。"[15]

在罗马人的饮食中，牛肉的比重并不大，他们只吃献祭的牛肉。公牛只能严格作为役畜，用来拉车耕地。然而，每一位农民都要养几头外形标致的公牛以备祭祀之用。育种人员总是毫无例外地挑选身体强健的牲畜，在意大利不同的环境下，牲畜的特点也不尽相同。瓦罗和其他作家提到过 6 个意大利品种和 4 个海外品种，包括小型阿尔卑斯牛，据说这种牛产奶量大，干活卖力。瑞士牛仍然是世界上最好的产奶动物之一。罗马人不喝鲜奶。他们把鲜奶做成奶酪，尤其是在波河流域丰茂的牧场上。

希腊和罗马农民必须保持很高的工作效率，因为他们要供养迅速增长的城市人口。他们养活的人口相当于 19 世纪早期希腊和意大利的人口之和，甚至更多。[16] 很多人的饮食种类繁多，包括谷物、肉、葡萄酒、橄榄油和水果。他们的骨骼有力证明了食品的生产效率。罗马人的平均身高为 168 厘米，意大利人直到"二战"后才恢复到这一水平。希腊化时代 * 的希腊人比 20 世纪 70 年代晚

---

* 希腊化时代（Hellenistic Age），从公元前 323 年马其顿国王亚历山大去世到公元前 30 年罗马征服托勒密王朝为止。这一时期，地中海东部地区原有文明区域的语言、文字、风俗、政治制度等逐渐受希腊文明的影响而形成新的文明特点，该时期在 19 世纪 30 年代以后逐渐被西方史学界称为"希腊化时代"。

期以前的任何现代希腊人都要高。相比之下，18 世纪和 19 世纪的西班牙人、意大利人和奥匈帝国人的平均身高有所萎缩，只相当于公元前 2500 年埃及古王国时期农民的身高。这要归因于罗马帝国衰落后，西欧人消费的谷物饮食中缺乏足够的蛋白质和卡路里，从而导致营养不良。

幸运的是，一位来自安达卢斯（al-Andalus），即以前罗马西班牙行省的伊斯兰农学家从加图（Cato）、科鲁美拉（Columella）、瓦罗和其他已失传农学家的作品中汲取了丰富的农业知识。到了 13 世纪文艺复兴时代的意大利，城市得以迅速发展，集约化农业才在欧洲重新出现。罗马帝国灭亡后的几个世纪里，西欧广大地区的农业生产仍然处于自给自足的水平。很多世纪之后，18 世纪的英国农学作家亚当·迪克森（Adam Dickson）指出，即使与他生活时代的农业革命相比，罗马时期的农业也胜过英国农业。[17]

牛是罗马农业生产的核心。农民们精心照料他们的牲畜，因为它们是价值的体现——蹄子上的财富和劳动力的源泉。最重要的是，它们为农民提供了氮含量丰富的牛粪，极大提高了农作物的产量。即使是小农户也能用上许多现代农业的革新技术，包括选种和作物轮种。他们还为自己的牲畜种植苜蓿，这是现代最为常见的饲料，他们也种植一些不太知名的饲料作物，如耐旱的三叶草，这是绵羊和山羊的理想苜蓿类食物。罗马时期的小麦产量达到或超过了中世纪农民的最高生产水平。

如果没有牛，希腊和罗马的集约化农业就不会如此成功，也不可能支撑起繁荣的城市市场和新兴的橄榄油、葡萄酒等商品的大宗贸易。希腊、罗马、意大利和迦太基的城邦实现了高度的城市化，完全可以与后来的荷兰或意大利的城市相媲美。它们的政治高度民主，导致了更大的繁荣和对奢侈品的更多需求，而当局从埃及和北非进口的廉价粮食满足了普通大众对廉价主食的需求。这进一步促进了农业集约化和牧牛业的发展。

　　在很大程度上，牛是推动农业经济发展的引擎。农民购买需要的牲畜，利用已有资源进行养殖，将弱小和丧失生育能力的奶牛出售，并适时补充种畜。一切都得到精心管理，甚至绝育的奶牛也可以被当作役畜使用。"没有了生育能力，它们工作起来会像公牛一样卖力。"加图斩钉截铁地说。役用牛一生都在农场度过，当时的农业制度需要它们全年定期工作。新鲜饲料消耗一空的晚秋和春耕全面展开的 3 月份是需要精心管理的关键期。春天，由于只能以干草为主食，有时甚至要用橡子和酒糟喂养，牛变得虚弱不堪。一位聪明的农场主用干草和麦芽浆配制出一种混合饲料，其营养价值可达到现代饲料的标准。最重要的饲料非绿色草料莫属，如豆科植物或马大麦（horse-barley），据说"无论喂养什么家畜，这类食物都优于小麦"。大部分农民不得不用畜栏饲养牲畜。关键是牛对绿草情有独钟。加图说："坚决不能将它们放到草地上，除非是在冬天不需要它们犁地的时候；一旦尝到绿草的滋味，它们总是念念不忘；在犁地的时候，必须给它们戴上眼罩，否则，它们见到青草就心不在焉。"用心良苦的农民会在牲畜身上烙下记号，以便无论到什么地方都能认出它们，并确保在夏季每天给它们喝两次水，还要看着它们吃草，以免出现拥挤。最终，所有付出都将获得经济回报，如果出售，农作物和牲畜可以卖个好价钱。瓦罗补充道："狗是必不可少的，没有狗，农场的安全就得不到保障。"[18]强盗和盗牛贼在许多偏远地区都是农民的心腹之患。

人类和牲畜之间结成了真正的伙伴关系。但是,和努尔人那里的情形不同,这不是建立在情感基础上的团队合作。努尔人对自己的牲畜珍爱有加既有经济上的原因,也有社会方面的考量。许多罗马的农场主把粮食卖到罗马和其他城市,他们一想到自己的牛,脑子里就只有钱。也许他们也曾对牛温柔以待,在耕地之前也举行规定的仪式,但是归根结底,他们只把牲畜看成为他们创造各种利润的劳动力。

人畜关系的建立是从训练牲畜犁田拉车开始的。这种训练需要温情和耐心,特别是针对性情暴躁的牲畜。农民经常把牲畜拴在水平杆子上,用绳索限制它们活动,使它们适应牛轭的束缚。对于不守规矩的牲畜,这样的约束可能需要长达 36 个小时。在这个可能持续几天、近乎残忍的破冰期之后,人们还必须教会牲畜如何缓慢、稳步地行走,这样它们才能拉犁拖车。均衡配对的公牛要学会"井然有序、落落大方地行走 1 000 步"。[19]从一开始,两头牛就左右交换着拉车,以缓解疲劳。3 天之后,牲畜通常要做好戴牛轭的准备,然后,开始拉空车。循序渐进的方法也同样适用于训练耕牛,第一步是让它们在耕过的地里拉犁。有时,驯牛员会让一头有经验的牛带着新牛一起训练。科鲁美拉强烈反对使用尖棒或其他暴力手段迫使牲畜屈服的做法。像最早驯化原牛的农民那样,罗马人也清楚地知道,温柔的劝说是驾驭牲畜的有效办法。

但是,在一个非常严肃地对待祭祀仪式的社会里,矛盾依然存在。献祭活动渗透到了整个罗马社会,从扔进炉子里的食物碎屑到祭祀用的鸡、绵羊和牛，不一而足。在罗马这样的城市里，公共祭祀活动需要使用大量的牛，这些牛常有镀金的牛角。就像在雅典那样，献祭用的牲畜被带到祭坛前，祭司向它抛撒粮食，然后喝下祭酒。他将剩下的酒倒在两个牛角之间，在此处拔下一些牛毛放在祭坛上烧，作为献给神的祭品。然后当头一棒，公牛被木槌打晕，喉咙被割断，最后被人开膛破肚。占卜师仔细检查尸体，根据内脏做出预测。除了留给神的重要脏器，牛肉被参加仪式的人分享。仪式的每一个细节都要绝对正确，否则，仪式和献祭活动都得重来。

经过许多个世纪，杀牲祭神的做法才被基督教仪式取代，把酒作为基督之血的象征性的敬献代替了充满矛盾的动物献祭。

第四部分

早期全球化的启动者

第八章

任劳任怨的牲畜

"它躺在那儿，如同死了一般，不费毫发之力，哪有起身之意。无论是用木棍抽打，还是以尖棒伺候，它都岿然不动；拉尾巴也好，揪耳朵也罢，想尽一切办法，仍无可奈何……"无情的歹徒"哪肯向一头驴认输"。[1] 他们挑断了这头无助的牲口的腿筋，并把它扔进附近的山谷。这部罗马作家阿普列乌斯创作的《变形记》（*Metamorphoses*）正是圣奥古斯丁所指的《金驴记》（*Asinus aureus*），它是唯一一部完整保留下来的拉丁文小说。主人公卢修斯（Lucius）对魔法的好奇无可救药。他试图用法术将自己变成一只鸟，却阴差阳错地变成了一头驴，成了运货、拉磨的牲口。在遭受无尽的苦难之后，这头叫卢修斯的驴恢复了人形，并成为伊希斯女神*的信徒。"令人厌恶的附体之畜生立即脱离我的躯体……我那对巨大的耳朵恢复到它们原来小巧的模样。"[2]

《金驴记》集中反映了我们对这种非凡动物的傲慢甚至残忍的态度。驴跟随人类劳作的时间已有 8 000 多年。而"跟随"实际上仅仅意味着一种陪衬，因为它们在历史上发挥的作用总是鲜

---

* 伊希斯（Isis），古代埃及司生育和繁殖的女神。

为人知。为完成运输食品、水、异国珍品和各种必需品的任务，埋头苦干的驴翻山越岭，穿越沙漠，行走在城市的街道上，随时听候统治者的命令。它们常常作为背景元素出现在激动人心或平淡无奇的事件中，人们在历史中完全捕捉不到它们的身影。历史著作对它们的描述常常一笔带过："埃及人用驴组成商队抵达沙漠矿区。""黑驴将锡从阿舒尔运到安纳托利亚。"然后，这些驴就像目不识丁的农民，消失在人们对往事的遗忘之中。这种谦卑的驮畜默默与人类为伴，它们有时在田间劳作，有时拉磨盘磨粮食，有时甚至作为肉食供人享用。它们勤劳而且有极强的适应能力，对人类文明的发展和传播起到了重要的作用。因为某种原因，这些驴在历史书上被纯粹描述成性情倔强的驮畜，唯一擅长的就是发出刺耳的驴叫。实际上，在人类与动物的长期关系中，它们扮演的是无名英雄的角色，而我们从来没有给予它们那份它们应得的赞誉。我们对它们的故事发掘得越多，它们在历史上默默的贡献就显得越发突出。

源自撒哈拉的伙伴

公元前 5000 年的冬季，撒哈拉沙漠南部。4 头瘦弱的毛驴艰难而稳步地行走在卵石小道上。它们被重物压身，低头默默前行，周围萧瑟荒凉，它们无心左顾右盼。柴禾和水——毛驴背着一捆捆干柴或皮革水袋，这些收获悬于粗糙的鞍毯两侧，来自地平线那边的小绿洲。仅靠早已干涸的水道、一块巨石或异常显眼的土堆等不起眼的路标，这些皮肤干皱、骨瘦如柴的妇女和她们的牲口居然能认出前方的道路。出生于沙漠的人非常熟悉这些路标，然而他们从不在此歇脚。到处是黄沙、沙砾和巨石，单调乏味的环境极易使人迷失方向。小商队在沙漠中穿行，前往地平线上几乎遥不可见的一大片棕榈树林，人们可以在那儿放牧牛群。牧民们有个传统，他们喜欢讲述过去的美好时光，那时水源更加丰沛，溪流和浅水湖随处可见，人们不用长途跋涉。从那以后的几代人，为了获取食物，带着牲口在遥远而广阔的土地上奔波，靠驴将水和柴禾运到临时营地。

人类究竟是什么时候驯化了驴的，这在某种程度上仍然是个谜。[3] 驴的祖先之一可能是现在濒临灭绝的非洲野驴（*Equus africanus*）。最大的可能性是，野驴在北非的多个地点被驯化，其中就包括撒哈拉地区，因为在大约公元前 5000 年后，撒哈拉地区降雨越来越异常，土地进一步干旱，毛驴发挥其独特优势的时代已经来临。

冰期之后的几千年里，撒哈拉地区降雨即使不多，但也十分规律。这片沙漠承载着大面积的半干旱草场。浅水湖、小溪和绿洲为猎人及后来的牧牛人提供了丰富的水源。最晚在公元前 6000 年，很可能还更早，埃及南部沙漠和西部地区的猎人已经驯化了原牛，也就是那种难以对付的野牛。他们以牧群为生，同时也需要打猎和采集野生植物食品。草场和水源都十分充足可靠，牧民可以在相对狭小的范围内舒适地生存。

公元前 5000 年左右，撒哈拉地区水源枯竭，给美好生活画上了句号。寻找草场和水源变得更加艰难，除了在广阔干旱地区的一些零散地点偶有所得。为此，牧民不能只待在狭小的土地上坐以待毙，哪里有食物和水，哪里就会留下他们的足迹，这就意味着他们不得不长途跋涉，频繁迁徙。牛对生存条件的要求很高，因为它们很容易脱水，每天至少需要喝一次水，特别是在撒哈拉这样的酷热环境中。群体中的年轻男子成为大家的依靠，他们负责将成年牲畜赶到偏远的地方，寻觅草场和水源。这些群体也用驴运输家眷、柴禾和其他基本生活用品。

没人知道撒哈拉牧民和其他人最初是如何驯化驴的，但这可能是季节性圈养野驴的必然结果。直到 19 世纪，圈养的做法在撒哈拉沙漠整个南部边缘的萨赫勒地区（Sahel）仍然十分普遍，拉普兰地区（Lapland）的萨阿米人（Saami）至今仍用畜栏饲养驯鹿。驴的驯化可能是从幼崽开始的，它们被饲养在畜栏里，逐渐熟悉了人的行为。驯养的目的也可能是获取肉食和奶，这在今天已不多见。然而，圈养驴的牧民很快就意识到这种动物具有无与伦比的优点，它们在日益严重的干旱环境中具有完美的生存适应能力。

驴，步态敏捷，行走速度比牛快，特别是在崎岖不平的山路上。仅仅是这些特点，就为急需大幅提高机动性的牧牛人提供了巨大优势，无论是往返于广阔土地上相隔遥远的草场，还是前往越来越难以寻觅的水源地，他们都必须定期长途跋涉。不仅如此，驴还能自动调节体温，对干渴有着惊人的忍耐力，经过训练的驴可以 2 天到 3 天不喝水。它们的脱水过程比牛缓慢，而补水的速度很快，无须休息反刍，在脱水状态下也能消化食物。据说，驴比较容易训练，而最重要的是，它是一种完美的运输工具。

柴禾、水、家庭财产、小孩和幼畜，所有这些都适合放在驴背上运输。在当今的许多社会中，驴被视为"妇女的家畜"，用来从事家务劳动，地位低于牛、绵羊或山羊，而这几种动物在畜牧社会中具有重要的社会功能。但是，在撒哈拉的牧牛业中，担当运输重任的动物非驴莫属。它们在非洲北部和撒哈拉沙漠的广阔地区驮运各种货物。很快，它们的足迹又出现在了更遥远的地方。

法老的驴

在某个时期，这些实用的驮畜开始在尼罗河流域被投入使用。这究竟是牧民迁徙到河流沿线定居地边缘的结果，还是因为埃及人独立驯化了驴，我们无从知晓。尼罗河流域最早的驴骨化石来自尼罗河三角洲和苏丹北部至少公元前 4000 年的村落。在公元前 4 千纪的前 500 年间，小镇迈哈迪（Maadi）就出现了驴，该镇位于现今正在不断扩张的开罗市郊区。这个重要的定居点曾经是主要贸易网络的关键枢纽，来自东地中海沿岸地区甚至美索不达米亚的商品就是通过这个网络被运往尼罗河流域的。

大约公元前 3500 年之后，通过水上贸易以及穿越附近沙漠的驮畜商队，尼罗河流域和其他地区人民之间的联系取得了巨大发展。1 000 年来，驴一直是古代铭文和壁画的描述对象。那时，它们作为负重的牲口被广泛使用，有时甚至被埋在法老身边。

开罗以南约 480 千米的阿比多斯（Abydos）是大约 5 000 年前安葬最早一批法老的墓地。[4] 尼罗河西岸，悬崖围成的河湾宏

养驴的男子。发现于约公元前 2349 年修建的埃及第六王朝的麦若鲁卡（Mereruka）的墓中，该墓位于萨卡拉（Saqqara）

伟壮观，美轮美奂。权贵的陵墓环绕着皇家墓园，纪念着那些逝去的国王，这片具有象征意义的土地和传说中的冥界统治者奥西里斯紧密相关。其中一位统治者的陵墓紧靠一些狮子的墓葬，这种野兽是古老王权的象征。另一个墓园备有 14 条送葬的大船，它们准备驶往另一个世界。其中一位早期统治者在驴的陪伴下进入永恒的世界，这些驴长眠于他的墓园旁。不幸的是，我们不知道这位统治者到底是谁。

　　用砖精心建造的 3 座墓穴，其顶部用木材和砖石建成，里面葬有 10 头驴。每一头驴都向左卧在芦苇席上，像高级官员那样被小心安葬。显然，这些驴的身体状况良好，并受到精心照料，但是它们的髋部和肩部主要关节处的软骨由于过度负重出现明显劳损的迹象。同样的部位还表现出关节炎的迹象，也是负重造成的结果。为什么悼念者要在这些死去或献祭的动物身上花费如此大的精力呢？它们受到如此善待，想必是因为这些驮畜具有良好的品质。它们为国王驮载珍贵的货物穿越干旱地带，只需少量的水和粗劣的食物就能维持生存。

比起今天我们经常见到的驴，阿比多斯驴体型更大，四肢条件也更加优越。它们身上兼具家驴和野驴的某些特点。然而，它们背部的病理特征清楚地表明它们是驯化的驮畜，这是人类使用这种动物的无可辩驳的最早证据，尽管通过残缺的骨骸我们知道驴在更早的时候就在尼罗河流域得到使用。驴的体格变化和体型缩小是在几百年的时间里逐渐完成的，加上其他一些因素，后来的驴比受人尊敬的阿比多斯驴跑得更慢。

驴在埃及图像学中的地位十分卑微，与太阳神拉（Re）的象征毫无关系，毕竟它们只是驮畜，没有其他意义。它们在陆路贸易方面发挥了关键作用。据说，埃及社会中的富裕阶层到公元前2500年拥有1 000多头驴，用于农业生产、货物或人员运输，也用来获取肉食和奶。它们沿着尼罗河往返，但最重要的是，它们不畏艰险，进入尼罗河两岸的干旱地带，到达红海并深入撒哈拉沙漠的腹地。

为什么毛驴商队要冒险进入无情的沙漠呢？法老渴望获得青金石、黄金以及在沙漠岩石中发现的其他原材料。他们还与努比亚（今埃及南部和苏丹北部）的遥远王国广泛开展贸易，远至上游的第一瀑布[*]，埃及疆域的最南端。在古王国时期（公元前2750—公元前2180年）的大部分时间里，充满敌意的沙漠游牧民给尼罗河沿线的商队造成了严重威胁，如果运输的是珍贵货物，更是危险重重。因此，埃及人在遥远的撒哈拉腹地开辟了驴队商道，以避免掠夺者的袭扰。现代研究人员没有发现这些古代商道的任何痕迹，因为它们被埋在全球最可怕的沙漠中。

连通东地中海地区的毛驴商队

达赫拉绿洲（Dakhla Oasis）位于埃及西部沙漠，距尼罗河谷地大约300千米。1947年的那场沙尘暴所揭开的很可能是公元前2600年埃及文明最西端的前哨。根据处于战略要地的瞭望塔判断，埃及人对达赫拉以西那片沙漠的了解至少可以追溯到法老胡夫时期（公元前2589—公元前2566年）。岩石铭文记录使我们得知，有不少于400人组成的团队穿行60千米，深入干旱地带，寻找制作涂料的矿粉。显然，达赫拉人对更远的西部地区那种完全干旱的严酷沙漠环境有着足够的认识，尽管成体系的旅行直到后来才开始。

1990—2000年，德国沙漠旅行家卡罗尔·伯格曼（Carol Bergmann）发现了一连串古代驴队商道的补给站。这条商道从达赫拉延伸到利比亚沙漠的大吉勒夫高原（Gilf Kebir Plateau），全长约400千米。此后，德国学者对古代驴道展开了研究。[5] 沿途

---

[*] 第一瀑布（First Cataract），地处埃及和苏丹的边界，阿斯旺南郊，也是尼罗河水路运输的终点，所有货物必须在此卸船，然后用陆路运输工具运送到内陆。

发现的黏土器皿和其他手工制品清楚表明它与第六王朝（公元前2345—公元前2181年）时期绿洲上的行政中心有着紧密联系。达赫拉和大吉勒夫高原之间的土地植被稀少，几乎滴水难寻。埃及人不为所惧，经常组织毛驴商队往返于沙漠小道上。他们对食物和水的需求如此强烈，以至于不得不将人和牲畜的粮食和水运到沙漠中，贮藏于沿途的补给站中。令人惊奇的是，驴粪，甚至小道本身的痕迹，在如此偏远的地区仍然保留了下来。在重要地点设置的石堆仍然作为道路标记矗立在荒漠中。用石块围成的小圆圈清晰可见，那是商队成员给牲畜喂水的地方。专门的补给商队把食物和水贮藏在精心选择的地点。到目前为止，考古学家已在沿途发现了大约20个储藏点，里面有约300个陶罐，这些可能只是实际数量的冰山一角。陶罐中的矿物痕迹具有可蒸发液体的特点，很可能是盛水后留下的。有些罐子装过大麦种子，这些可能是驴和驴夫的食物。许多器皿的外表已经腐蚀，似乎在重新装满补给品前曾空置过一段时间。陶罐可能被用皮盖密封过。有些地方储存的物品比其他地方更多，附近有炉子和其他设施，说明商队在这里停留的时间更长。有些地方还有揉面的大桶，想必是驴夫用来制作主食的厨具。在那里驻扎的人可能要保护这些粮食和水，并为过路的商队制作大量面包。

假设驴每天行走25千米至30千米，那么商队每隔两天就要做一次大的休整，其间驴需要补充水分。由此看来，从达赫拉到大吉勒夫的旅行需要花费两周时间，最佳旅行季节很可能是气温凉爽的冬季，这个季节不规律的降雨可能会带来一些绿色植被。

即使在最有利的条件下，在驴道上运输肯定也充满了艰难险阻。

古埃及通往阿布拜拉斯（Abu Ballas）即"陶器山"的驴道，位于达赫拉绿洲至大吉勒夫高原的商队路线上

为沿线的固定补给站供应陶罐和水需要数量庞大的毛驴。有些牲口可能每趟驮载 4 个空罐，以降低珍贵货物遭受损失的风险，而水装在轻巧的羊皮囊里，1 头驴每次驮载 2 个羊皮囊的水，每趟运大约 60 升。为一个重要补给站贮藏 3 000 升水需要 25 头驴运输 100 个陶罐，另需 50 头驴运送的水才能灌满这些罐子。

沙漠小道的用途是什么？在大吉勒夫之后最终通往何处？没有证据证实埃及人曾到过撒哈拉更深远的地方，但他们肯定与尼罗河以西遥远土地上的游牧民有过联系。它可能是一条便道，便于法老避开河流沿线的敌对势力，并保持与努比亚人之间的宝贵贸易往来。向牲畜和人提供食物和水需要付出巨大的努力，构建复杂的物流体系，而潜在的回报十分丰厚，包括黄金、象牙、半宝石以及豹皮等非洲产品。由于尼罗河沿岸敌对部落的不断袭扰，商队在尼罗河以西遥远的沙漠上开辟出一条南北运输通道。在这里，装备精良的驴队不会受到突然袭击，当然，驴队需要安全可靠、水供应充足的基地的保障。这一战略似乎卓有成效。公元前23世纪，上埃及南部的统治者、法老麦伦拉（Merenre，公元前2283—公元前2278年在位）的商队首领哈尔胡夫（Harkhuf）至少4次到访努比亚（见插叙"哈尔胡夫和他的驴"）。

哈尔胡夫和他的驴

哈尔胡夫的旅行使我们对埃及驴队贸易的规模有了短期了解。他的陵墓位于第一瀑布附近的阿斯旺，墓穴墙壁上的铭文告诉我们，法老麦伦拉曾指派哈尔胡夫家族考察河流上游盛产黄金的努比亚。作为一位年轻人，哈尔胡夫辅佐父亲沿着一条沙漠通道前进，最终抵达努比亚腹地的亚姆（Yam）王国。在4次探险的第一次旅行中，他们骑驴远征，到达遥远的上游地区。我们不知道骑驴旅行只是普通的旅行方式还是一种不同寻常的奢侈行为。他的旅行记录来自他的陵墓，没有这座陵墓，我们就无法知道这些旅行的存在。最大的可能是，很少有人会以如此周密的方式旅行，但是往返于努比亚的驴队在很多个世纪里肯定是很常见的。他毕竟是皇宫里的重要官员。哈尔胡夫的4次南方之行并非沿尼罗河而上，而是选择了一条所谓的"绿洲之路"。这条陆路通道始于上埃及，一连经过4个绿洲，在努比亚的托什卡（Toshke）又重新回到尼罗河谷地。考虑到尼罗河沿线恶劣的地形和极不稳定的形势，哈尔胡夫和他的团队骑着几百头驴出征。这些驴使哈尔胡夫在 7 个月里完成了一次成功的旅行，后来又帮助他利用其他机会深入努比亚的亚姆王国。第三瀑布以南的科玛（Kerma）是这个国家的行政中心，距离阿斯旺附近尼罗河上游的第一瀑布足有 500 多千米。

据哈尔胡夫的铭文记载，他与亚姆王国的统治者交换了礼物，返回时，"300 头驴驮着香料、乌木……象牙、掷棍及各种优质产品，满载而归"。仅仅是商队的后勤运输，就无法用笔墨描述。据估计，1/3 的驴驮货，1/3 运粮，而最后 1/3 运水，以应对旅途中的缺水状况。武装人员全程护卫。

哈尔胡夫的随行人员中还包括一位跳舞的小矮人。哈尔胡夫派信使提前向朝廷报告他的业绩。年轻的法老沛比二世（Pepi II）在回信中激动地亲笔写道："即刻班师回宫！带上来自天边的矮人，务必使其活泼又健康，只为神赐舞蹈，愉悦孤心。"在尼罗河上旅行时，众人小心保护侏儒，以免他落入水中。他在营地睡觉时，有 20 个人在身旁守护，以免他受到伤害。"陛下对侏儒的兴趣远胜于来自矿区（西奈半岛）和蓬特*（红海之滨）的礼物。"[6] 皇家书信最初写在纸莎草纸上，如果不是因为哈尔胡夫的决定，这些文稿很快就会灭失。作为多年的朝廷重臣，他下令将信件内容刻在他墓穴的墙壁上。

---

* 蓬特（Punt），位于非洲东海岸的索马里和厄里特里亚的某个地方，曾是古埃及人的探险目的地。

几个世纪以来，上百头驴在尼罗河与红海之间被踏平的道路上定期往来，并深入西部沙漠的腹地。"底比斯沙漠之路调查"是耶鲁大学开展的一个项目。研究人员穿越恶劣环境，搜寻荒废的商路，直达尼罗河以西177千米的哈里杰绿洲（Kharga Oasis）。[7]底比斯（今卢克索）成为当时东西贸易的重要枢纽，特别是在公元前1800年左右的动荡时期，当时来自西南亚的希克索斯（Hyksos）入侵者占领了尼罗河三角洲。困在上埃及的法老为了应对危局，只能控制沙漠中的东西商路，并与上游努比亚的科玛统治者开展贸易。约公元前2000年，底比斯统治者孟图霍特普二世（Mentuhotep II）兼并了西部的绿洲地区。埃及人的毛驴商队如此成功，以至于在几个世纪里，沙漠成为维持埃及政治平衡的第四支力量[*]。

沿着西部沙漠（Western Desert）的石灰岩山岭，水源充足的哈里杰绿洲南北绵延96千米，一度成为商队的主要交通枢纽。源于尼罗河的、常有人走的吉尔伽路（Girja Road）与连接努比亚和北部地区的商路在此交会。乌姆玛瓦吉尔（Umm Mawagir，阿拉伯语意为"面包模具之母"）是个位于吉尔伽路终点的大型定居点，公元前1650年至公元前1550年高度繁荣，人口一度达到几千人。挖掘人员约翰·达内尔和黛博拉·达内尔（John and Deborah Darnell）发现了一幢办公建筑，以及一些地下粮库、仓储室和作坊，还有数量众多的面包模具，所有这些都由驻军严加把守。无论是赶着几头驴的商贩还是拥有几百头牲畜的大型商队，任何人想要在西部沙漠从事贸易都必须和哈里杰人打交道。考古学家在包括

---

[*]　古埃及政治平衡的四大力量为上埃及、下埃及、尼罗河及沙漠。

努比亚在内的广袤土地上发掘陶瓷碎片，利用这些碎片，他们绘制出从哈里杰绿洲向四周辐射的古代商路图。乌姆玛瓦吉尔和南边达赫拉绿洲上的早期定居点是底比斯统治者控制广阔干旱土地上驴队贸易的基地。

　　驴在埃及随处可见，就像在田间劳作的农民，无处不在。尼罗河西岸德尔麦迪那（Deir el-Medina）的造墓者村与底比斯隔河相望，村里的几十块瓦片（作为书写工具的陶瓷残片或光滑的石灰岩片）上记载着医方、情诗及毛驴交易的情况，记录的年代介于公元前 1500 年至公元前 1200 年。德尔麦迪那的工人绝非泛泛之辈，他们是生活富足的文化人。他们在瓦片上记录毛驴交易、租借毛驴的人和经常出租毛驴的驴主人，这完全是当今租车交易在古埃及的翻版。驴主人出租牲畜的平均期限为 1 个月，有时会更长，这些交易都被忠实地记录下来。那些无法避免的麻烦也都记录在案——无力支付、价格分歧以及宝贵牲畜的意外死亡。租用毛驴的挑水工、樵夫和警察每月支付 3.25 袋粮食，相当于 1 名工人薪水的 2/3。这肯定是一项利润丰厚的买卖。有块瓦片记录道："第 3 年冬季第 2 个月的第 1 天。这一天，租了 1 头驴给阿门卡（Amen-Kha）警官，每月租金 5 代本（deben）铜，租期 42 天。"（1 代本约相当于 113 克铜。）有时为了避免潜在的纠纷，租契会为出租业务提供担保，租期提前终止的情况偶有发生，特别是在动物生病的情况下。另一项记录写道："第 31 年冬季第 4 个月的第 17 天。租了 1 头驴给荷力（Hori），他继承他父亲之后成为一家之主。"10 天后"驴死了，尽管租期未到"。[8] 也许这样的情况会让驴主人十分为难，但这个行当利润丰厚，因为农业生产和货物运输需要很多驴。

　　埃及从努比亚获取黄金和热带产品，从西奈半岛搜罗半宝石、铜和其他重要商品。相比之下，埃及与美索不达米亚的交往几乎没有太大的经济意义。为了获得铜和其他战略物资，有些官方商队的规模达到几百人和几千头驴。除了河里的船只和沿海的商船，所有外交冒险和贸易远征都依赖长长的驴队，这些驴以坚韧不拔的毅力跋涉于远离尼罗河的干旱道路上。这些"平凡的牲畜"在相隔几百千米的神庙与绿洲、城镇和村庄之间架起了一座座沟通的桥梁。它们艰苦的旅行将东地中海地区的大部分土地连成一体。

第九章

历史的皮卡车

4 000 年前，在尼罗河沿线或东地中海地区，没人愿意对一头满载货物的驴正眼相看。一位 19 世纪的英国人在叙利亚旅行时对驴有过这样的评价："它能轻松小跑，几小时不知疲倦，在上坡路段或凸凹地面上行走时，总是比马还快。"[1] 当然，驴性情倔强，偶尔会惹出麻烦，这些用途多样的牲畜在几千千米的干旱崎岖的土地上，将不同城市和文明连接起来。早期的驴暗淡无光，少有魅力可言。在成为地位和尊严的标志之前，它们只相当于古代的皮卡车。我们似乎已经忘记，正是这些默默无闻的牲畜帮助我们建立了第一个真正的全球化世界。它们将幼发拉底河流域和地中海地区、将底格里斯河上游地区和土耳其中部连接起来，悄无声息地结束了埃及在地理和文化上的孤立局面，并为军事行动提供后勤补给。很难想象还有比驴更强大的全球化工具。

当代马里运输撒哈拉盐的毛驴商队

驴成为国际资产

　　在最具雄心的古埃及法老将眼光投向更加遥远的土地之前，毛驴商队早已经将王宫和城市连接起来。公元前 19 世纪后，整个西南亚的远程贸易和国际商务的发展速度明显加快。贸易通道从地中海沿岸的乌加利*和提尔**等城市一直延伸到幼发拉底河和底格里斯河。毛驴商路将埃及和黎凡特（地中海东部地区）连接起来。到处是凹凸不平的山地，道路狭窄，有时险象环生。城市之间的

---

*　　乌加利（Ugarit），位于今叙利亚北部拉斯珊拉（Ras Shamra）遗址。

**　　提尔（Tyre），著名古城，位于黎巴嫩首都贝鲁特以南约 80 千米，1984 年被列入《世界遗产名录》。

货物运输只能依靠驴子、笨重的牛车或民夫，直到基督诞生之前的几个世纪才开始引入骆驼运输。商队贸易极大的运输需求使驴成为一种主要的经济资产和实现普遍繁荣的工具。献给统治者的礼物、纺织品或食盐等日常用品和使用几百头驴的采矿队——各种各样的货物穿越沙漠及河谷，这个世界的城市经济变得越来越相互依存、相互交融。

人们对这种谦卑动物的些许尊重也开始出现。在这个越来越复杂的商业和政治世界中，它们在仪式动物中只占很小的一部分，却有据可查。驴作为陪葬品被埋在上层人物或武士身边的例子数不胜数。它们成对入葬，有时候数量更多，它们的骨骼有时会分离，似乎表明它们是仪式性宴会或祭品的一部分。从埃及的阿比多斯墓葬来看，这样的祭品是财富和经济实力的象征。有一座保存完好的驴墓位于特尔哈勒（Tel Haror）圣区的中心，特尔哈勒位于今加沙附近，大约可追溯到公元前 1700 年至公元前 1550 年。[2] 这头年轻的驴只有 4 岁，在一座神庙院落中被发掘出土，身体左侧着地，四肢弯曲。上下颌之间有一个磨得很旧的、有缺损的铜制嚼环，只不过是被放在了驴的口中。牙齿上没有迹象表明这头驴曾经被人骑过或驮过货物，但是口中的嚼环说明它有着特殊的地位：因为年纪太小而没有被训练成商队中使用的牲畜。同样值得注意的是，其肋骨两侧保留着系鞍袋的铜制配件，这再次证明驴在富裕和权贵阶层经济生活中的重要性。

驴仍然主要是经济资产。美索不达米亚南部性急又暴躁的苏美尔人于 4 500 年前开始广泛使用毛驴，他们将这些牲畜描述成笨拙而倔强的动物。楔形文泥版上的一条俗语说，毛驴吃自己睡在上面的垫草。另一位驴主人指责自己的驴跑得太慢，只会发出刺耳的叫声（大声而持久的驴叫是适应干旱环境的极佳方法，野驴在这样的环境中被分隔得很远，散布在广阔的土地上）。后来，公元前 2 世纪以色列的《赛拉齐的智慧》一书提到"把草料、棍子和重物给驴子；把面包、纪律和工作给仆人"。[3] 即使在被人骑乘的时候，驴也是谦卑的动物。先知撒迦利亚*可以做证，他描述说，以色列未来的国王不是骑战马而来，而是"谦卑地骑驴而至"。[4] 有些驴代表着尊严和威望。在《士师记》中，女先知底波拉（Deborah）对士师们说："无论是骑白驴的，还是坐绣花毯子的，都要赞美他。"[5] 然而，对大多数驴来说，它们是古代动物世界里的无产者。

黑驴：亚述的驴队传奇

有人如果想了解一个鲜为人知且高度专业的学术研究的案例，只需要看看深奥且挑战性极高的亚述驴队研究就足够了。为数寥寥的专家在今土耳其中部重要古城库尔特佩（Kultepe）附近，对重要贸易站点卡鲁姆卡尼什（Karum Kanesh）的几十块楔形文泥版进行了深入的研究。来自卡尼什和库尔特佩的私人信件和记录向我们展示出国际贸易经久不衰的繁荣景象，没有驴所发挥的重要作用，这样的成就简直是天方夜谭（见插叙"泥版历史档案"）。

---

*   撒迦利亚（Zachariah），《旧约》中的人物，犹大王国的先知。

泥版历史档案

1923年，捷克考古学家贝德里奇·赫罗兹尼（Bedrich Hrozny）在卡鲁姆卡尼什（亚述语，意为叫卡尼什的商队殖民地）的土丘下挖出了1 000多块楔形文泥版。1948年，在土耳其考古学家的主持下，挖掘工作得以恢复，直到现在仍在继续。卡尼什是个500米宽的考古遗址，高出周围平原约20米。这个遗址和出土的23 000块楔形文泥版为我们展示了近4 000年前一个商业定居点繁荣而复杂的面貌。

考古学家是幸运的，但这里的居民却受尽了苦难，激烈的战火曾使这个殖民地两度遭到毁灭。人们丢下财产和档案资料，逃离家园。经过大火洗礼的成千上万块泥版（很多还被密封在黏土封套里）揭示了复杂的交易情况，有时还包括商人们稀奇古怪的个人生活。这些泥版脆弱不堪，其中有许多遭到当地土壤中高强度可溶性盐的侵蚀。因此，保护这些泥版是一项充满挑战的工作，常常需要小心加热，慢慢烘烤。接下来要做的是复杂的破译工作。楔形文字是一种楔形手写文字，在卡尼什使用的文字被称为古亚述语，学习起来相对比较容易。尽管抄写员明显经过训练，但普通卡尼什人的读写能力也达到了非同一般的水平。我们之所以知道这些，是因为我们在信件的研究上付出过艰辛的努力，这些信件主题宽泛，作者有男士，也有女士。破解复杂的交易和挖掘隐藏在这些泥版背后的含义，不仅需要熟练掌握古亚述语和楔形文字，还要具备拼七巧板时那种非凡的耐心。

卡尼什泥版记录的通信内容异常丰富。密封在封套中的一块泥版上有 25 行文字，是一位叫阿舒尔-拉马斯（Assur-Lamassi）的铜商写的一封信，他通知卡尼什的苏-比拉姆（Su-Belum）说，购买 7 塔兰特 30 迈纳铜的银子正由伊丁-苏恩（Iddi[n]-Su'en）捎给他。1 谢克尔银子可以购买 62.5 谢克尔铜。[*] 这块泥版提到的铜商在卡鲁姆的一位著名铜商阿达-斯乌鲁力（Ada-S.ululi）的档案中也有记录。阿舒尔-拉马斯认为这个消息非常重要，因此他在上面做了 8 次印记。其他泥版记录了物权争端，涉及商人的房屋、纺织品及来自阿舒尔的交换贵金属用的锡，还记录了土匪的威胁以及为驴提供草场的必要性。妇女在通信方面也异常活跃，她们不仅关注房屋和仆人的管理，还关注商务交易情况。阿拉哈姆（Alahum）的女儿、阿舒尔-塔克拉库（Assur-taklaku）的姊妹泰瑞莎（Tarisha）保存着丈夫的泥版档案。一名男子写道："提取我那块由阿舒尔-塔克拉库的妻子沙特-伊师塔（Shat-ishtar）写的关于 1 迈纳银子的泥版。"这种复杂并受到仔细监控的驴队贸易塑造了东地中海广大地区的经济生活。

---

[*] 塔兰特（talent）、迈纳（mina）和谢克尔（shekel）均为古代近东地区的重量单位，1 塔兰特等于 60 迈纳，1 迈纳等于 60 谢克尔，1 谢克尔大约相当于 8 克。但在不同国家，重量标准不尽相同。

阿舒尔城位于底格里斯河西岸肥沃的美索不达米亚，也就是现在伊拉克北部，苏美尔人管辖着这座遥远的上游城市。公元前21世纪，阿舒尔统治者摆脱了南方主子的束缚，不再受美索不达米亚平原上的乌尔城的控制。这里迅速呈现出繁荣的景象，因为阿舒尔成为贸易交通网络的枢纽，贸易路线延伸到了周围广阔的地区。这座城市通过纺织品和锡的贸易获得了丰厚的利润，它以最低的税收鼓励外地客商参与经营。

阿舒尔在青铜技术极为重要的年代走向繁荣，青铜可以用来制作实用手工制品和武器，还可以用来制作装饰品和各种仪式器皿。青铜是一种铜和锡的合金，是皇家礼物和外交货币，因坚韧耐用和柔和的光泽而备受人们追捧。相对来说，铜是普通金属，而锡却十分稀少，价值极高，是亚述贸易的主要商品。阿舒尔城的商人从巴比伦购买这种金属，而实际上，它的原产地在当今欧亚大陆上的乌兹别克斯坦和塔吉克斯坦。谁控制着锡矿、阿舒尔在多大程度上垄断了锡的贸易，仍然是个未解之谜，但毛驴商队向西将这种金属运到了安纳托利亚，这个事实毋庸置疑。阿舒尔商人经营的商品还包括本地纺织品和来自南方阿卡德人的布料。一位专家估计，朝西边运输纺织品和羊毛的驴与运输锡的驴数量相比是3∶1。然而，同样是驮一趟货物，锡的价值却是纺织品的5倍。[6]

亚述人和安纳托利亚之间的贸易靠的是商业殖民地。几个世纪以来，亚述人的一个军商两用殖民地〔这样的殖民地当时被称为"卡鲁姆"（kârum，意为"口岸"或"码头"），阿卡德语是当时的通用语〕在土耳其中部的库尔特佩城外繁荣起来。卡鲁姆卡尼什是锡和纺织品商队贸易的终点站，公元前1895年至公元前

1715年盛极一时。卡鲁姆的商人与一个更大的贸易网络保持着联系，该贸易网络覆盖了整个安纳托利亚甚至更远的地方。整个地区由多个城邦和变化无常的联盟交织而成，因此，娴熟的外交策略尤为重要。凭借锡和人们梦寐以求的纺织品，亚述人通过严格履行和当地统治者的盟约来保持战略优势。通行费和贡品是当地要员的重要收入来源。在卡鲁姆的楔形文泥版上，商队在商道沿线支付费用的记录屡见不鲜。

像其他许多古代贸易那样，阿舒尔的商队贸易也是由强大的家庭商号所把控，在这个例子中，是由亚述人所把控。这些贸易在精心管理和投资的伙伴关系的框架内进行，并依赖卡尼什的代理商。而整个贸易事业只有通过驴不辞辛劳的工作才能完成［亚述人还使用骡子（perdum），它们供人骑乘，特别是供重要人物骑乘］。[7]

亚述人的驴是一种黑颜色的驮畜，也称"黑驴"（emarum sallamum），明显比当代的驴体型更大，身体和耳朵更修长。它们数量众多，身体强壮，普遍性情温顺。对商人而言，驴只是一种物尽其用的运输工具，因而寿命相对较短。亚述人的驴运输沉重的货物，凭借其坚韧不屈的品格，在崎岖的土地上从事繁重的劳动。卡尼什的泥版告诉我们，许多商队抵达目的地时，没有损失任何牲畜。而其他商队的驴会有50%甚至70%的伤亡率，至于原因是疾病还是天气，我们不得而知。

毛驴商队（ellatum，该词意思类似于"旅行者"）相当于陆地上的海洋船队。多数人喜欢结伴而行，一旦足够多的人愿意前往某个特定的目的地，商队便即刻起程，这样的旅行也许一个月有好几次。除了安全方面的考虑，商队还能降低劳动力成本，可能同样重要的是，商队还是关于经常行走的商道状况的宝贵情报来源，像埃及商队那样，亚述驴队缓慢而稳步行进，每天推进大约 25 千米，人们称其为驴速（donkey pace）。（一本当代英军行军指南称，满载重物的驴每小时能行走 3.4 千米，每天能行走 6 小时，这已成为一项标准。）（见插叙"色诺芬理论的复活"。）从阿舒尔到卡尼什大约有 1 000 千米路程，大约需要走 6 个星期，沿途要穿过多石的沙漠、山隘、密林和平原。

商队需要大量身强力壮的牲口，由于需求量实在太大，许多地方都有出售牲口的繁殖和训练中心（gigamlum）。阿舒尔尤其需要定期补充运输货物的公驴；母驴则被用来繁殖。在阿舒尔，购买一只驮畜要花费 16 谢克尔至 17 谢克尔，购买鞍和驮筐还要再花几谢克尔。抵达安纳托利亚的货物能够卖出 20 谢克尔至 30 谢克尔，如果将牲畜饲料的成本计算在内，根本就没什么赚头。牲畜得到的关心微乎其微——泥版记录的食物是干草，春季可以到牧场上吃草，有时靠租用沿途的牧场。

商队贸易的运输工具不过如此，它们任人摆布，要么辛勤劳动到死，要么被人过河拆桥，就地出售，以此维持收支平衡。很少有牲畜能够平安归来。运往东边的金银不需要太多的驮畜。成百上千只驴在商道上艰难跋涉，为各种大小的商队服务——我们无法估计它们的准确数量。正如亚述学家戈伊科·巴贾莫维奇（Gojko Barjamovic）在给笔者的邮件中所说："一定有人在某个地方大规模养殖毛驴。这种动物并不便宜……相当于一个女奴的价格。这些牲口并不一定像梅赛德斯-奔驰车那样值钱，但至少和今天的道奇公羊卡车不相上下。而人们以相当恶毒和毁灭性的方式驱赶它们。"[8]

每头驴大约可以载重75千克，货物被置于货鞍上，货鞍可能是一个设在鞍布上的用皮革或布料覆盖的木制框架。锡被装在两个羊皮袋子或皮革袋子里，牲畜的左右两边各放一个，纺织品被放在货鞍上的皮袋里。有了相对标准的载重，人们就可以按驮次向商人收取费用，使得贸易的组织工作在某种程度上更具操控性。

亚述人的商队规模究竟有多大是一个颇具争议性的话题，但拥有40头驴的或更大的商队并不少见。在叙利亚城市马里的档案资料中，一块楔形文泥版记录称，由当地商人组织的一个商队包括大约300头驴和300个人，这些人想必是赶驴的工人，牲畜和人的比例大概是1:1。商人家庭的年轻成员常常承担商队的领导职责。他们负责商队的管理，确保商队安全抵达，并保管黏土封套中的泥版信息，这些泥版也是货物的组成部分。人们一个接一个地恳请最早出发的商队将他们的泥版信息尽快送出；由于标准行进速度是每天24千米，因此，早一天出发就早一天到达。

仅仅是商队的后勤补给就是一项艰巨的任务。因此，商队的行进路线经过几代人之后几乎没有改变，从一个补给站延伸到另一个补给站，他们利用与当地统治者订立的契约确保通行的安全。沿途客栈承担了多种功能，包括货物的储藏及食物、草料和水的供应。水是需要重点考虑的物资，特别是拥有多达300头驴的大型商队每天要消耗6吨水。仅仅是在这样的客栈种草和加工草料就需要数量众多的专职工人。亚述贸易商队无论到什么地方，都对沿途的居民区产生了深远的影响。

仅凭遗留下来的泥版文字，我们永远无法复原商队贸易完整而详细的情况。原始资料极不完整而且遗漏了许多生动有力的细节，这为我们进一步了解这种利润丰厚有时又充满风险的贸易带来了困难。这些疲惫的驮畜为它们的主人赢得了巨大财富。锡的利润（大约100%）和纺织品的利润（200%）惊人。为了让读者对纺织品的价值有个基本印象，我们可以这样说：一个标准单位的布匹可以购买3 600个面包、7千克铜或12只绵羊。一匹精美布料可能比一个奴隶还值钱。一块家庭泥版记录了一个商队用34头驴运输了600千克锡和684件纺织品，在毛驴从阿舒尔运往安纳托利的财富中，这只不过是沧海一粟。如果做一个武断的估计，一个亚述家庭每年用一头驴运一趟锡，那么从公元前1889年至公元前1859年的30年间，大约有2吨锡被运往了西部，这是一个惊人的数字。

走向全球的动物

商人、旅行者、朝圣者——在马和骆驼成为人们旅行的交通工具之前，东地中海地区的每一个人都骑驴出行，有时也骑骡子。大马士革这样的城市之所以能够繁荣，是因为它们处在毛驴商队战略路线的十字路口。驴队从美索不达米亚中南部出发，沿着底格里斯河和幼发拉底河一路北上，然后转向西行，而不是直接穿过干旱而危险的叙利亚沙漠，以免遭遇埋伏在那里的劫匪。商队为阿勒颇、哈马（Hamath）和大马士革的集市提供商品，在这些地方，他们还能与来自北方的其他商队建立联系。驴队从这些枢纽城市向南进发，前往埃及和红海附近地区。据说，有些最大的商队拥有 3 000 头牲口，许多牲口的任务是为其他驮畜运输草料和水。

驴队还将货物运到遥远的亚美尼亚和东方世界，途经之地就是著名的连接欧洲和中国的丝绸之路。早在公元前 10 世纪，它们就来到希腊，在日常生活的各个方面留下了劳动的身影——将货物从山村运到海边装船，从森林中拉出原木，在建筑工地上出卖苦力，碾磨粮食以及驮着篮子在种满葡萄的山坡上穿行，不一而足。[9]没有它们，古代希腊就会长期缺柴少粮，作坊和仓库就没有原材料或其他商品可卖。

希腊人对高贵的马和"卑屈"的驴做了明确的区分，大体说来，这种区别就相当于人类自由民和奴隶之间的区别。驴是卑微的劳力、猥琐的笑料、没有自由的牲畜，尽管它们曾经是富人的坐骑，也是耶稣和先知穆罕穆德这样的精神领袖的坐骑。[10] 然而，因为耶稣骑驴成功抵达耶路撒冷，驴与基督教象征之间形成了紧密的联系。基督教提高了驴的地位，当救世主备受冷落之时，驴却给予了他无私的支持。

骡子：在卑微和高贵之间

无论是作为田间的劳力还是作为驴队运输的驮畜，罗马的驴终其一生都在辛勤劳作。像希腊的驴那样，它们在较松的土壤里拉犁，它们碾碎橄榄，碾磨谷物，运输粪肥。它们的驮筐里装着粮食、油、酒和其他各种商品。农民只保留需要的数量，商人则根据运输货物的多寡组织驴队。驮着重物、竭尽全力的驴导致狭窄的城市街道拥挤不堪，道路受到污染，驴的叫声响彻云霄。但是它们受到宽容对待，因为它们是毫无怨言的运输工具，很少需要花精力维护。驴的繁殖在罗马帝国的各个地方都是一项主要产业。那些"结实、身体条件优良、出自良好种群的驴"被选为最佳种驴。[11]怀孕的母驴从来不用工作。幼驴在 1 岁之后逐渐断奶，3 岁时，根据特定的需要接受训练。注定要成为驮畜的驴在 2 岁时就被阉割，以便尽可能降低驾驭的难度。

作为公驴和母马的杂交品种，骡子变得越来越重要，特别是在罗马时期。最早繁殖杂交马科动物的很可能是苏美尔人，可能始于公元前 3 千纪。到了亚述时期，骡子已十分普及，除了被用作驮畜，还成了知名人士的坐骑。在罗马时期，它们作为强大而韧性十足的驮畜大显身手，成为罗马军队和官方邮递系统（Cursus Publicum）主要的行李驮畜和挽用力畜，官方邮递系统是建立在帝国公路网基础上的官方投递和道路服务机构。

驴和骡子对整个罗马帝国的货物和人员运输至关重要。驮队运输有助于保障军队补给线，在没有道路和远离河流的偏远地区，特别适合短距离运输，拖运粮食和酒罐这样的散装货物，这是最理想的办法。只要地形不要过于险峻，道路可通行，这两种动物都是拉车的好手。短距离运输，骡子更有优势。20 头一组的骡子所拉货物的数量相当于 5 辆牛车运输的货物。

骡子在卑微的驴和高贵的马之间扮演了一种中间角色。像马一样，骡子具有很多鲜明的个性。有些骡子精神饱满，贵族骑着它们显得威风凛凛，而更温和的骡子多被普通百姓使用（最好的骡子个头很可能相当于较小的马，14 手到 15 手高——1 手等于 10 厘米——也就是 1 米多一点）。繁殖骡子的利润十分丰厚。据罗马作家科鲁美拉记载，母马"要身材高大，长得漂亮，能吃苦耐劳"。[12]每一匹母马在 4 岁至 10 岁大约能产 5 头小骡子，妊娠期稍微超过 1 年。这一特点，加上繁殖的困难程度，使得骡子价格不菲，需要经过精心训练。例如，训练人员在夏天会将小骡子赶到山上，让它们练就坚硬的蹄子，最终成为崎岖路面上的可用之才。

这些坚韧而要求极低的动物擅长应对崎岖的地形和山地环境，它们步履稳健，能够驮载沉重的货物。它们跟随罗马军团征战高卢、征服凯尔特人和日耳曼部落，为保卫莱茵河边境的增援部队充当驮畜和坐骑。人们在巴伐利亚小镇威森堡的布里西阿纳（Biriciana）边境要塞的一个公元 160 年的大型垃圾场中至少发现了 4 头骡子的遗骸。[13] 狗啃噬着这些被随意埋葬的动物遗骨。通过对 1 头骡子的 1 颗牙齿进行序列稳定同位素分析，德国研究人员确定这头骡子是在意大利北部繁殖的。从 8 岁开始，这头骡子经常出入高海拔地区，很可能曾驮着货物翻越阿尔卑斯山，这一无声的证据体现了骡子在罗马军团中的重要性。

埋头苦干

罗马人将驴引入欧洲，但在诺曼人于 1066 年征服英格兰之后才开始普及。有好几头驴出现在贝叶挂毯上。据 13 世纪学者方济会修士巴塞洛缪斯所言，它们曾经被粗暴对待。年老的驴"性情忧郁"，而且"无精打采，愚蠢健忘"。主人鞭打它们，让它们挨饿，直到它们命丧黄泉，它们"虽历经劳苦，却不得善终"。

它们"一生辛勤劳动，服务人类，死后却没有任何回报"。[14]
16世纪，马被用来征战沙场，驴取代了它们作为田间劳力的角色，但是到18世纪，驴主要效力于扩张的工业化城市，街道上满是瘦弱不堪的驴，人们对它们却视而不见。就像在希腊那样，人们认为驴是劣等动物。

　　骡子的情况要好得多，特别是那些教养良好的骡子在15世纪载过枢机主教沃尔西（Cardinal Wolsey）这样的重要人物。他骑着用华丽金饰点缀的白色骡子招摇过市。使用骡子成了主教这样重要教会人士的行为习惯，这一传统可追溯到《圣经》时代，当时的所罗门王的坐骑就是大卫王的骡子。14世纪，住在阿维尼翁（Avignon）的教皇也喜欢骑教养良好的骡子。宗教改革之后，马很快取代骡子成为王公贵族的新宠，可能部分是因为骡子的父亲是地位低下的驴，难以满足贵族的虚荣。同时，驴一如既往地驮载货物和劳苦大众，并默默忍受着人们的嘲笑和虐待。

　　《金驴记》开了个坏头。几乎不可避免，人们化妆成驴扮演喜剧角色，就像《仲夏夜之梦》中的博顿（Bottom）那样，他头戴驴头，渴望获得一瓶干草。还有罗伯特·路易斯·史蒂文森（Robert Louis Stevenson），此人虐待过度负重的驴摩迪斯坦（Modestine）；当然，A. A. 米尔恩笔下的屹耳（Eeyore）也不例外，它喜欢令人讨厌的蒺藜并在悲观忧郁中自我陶醉。很少有人会相 信驴有很高的智商，罗伯特·格雷夫斯（Robert Graves）却是一个例外，他在一篇对《金驴记》的介绍中评论道："驴的智慧真的远胜于马。"[15]这一切颠覆了我们今天关于驴的普遍歧视性言辞，在这些言辞中，"你是个蠢驴"还算是留有情面的例子。

连通世界的驮畜

　　每一种被驯化的动物都以某种方式改变着人类生活。山羊和绵羊是许多自给型农民的日常货币。牛成为帝王强大的权力象征。但没有哪种动物能够像驴那样影响历史的发展进程，可能唯一的例外是草原上的马。马跑得更快，但缺乏驴那种穿越干旱地带的能力。驴更能吃苦，饲养成本更低，在充满挑战、枯燥乏味的商队贸易中更加可靠。驴，坚韧不拔，易于训练，跟随人们劳作的历史长达 5 000 年，也许还更长。它们是变革的催化剂，有能力穿越将埃及和美索不达米亚、将印度河流域和今天的伊拉克分隔开来的全球最干旱的环境。它们将黄金和纺织品从亚述运到安纳托利亚腹地，为军队运输给养，为城市提供食物和原材料，以极高的效率将统治者和远在千里之外的城邦联系起来。它们通过多次远征开启了世界上最早的国际贸易，范围覆盖东地中海地区甚至更远的地方。乌兹别克斯坦的锡、土耳其的铅、底格里斯河和幼发拉底河之间城市里的纺织品——成百上千的驴和驴夫协助商船（一种风险高得多的运输方式）共同构建了一个多元文化的世界。没有这些驴，这一切都无法想象。

　　驴是普通而谦卑的动物，几千年来，深受农民、将军、商人和祭司们的喜爱，这种喜爱在世界上的很多地方一直延续至今。驴大多被用来运输货物而不是人员，当然，这并非没有例外。文明难逃兴衰之命运；王朝在征服者面前土崩瓦解；国王的统治终将被人遗忘。军队的开进常常造成动荡，但是有两个永恒的真理虽历经破坏和暴力的灾变，却始终没有改变。自给型农民在重大事件的影子下管理农田，延续永恒不变的例行做法，春耕秋收，生生不息。毛驴商队致力于另一项永恒不变的例行事务，一项文化交流的事业，他们无暇左顾右盼，总以沉重而稳健的步伐穿越遥远的沙漠和干旱的峡谷。

色诺芬理论的复活

当年的商人使用的驮运方法已然消失，但是，在21世纪早期阿富汗崎岖的大地上，驮畜再次出现在军事行动中，这一做法有助于我们复盘当初的基本技巧。2001年，美国特种部队和使用毛驴的阿富汗北方联盟的士兵并肩作战。从那以后，驴和骡子在对塔利班的军事行动中得到广泛运用，因为它们能在直升机望而却步的高海拔地区有效执行任务。"坚韧、紧凑、强壮、身体结构优良"——美国特种部队用这些词来描述驴和骡子所具有的难能可贵的优点，他们在阿富汗利用这些动物，沿着狭窄的小道穿越崎岖的地面，运输各种物资。他们的《驮畜使用手册》（*Use of Pack Animals*）在互联网上可供查询，有助于我们进一步了解使用驮畜的古老方法。《手册》"整理了美国军队在过去50年间所丧失的部分专业知识和技能"。[16]

编者强调，驮畜的有效性和机动性取决于如何挑选和训练。友好而温和的个性以及与人融洽相处的特点同样至关重要。驮运队员永远不能在驴面前发泄情绪或使用暴力。只有动物和队员都充满信心并相互信任才能保证任务的顺利完成。《手册》还说："驴有着强烈的生存欲望。如果它们认定某项任务存在危险，它们就不会去做。这并不是固执——而是一种生命本能（Mother Nature），它们非常聪明，知道什么是它们所不能胜任的。"驴"一旦受到惊吓，就会僵立不动，或跑开几步，然后停下，看看是什么把它们吓成这样"。《手册》将驴称为"强壮、冷静、聪明的劳动者"。

骡子具有非凡的智慧、敏捷性和耐力。它们的前蹄承受 55% 的重量，这使得它们在崎岖的乡间也能做到步履稳健，并保持良好平衡。尽管人们有时候将个别人说成"倔得像头骡子"，但实际上，这些动物只不过有着强烈的自我保护意识罢了。如果它们感觉到危险，骡夫无论采用什么方法都不能改变它们的想法。幸运的是，它们很容易被控制，因为它们唯母马是瞻。这本手册建议在领头的母马身上挂一个响铃。骡夫要做的就是控制好挂响铃的母马。这样，队列中的其他成员就会自然跟着它。晚上，如果将挂响铃的母马栓在木桩上，就可以放心让骡子在周围游走。训练年轻的骡子需要体贴和耐心。该手册与 2 000 多年前色诺芬的智慧之言有着强烈的共鸣。

"具备常识，充分准备，周密计划"是战争条件下驮队运输的不二法则，只有做到这些，才能与同样使用驴和骡子的敌人周旋。这就要提高安全方面的考虑。驮运分队组成的绵长队列在行进状态下容易成为敌人的攻击目标。该手册强烈建议使用侦察和护卫部队保护队伍的侧翼安全，就像罗马人保护行军部队时所采用的策略。在敌对区域，驮运分队在行军时要避免行走在地平线上，在高海拔地区，要隐藏在树线（tree line）以下，沿着上坡等高线行走，将辎重妥善伪装，尽可能避免暴露在开阔地带。如果遭到攻击或伏击，"迅速向任何可行的方向撤离"。在前无古人的现代战争中，"一旦遭到空中打击，疏散和持续移动是生存的关键"。

该手册内容包括了各种可能发生的事，从训练到骑行和鞍座，从给动物装货（最大重量72千克到77千克）到向它们提供水和食物，无所不包。其中也包含一些行之有效的小窍门。驮运队员可以领着两头牲畜去喝水，但是，它们第一次抬起头的时候，并不意味着应该将它们牵回。"当敌对因素和客观条件需要战斗部队和装备徒步移动的时候，动物运输系统能极大提高行动成功的概率。"这种移动能减少疲劳。根据这本手册，骡子和马每天能行军32千米至48千米。

第五部分

推翻皇帝的动物

第十章

驯化草原骄子

17 000 年前，欧亚大草原的初秋。身穿毛皮的年轻人在水塘边低矮的草丛中一动不动，目光警惕，风儿裹着灰尘吹个不停，他们只能半眯着双眼。一小群野马在不远的上风区吃草，它们背对阵风，母马和小马跟在身后，旁边的公马一边吃草，一边保持警戒。它抬头张望，鬃毛竖起，尾巴轻轻摇摆。看看没事，它又接着吃草。所有猎人都纹丝不动，丝毫不顾头上盘旋的蚊子。他们对这群马非常熟悉，对马群中有几只小马早已心中有数，他们正在寻找离群者。他们以毫不动摇的耐心等待着。影子拖得越来越长，马群沿着一条被频繁踩踏、粪便满地的小径离开。猎人两手空空地回到营地。在如此干旱的环境下狩猎需要无比的耐心和对机会永不放弃的执着，这是个人们再熟悉不过的行当。

大草原是一片荒凉的旷野，一马平川，无边无际，偶尔有小树丛覆盖着地面的浅谷，来自北极冰盖的寒风将冰川细尘高高吹起，在空中形成巨大的云团。夏季短暂，蚊虫肆虐，有时溽热难耐。一年有 9 个月时间，来自北方的凛冽寒风使气温急剧降低，连续几个星期远在零度以下。只有少数人在这个荒凉的世界里狩猎，他们小心谨慎地徘徊于夏天的草原上，在气温降到零度以下的几个月里，他们盘踞在浅谷中，用草皮和猛犸骨骼搭建的圆顶房屋一半嵌入地下。他们捕杀猛犸和欧洲野牛这样的耐寒动物，还有高鼻羚羊及成群的、常常很危险的猎物普氏野马（*Equus ferus*），即今天家马的祖先。

欧洲野马、普氏野马和更大的品种

野马跑得很快，性情暴烈，被逼急的时候非常危险。猎人会在一边观察公马在争夺母马的恶性竞争中相互攻击。[1] 他们也知道，在捕食者接近时，母马会转身猛踢马蹄来保护小马驹。但是这种潜在的凶猛动物能够提供营养丰富的肉食，以及皮条和皮毛，它们价值重大，以至于克罗马农艺术家在拉斯科、佩赫默尔和其他洞穴的岩壁上将它们和原牛画在一起。

在冰期最后一次寒潮期间，鬃毛竖立的大型马匹（肩高达 142 厘米）和体型较小的马共存于欧亚大陆。[2] 被统称为欧洲野马的矮种马肩高 57 厘米，在冰川退却、气温上升后存活下来。它们在北方的大片土地上大量繁殖，广泛分布于从欧洲西南部到北亚和中亚腹地的大片地区。不幸的是，现在它们已经灭绝。1851 年，猎人在乌克兰屠杀了最后一批欧洲野马。唯一幸存下来以动物园为家的欧洲野马也于 1919 年死亡。欧洲野马毛皮呈灰褐色，四肢为黑色，尾巴短小，外观与西伯利亚著名的普氏野马极其相似，只是后者更加灰暗。根据我们所了解的现代野马的行为特征判断，欧洲野马可能以小群体的形式聚居，一个小群体包括五六匹母马和它们的种马及小马。雄性后代在性成熟后就会离开马群单独生活或组成单身雄性马群。当年轻的公马能力渐长，它们就会试着将年轻母马占为己有，组织自己的"后宫"。每一个马群都有限定的活动范围，有特定的小道供它们来回穿行。它们几乎每天都要光顾一次可靠的水源。占主导地位的母马领导着包括种马在内的整个马群，它们一字排列跟着主导母马。如果受到捕食者或人类的惊吓，它们便选择逃离，并将小马护在马群的中央，种马在最危险的一边负责保护。

欧洲野马能够扬起后腿向后踢，比驯鹿这样的中型有蹄动物更加危险。古代的猎人会集中对付种马的妻妾，因为担心小马，它们的行动就更容易被人预测，也比单身公马更为迟缓。猎人会埋伏在猎物经常出没的小道上，或趴在水塘边等待猎物的出现，特别是在初秋时节，马群会向共同的栖息点集结。有时猎人会采用法国著名的梭鲁特（Solutré）宰马场的做法，将马赶到一个天然绝境，相继将种马和母马杀死。[3] 几千年里，梭鲁特一直是一个战略屠宰场。公元前 16000 年之前，超过 80 000 匹野马在这里被屠杀。大规模的狩猎活动产生了大量肉食，其中很大一部分被制成肉干，以备长期食用。在很多情况下，毛皮和筋腱可能比马肉更加重要，毕竟人们从其他有蹄动物那里也能获得丰富的肉食。

15 000 年前，气候开始变暖，水草变得更加丰茂。其他冰期的猎物要么向北迁徙，要么就地灭绝，这导致对马的捕杀变本加厉。欧洲野马在欧亚大陆南部的过渡地带繁茂生长，在这些地方，森林渐渐稀少，取而代之的是广袤的开阔地，也就是所谓的东欧大草原。最重要的是，野马是草原动物，已适应漫长而寒冷的冬季。凭借坚硬的马蹄，它们能在零下气温环境中生存，马蹄使它们能够刨开积雪，打破坚冰，获取食物和水。牛和绵羊很难将鼻子伸进积雪和冰盖下，并且很快会丧失行动能力，因此要饲养这样的动物就必须为它们准备草料。这样，马就成了重要的肉食来源，对于那些需要消耗大量脂肪的猎人而言尤其如此。马肉的多元不饱和脂肪、氨基酸、矿物质和维生素含量极高，这可能就是为什么人们认为马肉和马奶具有不同寻常的药用和营养价值。

驯化的前奏

更加温暖的条件带来了新的居民，也给欧亚大陆的生活带来了深刻的变化。[4] 约在公元前 5600 年，种植谷物的农民和牛牧民从肥沃的多瑙河下游谷地向东迁移。他们带来了牛和其他家畜，还有炼铜技术。当地的狩猎群体很快接受了新的经济模式，但是在这些边疆地带，农业和畜牧业都存在较大风险。高强度的狩猎活动，特别是猎杀野马，成为一种风险管理方式。

尽管不利的环境充满了挑战，新移民在接下来的 7 个世纪里却欣欣向荣。从东欧的喀尔巴阡山脉到乌克兰的第聂伯河，更加复杂的农业社会在广阔的土地上蓬勃发展。他们的财富来自铜和黄金贸易，通过多次转手，这些货物实现了远距离传递。到公元前 4500 年，在黑海以北的河谷地带，农业人口大幅增长。接下来的几个世纪对马而言是一段至关重要的时期。对马的捕杀有增无减。

野生马群越来越少。与数量最多的野生猎物建立崭新伙伴关系的舞台已经形成。

我故意使用"伙伴关系"这个词，是因为最终的变化不仅仅是马群管理取代狩猎活动，也涉及马和人类的整个关系，这些变化将彻底改变历史。[5] 问题的关键在于草原生活的一大现实：人们对机动性的追求。

一望无际的大草原单调而又乏味，偶尔有浅河谷从上面穿过。在这辽阔的土地上，人显得异常稀少，人们相距十分遥远，而唯一的食物大概就是那些有蹄动物。捕杀猎物是一大挑战。羚羊和野马能迅速逃离危险，它们成群结队地吃草，徜徉在广阔的土地上，活动范围远远大于捕杀它们的人类。猎物最好的自保方式就是速度，它们在几分钟内跑完的距离，人却要花几个小时才能完成。几千年来，猎人们在水塘边或河谷中捕杀聚集成群的动物，因为动物在这些地方能够找到肥嫩的草场和过冬的住所。狩猎能否成功取决于伏击策略，也取决于对脆弱动物的仔细观察，还取决于对机会的把握——能够让人们捕杀落单和易于遭到攻击的动物。一项永不过时的日常活动就此形成。在冬季，狩猎团体蜗居在营地的圆顶房屋里，大部分时间以咸肉或肉干维持生存。到了夏天，这些团体在草原上四散开来，到处寻找猎物。无论怎么说，这都是一种与世隔绝的生活，因为这块土地只能养活极少的人口。对大多数人来说，他们一生当中只会遇到几十个人。

定居在草原边上的农民也要面对同样的现实。缺乏机动性的生活对他们来说是一种束缚。他们的生存依赖家畜和谷物，这在极端的气候条件下无异于赌博，当然还要看他们猎杀野马的能力。

即使在最为有利的条件下，他们的机动范围不过是草原营地之间的步行距离。然后，他们开始驯化野马并学会了骑马——一切都发生了改变。第一次，草原上的人们征服了远方。他们可以在马背上更高效地狩猎，将牛赶到遥远的牧场，还可以用马运输货物。在某种程度上，这种影响在历史上有点像南方的驴所造成的影响。第一次，一个居民区可以与几个世纪前就脱离本区活动范围的定居点和居民取得联系。社会影响天翻地覆。人们可以和遥远土地上的居民通婚，在广阔的土地上建立亲缘关系。现在，重要人物和族群领袖可以与几十千米甚至几百千米以外的潜在盟友建立私人关系。机动能力带来了接触和联系，从基本生活用品到首饰等奢侈品，每一种商品的贸易和交流都成为可能。思想观念也得到传播，相对统一的文化传统、宗教信仰和价值观因此得以在广袤的草原上形成。

随着机动能力增强而来的是对权力的追求——对牛的需求和征服欲的上升——在马是人们奋斗目标和亲密情感依托的社会中，这样的精神纽带通过旅行和艰苦环境下的战争得到进一步加强。草原上的马文化具有高度的流动性，它们的繁荣依赖不断变化的牧场、影响牧场的气候变化以及战场上的胜利。大草原上发展起来的王国动荡不断，被党派纷争弄得四分五裂，又靠强大而不断变化的忠心凝聚起来，王国的一切都仰仗其和马的关系，王国的存亡皆系于此。最终，马和草原上的游牧民族改变了历史，重创了文明，创造了强大的帝国。

马的驯化

捕捉或圈养欧洲野马这样移动迅速、暗藏杀机的动物从来不是件容易的事，特别是在开阔的草原上，对仅凭双腿、手持弓箭或长矛的猎人来说，任何情况下的近距离围捕都是一件困难的事。因此，猎人们只能采用精心策划的伏击和集体驱赶的办法。这种狩猎方式需要和马近距离交锋。这样的情况十分普遍，以至于猎人可能会习惯于圈养一些活捉到的母马或将它们打成跛足，把它们关起来喂养，直到将它们杀死。他们可能会刻意捕捉那些移动缓慢、怀有身孕的母马，抓到以后就可以让它们在围栏里产崽。小马如果从一开始就在围栏里养大，就更容易被人控制。马的驯化可能就是这样落地生根的——对不断增多的母马进行松散管理，它们就能继续和野生公马进行交配。

当然，人们不是第一次纠结于个头大、精力充沛的动物的驯化问题。最早驯化马的那些人以前也养过牛。像牛一样，马喜欢成群迁徙。马群也像牛群那样，有一匹领头的母马，它决定一天的行程，其他马则尾随其后。几个世纪以来，牧民们早已认识到，控制了头领就等于控制了牧群，无论是一群绵羊还是一小群牛。

像公牛、公羊和公猪那样，公马也更难以预测，甚至性情暴躁，因此新出现的马育种人员会捕捉温顺的母马，让它们成为已经驯化的、相对易于驾驭的公马的妻妾。像牧牛人那样，牧马人可能也面对公马过剩的问题，只能在它们年少的时候将其阉割。这些被阉割的马永远不会对种马构成威胁，所以主人可以将马群作为一个单元来放牧。牧牛人驯化了驴和马，这可能并非巧合。你可以设想这样一个场景：牛倌们对当地的欧洲野马非常熟悉，几代人与牛保持了紧密的联系，人口不断增长，肉食持续短缺。无论具体发生了什么，各地不同的情况几乎肯定导致了马的驯化。通过最后的分析，牧民们知道怎么做。

驯化何时开始？

没有人知道马最早被驯化的准确地点，但是根据遗传学的研究成果，我们可以确定它们在东欧和高加索地区之间的许多地方都得到过驯化。从遗传方面来说，我们永远无法从母马中找到马的母系祖先，即马类（*Equus caballus*）的"夏娃"，因为母马与野生公马杂交的现象十分普遍。由于遗传学上并无定论，我们只能依靠考古方面的线索。然而，这些线索矛盾重重。和牛的情况一样，我们面临的问题是，如何解读依据颌骨和牙齿制作的屠宰曲线。颌骨和牙齿能够告诉我们被屠宰动物的年龄，但不一定能使我们明白曲线图的含义。另一个不利因素是，野马的大小存在很大的差异，因此体型逐渐缩小的规律并不可靠。

约公元前 4200 年，在乌克兰因古尔河和俄罗斯中伏尔加河之间的所谓斯勒得尼斯托格（Sredni Stog）文化中，人们对马的关注程度越来越高。在那个社会中，葬礼越复杂标志着社会等级制度也越复杂，也意味着首领已经在社会中出现。那个时候的家庭规模比以前扩大了 3 倍，人们在更加广阔的地区寻找食物，频繁迁徙。到我撰写本书时为止，马的最早驯化——这可能一夜之间就会被颠覆——可能发生在乌克兰第聂伯河右岸的德雷夫卡（Dereivka）

遗址。那里的人们捕杀野马，可能就在公元前 4470 年至公元前 3530 年驯化了它们。[6] 这些马长到 8 岁前，有 1/4 会被那里的居民杀掉。这是一种今天的蒙古牧马人所用的典型屠宰方式，然而，它们真的是驯化的马吗？动物考古学家进行了反复辩论，而有趣的是，德雷夫卡的仪式遗址上有两条狗和一匹马，这可能并不奇怪，因为狗很可能被用来牧马。此外，德雷夫卡出土的多孔鹿角与在该遗址后来的定居点发现的青铜时代脸颊骨碎片十分吻合。这一系列发现强烈暗示着，公元前 4 千纪，马在这一地区，甚至可能在更大的区域得到过驯化。

人类何时开始骑马？

德雷夫卡人会用他们的马来做什么呢？他们养马仅仅是为了获取肉食、奶、皮条和毛皮吗？他们用马驮运货物吗？最重要的是，他们骑马吗？人们需要到处走动，我们何不从这一视角来看待这个问题呢。步行寻找猎物的一队猎人走在荒凉的环境中，处在四蹄疾驰就能移动很远距离的高鼻羚羊或欧洲野马这样的动物中间，他们是那么微不足道。在无垠的草原上寻找往来的道路也是一大挑战，需要对狭小沟壑、灌木丛和水塘等微小的地标了如指掌。太阳、月亮和星星一直是穹顶之上的路标，独木舟航海者几千年来就是靠它们在太平洋上辨认方向。

从事牧业和农业的人一生都扎根于河谷地带和永久水源地。即便有牧犬相随，在大草原上徒步放牧牛羊也几乎是件不可能的事。除了与邻居的短暂接触和偶尔发生在夏天的聚会，或者是海贝和金属物品等舶来品在人与人之间或村与村之间的传递，人们过着与世隔绝的生活，这就意味着一个人一生中只能遇到为数很少的几个人。尽管人们有牛，但这种行动笨拙的动物每天只能移动很短的距离，并且每天都必须喝水，这使得它们在干旱地区脆弱不堪。草原上的人们没听说过驴，马就成了他们唯一的选择。一旦被驯化，马就表现出无限的潜能，无论是作为用一根缰绳便能控制的驮畜，还是作为人们日常骑乘的动物，对人类而言都是全新的体验。

人何时开始骑马，一直是个争论不休的学术问题，这主要是因为要通过考古发现弄清这个问题实际上是不可能的。首先，人们骑马需要用到某种鼻羁，而这种用皮革、绳子或肌腱做成的鼻羁很少能在考古遗址里保留下来。嚼子、马勒和其他用具是在初次驯化几个世纪之后才被投入使用（最早的嚼子要追溯到公元前3500年至公元前3000年，用绳子、骨头、动物角或坚硬的木头制成。金属嚼子出现于公元前1300年至公元前1200年，最开始是用青铜制成，后来是铁）。[7] 但是，这是多大的进步呢？也许从放牧到骑马的过渡期比我们想象的要短得多，因为我们已经习惯于横冲直撞的野马和牧人马术表演，也常常看到惊恐的纯种马出于本能地逃离、疯狂乱踢或撕咬的场面。我们不应该忘记最早骑马的人肯定早已骑过牛，而这些牛也犁过地或偶尔驮过货物。而且，草原上最早被人骑乘的马比后来的一些品种要小得多。更重要的是，那些驯化马的人对躁动不安的马在面对陌生事物时表现出的行为十分熟悉。

那个时候，用长矛和简单的弓箭狩猎需要猎人靠近野马，无论马是否被关在围栏里。有些时候，猎人可能要跳到猎物的背上，对准心脏，给予致命一击。我们可以想象这样的场景：一位勇敢的青年跳上马背，紧握鬃毛，烈马前脚腾空，拔腿狂飙。我们还可以想象，猎人和某一匹特定的马慢慢达成相互理解，甚至通过声音或仅仅通过抚摸相互交流。整个过程可能需要很长时间，因为骑手要慢慢才能明白用长矛或手指轻柔地触碰时，马会有什么反应。他们肯定已经意识到训练以及依据经验建立规则的重要性。这种经验的积累来自骑手和马的关系的发展，在骑手和马年龄尚幼、可塑性极强的时候，两者之间就开始建立关系。手指轻触式交流是秘诀所在，可能首先是通过绳索、鼻环以及简单的笼头来传递的。一旦农民将骑马作为一项日常事务，人类在草原上的整个生活动态，实际上也包括人类历史，就发生了根本变化。长期定居的农民和牧民变成了游牧民，他们的生活依附于马，以马为主轴，在随后的岁月里，马在草原上几乎获得了神一般的地位。

在此，我们又要依靠有限的考古证据。从独特的手工制品判断，斯勒得尼斯托格人的分布，向西远至今天的匈牙利和罗马尼亚，向东越过了伏尔加河，东西横跨 1 500 千米。对任何畜牧社会来说，这都是个难以置信的距离，考虑到环境的严酷性，这已远远超出了人们徒步旅行的能力范围。通过墓穴中的发现我们得知，随着农业和畜牧社会向东发展，人们对待马的方式也发生了改变。早在公元前 5000 年，许多群体就开始将牛和小型牲畜的某些身体部位与人葬在一起。几个世纪后，马的骨骸加入整个地区墓穴的祭品中。埋葬它们的人靠饲养家畜获得绝大多数食物。可能通过把马加到丧葬仪式中，人们就可以多纪念一种曾经服务过人类的、被人类管理的动物。这样，草原上的马明显发挥了重要的仪式作用。中伏尔加河的一些早期定居点的人类墓穴中，有埋着牛和山羊的头骨及下肢的土坑。墓穴旁有一些大量使用红赭石的洼地，人们从中发现了马的头骨和马蹄祭品。这些发现的一致性体现了古代的祭祀传统，在这种传统中，人们把动物的肉吃掉，而把毛皮、头骨和蹄子丢在一边，然后将它们悬挂在墓地的柱子上，这种行为在欧亚大陆的广大地区司空见惯，并在阿尔泰山区的现代游牧社会中一直延续着。[8]

博泰的马

公元前 4 千纪中期，马匹处在当地经济的最前沿，特别是在乌拉尔东部和今哈萨克斯坦北部的博泰（Botai）周边，即欧洲野马的核心地区。[9]这里冬季寒冷，土壤浅薄，完全无法开展农业生产。在很多个世纪里，稀少的人口靠狩猎和采集为生，主要活动于河谷地带，并不断迁移。大约公元前 3500 年，一个只有 4 座房屋的微型定居点在博泰地区繁荣起来。一个名不见经传的小村子突然发展成至少拥有 158 座房屋的大型村落，并在四五百年的时间里兴盛不衰，这里的居民对马匹有着高度的依赖性（见插叙"博泰的马"）。几乎全部来自马匹的 30 多万具动物骨骸证明他们的生活方式发生过巨大的变化。

博泰的考古发现为我们展示了一个前所未闻的高度机动的草原社会。人们在固定地点生活，在家门口放牧的日子一去不复返了。现在，他们可以四处漫游，在更加广阔的土地上放牧动物，还可以将牧群从一个牧场赶到相隔遥远的另一个牧场。马成为财富和威望的象征以及连接精神世界的纽带。一个截然不同的、由马匹驱动的世界业已形成，而博泰见证了它的曙光。在这个世界里，不断迁徙、人畜协作及战斗技能的提升成为草原上人类生活的新常态。

博泰的马

在博泰发现的对马匹进行严格管理的证据令人印象深刻，这很可能至少是一种半驯化的管理方式。30 多万具动物遗骨的 99% 来自马。从马牙获取的屠宰曲线使我们得知，大多数马都是在 3 岁至 8 岁的成年期而非幼年期被宰杀的。它们普遍体型较小，大约 60 厘米高，接近后来的家马，似乎牧民在选择野马进行繁殖时考虑过它们的身体特征。显然，他们对牧群进行了精心管理。在被宰杀的马匹中，公马更年轻，可能是因为这些公马超出了繁殖和其他方面的需要。在有些实际屠宰过程中，人们似乎使用过长柄斧。根据现代做法判断，两个人用皮条将马头牢牢地控制住，第三个人在马的两眼之间给予致命一击，将马杀死。

博泰人可能会将马当作驮畜，但是他们肯定也骑马。骑手可能不用嚼子，而是用各种皮条控制他们的坐骑，想必包括缰绳、足枷、套索和皮鞭。至少有 135 匹马的颌骨被用来做加工皮条的抛光工具。

根据厚实的马粪判断，人们在住房附近用围栏养马，并使用马粪做房屋的隔热材料。博泰的马群是珍贵的肉食来源，不过它们也提供马奶。通过对博泰陶罐罐壁上的微小残留物进行细致的同位素分析，结果发现，里面含有马奶脂肪的痕迹。这是饮用马奶的最早证据，经过发酵的马奶变成一种被称为马奶酒的轻度酒精饮料，哈萨克斯坦人直到现在仍在饮用，它曾经是游牧民族几千年来的主要饮料。

比起牛和小型家畜，博泰人更喜欢马，这很大程度上是因为马适应草原环境，能在寒冷冬季的积雪下寻找食物，这样人们就不用在夏天为它们准备草料。博泰人的生存依靠马匹和它们的机动性，依靠相隔遥远的牧场，也依靠在马背上控制在广阔区域活动的牧群的能力。人们似乎把它们作为战马来尊奉，也把它们作为与超自然世界的纽带予以充分的尊敬。数十匹马的头骨和颈椎骨被埋在房屋周围的仪式墓坑中。在许多欧亚大陆社会中，马与主神天神或太阳神有着紧密的仪式联系。冬至的时候，人们将有些献祭的动物面朝东南摆放。因为草原景色千篇一律，基本方向和变化的天体在博泰人的社会中极其重要。在博泰发掘出的唯一一个人类墓穴（埋有 2 名男子、1 名妇女和 1 个小孩）周围，14 匹马的遗骸被摆成一个弧形。另有迹象表明，狗和马之间有着紧密的仪式联系，狗被用来捕杀野生动物和控制牧群。

骑马旅行使草原上的人们开阔了眼界，为生活在开阔草原上的他们提供了高度的机动能力，即便在 1 000 年前，这也是难以想象的。它也从根本上改变了动物与人之间的伙伴关系。现在两者之间的联系远远超越了劳动关系，而成为马和骑手两个个体之间的紧密关系。成功的骑手享受与马的亲密关系，并通过温柔的语言和熟悉的指令强化这种关系。经过精心的训练，人和马组成一个紧密的团队，其效率来源于合作而不是哄骗。村子里马匹众多，人们要面对遥远的距离以及在草原上放牛的现实，而对于熟悉马匹的人们来说，骑马具有许多明显的优势。因此，在公元前4千纪，如果马在被驯化后不久没有被广泛用于骑乘的话，那这真是一件难以理解的怪事。开始的时候可能并不多见，但是公元前4千纪后的考古遗址上爆发式地出土了大量马骨，这与马匹开始作为陪葬品出现的时间相一致。主人和自己的骏马，甚至和大部分自己的牲畜一起进入另一个世界，因为马和异域珍宝作为个人财富在草原社会中具有重要的地位。

笨拙的牛车

到公元前3400年，半游牧社会在西部草原的广阔地区蓬勃发展。作为早期斯勒得尼斯托格等社会的后裔，他们占据的草原从多瑙河以东一直延伸到乌拉尔河。就在此时，另一项具有决定意义的创新来到了大草原：牛车。公元前3400年至公元前3100年，从南部的美索不达米亚到俄罗斯/乌克兰大草原及中欧的广阔地区，实心木轮重型车辆几乎同时出现。[10]1 000年后，牛车在莱茵河流域缓慢前行，并且在遥远东方的南亚印度河流域得到使用。这些只不过是些大而笨重的车辆，是将犁地用的轭进行改装后用牛拉动，在有利条件下，每小时大约行驶 3.2 千米（相比之下，后来出现的马车，在马小跑时，每小时行驶 10 千米至 14 千米，而在快马奔驰的情况下，每小时可达 30 千米）。

笨重的牛车给草原社会增加了另一种机动工具，它们可以将人和肥料运到地里，显著提高了农业生产效率。牛车还可以为分散在广阔草原上的牧民运送重要补给，这些人带着牲畜长期在外生活。墓穴中的发现告诉我们，有些牛车设有用席子做的拱形车篷，人可以在车上睡觉。轮式车辆使一些定居点能够从他们赖以生存的河谷向周围 80 千米的范围发展。几乎同时，牛车的意义远远超出了其实用性。它们成为彰显威望的神器，赋予了其主人在生前和死后机动的能力和财富的证明。多瑙河和乌拉尔河之间的几十个墓地中包含了牛、绵羊和马等祭品，还有真正的牛车或其黏土复制品。然而，既然马具有显著的优越性，人们为什么还要用牛来拉车呢？马跑得更快，能涉水过河，还能在崎岖不平的土地上拖拉或运输重物，特别擅长牵引两轮马车。问题出在挽具上。马的解剖学构造不适合套上能降低摩擦的牛轭。很多个世纪过去了，从草原上获得马匹的中国人于公元 3 世纪至 5 世纪发明了牢固的衬套和车轴，这项技术直到大约 300 年后才被欧洲人采用。

马匹和轮式运输在欧亚大草原上开辟出当时任何农牧民都无法进入的广阔天地。对贵金属需求的不断增加导致人们向乌拉尔山脉以西扩张。游牧部落向只有少量猎人和采集者居住的土地渗透，进入中亚沙漠地区后，他们在阿尔泰山和其他地方发现了新的露天金属矿。公元前 2000 年以后，人们以各种方式向多个方向迁移，从乌拉尔地区到遥远东北部西伯利亚的叶尼塞河，一系列当地社会形成了。就这样，先进的轮式技术传到了中国。

到公元前 2 千纪，放牧牛马的富裕畜牧社会在中亚蓬勃发展。这些社会中的首领组成了引人注目的精英群体，通过贸易和战争——或者更准确地说，通过掠夺——获得了地位和财富。他们华丽地前往另一个世界，男人和女人都有牛车陪葬，但是这却是牛车最后的辉煌，因为辐轮式马车开始成为强大首领的新宠。结果两极分化很快出现了，农民和城镇居民使用实用的牛车，而功成名就的武士和国王把马车作为自己的财产。正如考古学家斯图尔特·皮戈特 *所说："牛车嘎吱作响，发出哀号，进入被人遗忘的田园。"[11] 从此，牛的地位被马取代。

---

* 斯图尔特·皮戈特（Stuart Piggott），英国考古学家（1910—1996），以研究史前威塞克斯著称。

第十一章

驯马师的遗产：战车与骑兵

马是草原之骄子，它们生活在底格里斯河和幼发拉底河以北的那块遥远而广袤的草原上。公元前 3 千纪，偶尔会有马向南迁移，但是多数情况下，水路和毛驴商队是这个世界的主要沟通方式，而马从未成为主流。对美索不达米亚人来说，马是一种外来物种，被称为"异域山区的驴"。[1]草原上的游牧民享受经济的繁荣，他们能生活在北方任何一种可以想象的环境中，还发明了马拉战车，这一切使马的地位日益重要。公元前 3 千纪，对定居土地零星而缓慢的渗透演变成大规模的入侵，这以前所未有的方式严重威胁着定居农民的安全。

草原上的环境现实成为这些渗透的主要诱因。他们生活的半干旱平原降雨极不规律，游牧民和他们的牲畜必须适应放牧和饮水方式的不断变化。雨水丰沛的年月，人们带着牧群在草原广阔的土地上放牧，要找到静止的水源自然不在话下。从某种意义上，我们可以说，是草原将人吸附在了土地上。多数年份，充足的牧草和水可以满足所有人的需要，尽管牛在寒冷的冬季死亡率很高。周期性干旱成为最严峻的挑战，当草原干枯，积水消退时，为求自保，游牧民只能待在珍贵的永久水源附近。他们还迁移到草原的边缘，到农民世代居住的更加湿润的、肥沃的土地上寻找机会。这些人是定居者，他们祖祖辈辈在同一个村子里生活，扎根于自己的土地上。几个世纪以来，游牧民和农民建立了非正式的经济联系，你来我往，交换货物和商品，彼此相安无事。然而，持续干旱以及北方马匹和其他牲畜数量的不断增长迫使游牧民不断开拓新的牧场。天生好战的游牧民露出了挑衅的獠牙，将贪婪的目光投向水源丰富的定居地。意识到对手软弱可欺，这些来自北方的武士驾着战车大举入侵大草原以外的领土。他们是精力旺盛的好斗民族，习惯于攻击和掠夺，广阔的沙漠曾经是保护城市和耕地免受外敌侵扰的天然屏障，可他们对此毫不畏惧，打破了"无法穿越"的神话。

面对游牧部落的入侵，城市居民和农民苦不堪言，入侵者带来成群的牛羊，霸占耕地，<u>丝毫没有离开的迹象</u>。多数游牧民很少有时间开展农业生产和城市生活，因为农业生产和城市生活以高度的政治稳定为基础，政治稳定保证了长途贸易的发展，而长途贸易既带来了财富，又将城市与更加广阔的世界联系起来。在长达几个世纪的时间里，来自北方的入侵者疯狂掠夺南方历史悠久的城邦。许多人在新的家园永久定居下来，而他们对马的依赖却始终不变。为了维护政治稳定，城市和邦国的统治者用马拉战车武装自己，但还是无法阻挡不断南下的侵略者。公元前2千纪，在马被人们熟知很久之后，北方骑士沿着两条路线向南大规模迁移。他们从西部草原渗透到遥远的安纳托利亚。中亚核心地带的游牧民一路征战，进入印度和伊朗的腹地。[2] 草原民族的后代不可避免地建立了自己的帝国，包括最为有名的赫梯帝国，它成为南边的埃及法老和西边亚述人的主要竞争对手。

赫梯人的战车军团

　　源于大草原的赫梯人于公元前 18 世纪在安纳托利亚中北部的哈图沙（Hattusa）建立了自己的国家。在苏皮鲁流玛（Suppiluliuma，公元前 1344—公元前 1333 年在位）国王统治的鼎盛时期，赫梯帝国的疆域覆盖了西南亚的广阔地区，在政治上与东边的亚述和南边的埃及形成三足鼎立的局面。[3] 赫梯军队是高效的战争机器，士兵承担封建义务，回报则是战利品。驴和重型牛车负责后勤补给，而攻击车辆由轻型马车组成。这绝不是一种新型武器。赫梯人的敌人（包括埃及人）将它们作为移动发射平台，配有马车夫和弓箭手。他们的战车是中远程武器，能将铺天盖地的箭矢射向敌群。赫梯人使用的方法有所不同，他们设计的战车更长、更深，能够容纳 3 人：马车夫、武士和负责保护他们的持盾护卫。所有士兵都穿甲戴盔；连马也不例外，它们的两侧、背部和脖子都有鳞状甲保护。攻击手配有弓箭，还有短剑，平台的高度为他们创造了近距离作战的重要战略优势。在与其他战车兵团及经验不足的步兵对抗时，这种装备势如破竹，步兵逃跑时很容易被砍倒在地。

　　赫梯人和他们的敌人花了大量时间改进战车的性能，对牵引战车的马匹的训练也受到密切关注。这些马如此重要，以至于楔形文泥版按照时间顺序记录了它们的训练情况，尤其是吉库里（Kikkuli）的训练工作，他是苏皮鲁流玛国王的驯马大师。我们对吉库里这个人知之甚少，只知道他是来自米坦尼（Mitanni）王国的一位外国人，这个位于今叙利亚北部的国家曾一度繁荣。根据他的训练手册，我们得知他是个严酷训练的倡导者（见插叙"吉库里如是说"）。

吉库里如是说

吉库里的训练手册记录在 4 块楔形文泥版上，第一块的开头写道："来自米坦尼的驯马师吉库里如是说。"[4] 1906 年至 1907 年，德国考古学家雨果·温克勒（Hugo Winckler）在土耳其中部赫梯首都波格斯凯*的挖掘工作中发现了该手册。

吉库里冷酷无情，不达目的誓不罢休，他的训练项目从每年秋天开始，持续 184 天。开始阶段，训练极为苛刻，马匹受到粗暴对待，甚至食不果腹，一匹匹马遭到淘汰。他的训练目的不是驾驭马匹或将马骑在胯下，而是通过调教，提升马的力量。他为第五天规定的训练科目是："以每小时 2 里格**的速度跑 20 弗隆***，回来时跑 30 弗隆。给它披上毯子。****马出汗之后，给它喝一桶盐水和一桶麦芽水，再将它们带到河里洗个澡。"每天都事前设定进食量、喂水次数、训练量和休息时间。一旦马的行为渐入佳境，训练就会变得更加苛刻，并为马设定更高的要求。第五十五天的训练过程是这样的："清晨，他把马带出马

---

* 波格斯凯（Boghazkoy），位于土耳其首都安卡拉以东 145 千米。

** 里格（League），长度单位，本意是人在 1 小时里行走的距离，大概相当于 4.8 千米。

*** 弗隆（furlong），长度单位，大概相当于 201 米。

**** 披上毯子是为了避免马匹在剧烈运动后因散热过快而着凉。

厩，拴在马车上。他驾着马车慢跑半英里[*]，然后掉头返回，将马从车上解下……它们又渴又饿，但只能忍受。夜幕时分，他将马套在车上，带它们小跑半英里，穿越20块场地^{**}，然后，快速跑过7块场地……他把它们带回马厩。它们整夜吃着干草。"[5]

吉库里对马匹进行极限测试，以培养它们的耐力和毅力，一连几天，每天训练强度高达150千米。它们训练快跑、慢跑、牵引战车和近距离巧妙移动。有时它们会被剥夺喝水的权利，以培养对口渴的适应力，它们还经常涉水过河，以适应真实的战场环境。马的训练总是成对进行，这样它们就会难舍难分。马住在马厩里，经常被仔细地搓洗，这种做法类似于现代铁人三项运动员在训练中所做的间歇训练。有些类似的方法值得现代赛马三日赛（Three Day Event）的驯马师借鉴。

经过吉库里和其他赫梯驯马师之手，一匹匹无比强壮、训练有素的战马脱颖而出，这就是为什么赫梯国王的军队能够无往而不胜。他的训练方法成效显著，以至于今天的一些驯马师仍在使用。学者兼驯马师安·尼兰（Ann Nyland）翻译了这些泥版，然后在当时的阿拉伯马身上试用。据说，7个月的训练效果非凡，在不使用药物和昂贵饲料添加剂的情况下，"一名马类超级健将横空出世"。[6]

---

[*] 1英里约等于1.6千米。

^{**} 原文为fields，作者认为，其准确含义无人知晓，可能是一种标准化的场地，也可能偶尔用作耕地。

有趣的是，没有任何留存下来的档案资料告诉我们战车马车夫的任何信息。想必他们和自己的那对马一起训练，这样他们就能与马合而为一，即使在最紧张的情况下也能驾驭它们。

　　赫梯人在他们的军事行动中大量使用战马和战车。公元前1274年，赫梯人在卡叠什（Kadesh）奥龙特斯河[*]两岸与埃及人展开了一场难忘的战斗。赫梯统治者穆瓦塔里二世（Muwatalli II）部署了至少3 500辆战车，而埃及法老拉美西斯二世投入的战车数量也不相上下。尽管双方伤亡惨重，但战斗没有分出胜负。在尼罗河沿岸神庙的装饰壁画中，拉美西斯宣布自己取得了胜利，我们从中能看到赫梯人被击溃的场面，而这只不过是他的自我吹嘘罢了。"他专注于自己的战马，快马加鞭，单刀直入……陛下宛如苏铁寇^{**}，力量强大无比，在敌阵中左冲右杀；陛下将一个个敌人扔进奥龙特斯河。"[7] 战车在特洛伊战争中也发挥了重要的作用，沿着达达尼尔海峡一直向北，围绕特洛伊对这一带战略贸易线路的控制权所展开的长达几个世纪的战争在此战中达到了高潮。战马载着阿喀琉斯^{***}这样的英雄参加战斗。

　　公元前12世纪，随着赫梯帝国的崩溃，马拉战车在战场上

---

[*]　　奥龙特斯河（Orontes River），发源于黎巴嫩贝卡谷地，向北流入叙利亚后被称为阿西河。

^{**}　　苏铁寇（Sutekh），埃及神话中的沙漠和风暴之神。

^{***}　　阿喀琉斯（Achilles），荷马史诗《伊利亚特》中参加特洛伊战争的一个半神英雄，希腊联军第一勇士。

的作用开始削弱。在旧秩序瓦解的同时，人们对马的态度也发生了改变。几个世纪里，美索不达米亚的精英们认为骑马有失体面。在一次著名的来往中，马里（Mari）国王基姆利-里姆（Zimri-Lim，公元前1779—公元前1761年在位）计划视察他统治下的阿卡德城市。"坐马车去，"有人建议他说，"如果非得骑的话，那就骑驴。因为只有这样，才能维护王室的尊严。"[8] 历史没有讲述基姆利-里姆是否采纳了这个建议，但是良马稀有而昂贵，其价值相当于7头公牛、10头驴或30名奴隶。这体现了那个时代人与动物生命相比的价值。驿卒需要它们，轻装骑兵执行侦察任务时也离不开它们。骑兵把被征服的人和他们的牲畜赶到人烟稀少的遥远土地上，把叛乱的风险控制在最低限度。在大草原上的斯基泰骑兵革新军事战略之前，很难想象骑兵部队能够发动大规模的战争。

"祖先的坟墓"

斯基泰人生活在马匹众多的辽阔世界里，无论是生前还是死后，他们的骏马都与他们形影不离。斯基泰精英中的显贵人物希望死后与自己的坐骑和其他马匹葬在一起，这些被称为库尔干（Kurgans）的墓堆世世代代受人景仰。公元前508年，波斯国王大流士（Darius）入侵斯基泰，斯基泰国王伊丹屠苏斯（Idanthyrsus）拒绝与之交战，但是有一个例外："有一样东西，我们必须为之而战，那就是我们祖先的坟墓。"[9] 库尔干赫然耸立在欧亚大草原上。一根根石柱围绕着坟堆，象征生命的树木连接起不同的世界——冥府、草原和天堂。斯基泰人的首领们华丽地走向永恒，奢华的宴会为他们送行，坟墓里有献祭的动物与他们为伴。在第聂伯河附近，有一个库尔干高达 20 米。配有金银饰品的 15 匹马被埋葬在古墓中，其中一匹马的头和脖子向前伸出，腿被压在身体下方。[10]

最令人惊叹的库尔干可追溯至公元前 8 世纪，特别是位于蒙古和西伯利亚边境贝加尔湖以西的萨彦岭（Sayan Mountains）的那座古墓。一座巨大的鼓状石冢直径达 110 米，高 4 米，下面的墓穴里埋葬着一位统治者和他的配偶，他们身着华贵貂皮，黄金饰品光彩夺目。6 位年长的男子及其马具齐全的马匹陪伴在他们的周围。马尾和鬃毛紧贴墓室地面。7 座墓穴中共葬有 138 匹年长的公马，每一匹都装有马鞍和缰绳，这些可能是所属部落上供的礼物。周围的 300 座墓穴里埋着葬礼宴会后所剩的马皮。送葬者共祭献了 450 匹马。

250 年后，阿尔泰巴泽雷克（Pazyryk）的 5 座宏伟的墓穴中安葬了配有马具、身穿马衣的乘用马。每座墓穴中的马以 4 匹为一组，牵引一辆很可能是来自中国的豪华礼宾马车。[11] 这个地区寒冷的冬季使墓穴处于冰冻状态，甚至连脆弱的丝绸和其他纺织品以及毯子都完好地保留了下来。鞍毯上有精致的、象征重生的写意鹿角嵌花图案。在一块令人震撼的挂毯上，一位衣着华丽的骑手跨在马上。首领们展示着自己的文身。他们的生活充满暴力。一位死者被割了头皮。

前几代研究古典历史的历史学家对那些纯粹的骑士情有独钟，而库尔干反映出这些被埋葬的人远不只是骑士那么简单。例如，可追溯到公元前 330 年至公元前 270 年的 4 组一字排开的库

巴泽雷克的一座墓穴中出土的绘有骑手的残缺挂毯

尔干位于哈萨克斯坦东部布赫塔尔马河（Bukhtarma River）沿岸的天然台地上。每一座高约 4.6 米，直径约 30 米。至今，我们已经对至少 24 座库尔干进行过研究，里面埋葬的物品被冻土深度冰存，一大堆骨骸、毛发、牙齿、指甲和肉完好保留了下来。一些死去的骑士身上有文身并经过防腐处理，在戴上假发之前，他们的头发很短。

发掘出的好几个墓堆里埋葬的是普通人，通常只有 1 个人和 1 匹马。然而，第十一号库尔干却不同寻常。墓穴里葬有 1 名死于暴力的 30 多岁的男子、1 名后来才死去的妇女以及 13 匹陪葬的马，这些马在经过仪式物品的完整装饰后才被宰杀。挖掘人员将这些马的尸体连同冰冻的土块一起从土里取出，然后在实验室里小心翼翼地将冻土与尸体分离。马笼头的牌匾上绘有真实的动物和神话中的怪兽，类似于希腊神话中的狮鹫，鹰首而狮身。其他动物身上有经过装饰的木制环带，上面展示了造型化动物和神话怪兽的头部。这些马非同一般，因为它们戴有吊坠和花环，还有红色鞍毯，鞍毯在黄金饰品的衬托下熠熠生辉。

贝雷尔（Berel）的库尔干保存着一位显贵人物的财富，一年的大部分时间，他和自己的部落族人待在一起，随着季节的变化骑马迁移，有时也骑骆驼。这是一种典型的季节性迁徙放牧模式。夏天，他们在高地草场放牧绵羊和山羊，冬季迁移到低洼地区。从秋末和冬季的营地出发，一队队骑马的武士发起进攻，不仅为了获取动物，也是为了掠夺精英们梦寐以求的奢侈品。他们轮流将自己的战利品在仪式上展示，并将异域手工制品分给主要的追随者，这种做法是无休止的联盟建设的一部分，而联盟建设是在广阔平原上获得权力的关键。

在路途遥远、需要长期迁徙的世界里，马背上的战争有其客观的必要性。骑兵马队是一种新鲜事物。只有当人们在马背上生活和呼吸，并和马建立极为密切的关系后，战马才能成为一种强大有效的武器。先不说和战马并肩作战，仅仅是战马的训练就是一项严峻的挑战，需要采用循序渐进的方法才能完成目标。这需要把一种性情暴躁并有着逃跑本能的动物改造成一种完全不同的牲畜。战马必须不受噪声干扰，敢于面对危险，动作快速敏捷，懂得见机跳跃，听到命令拔腿狂奔。战马必须比矮种马更高、更大，矮种马的祖先是欧洲野马和普氏野马，这两种马因个头太小，不能被骑兵使用。个头较大的马速度更快，更灵活，也更有耐力。高大的马匹使得士兵能够在马背上用长矛战斗。这种大型战马最早是什么时候繁殖的仍然无法确定，但是它们的后代使斯基泰人成为世界上最出色的轻骑兵。

色诺芬的至理名言

通过艰辛努力打造的骑兵战术逐渐从大草原向南方传播，进入那里的战车世界。很多个世纪过去后，亚述人才从他们的邻居、住在今伊朗东部的乌拉尔图人（Urartians）那里学会了骑兵战法，乌拉尔图人能随时进入大草原，几乎完全在无法使用战车的山地中作战。一旦看到骑兵作战的价值，亚述人很快就能学以致用。他们训练骑手在没有战车妨碍的情况下控制一对战马，*另一名骑手则是纯粹的弓箭手。这一策略成效如此显著，以至于马背上的游牧战法深深地影响着亚述人和后来的军队。金属嚼子取代了骨制嚼子；现在，骑手每人骑一匹马冲入敌阵，而不用成对操控。亚述人从大草原上获取了大量马匹，接着进行了大规模的繁殖，这时他们已将骑兵从一群暴虐的散兵游勇改造成一支强大的攻击部队。战车已成为过时的战法，仅在仪式活动及游行中被使用。

---

* 　这里指亚述人先单独训练一对战马，然后再将它们套上战车的训练方法。这一段讲述亚述人从战车过渡到骑兵作战的过程。他们发现战车过于笨重，容易受到攻击，不能像骑兵那样灵活转身移动，最后亚述人的战车退出了战场。

一支训练有素的骑兵军团能够及时对敌军实施沉重打击。至此，亚述国王学会了一套新的战争法则。公元前853年的一次战斗中，亚述国王撒幔以色三世（Shalmaneser III）的近2 000名骑兵在卡卡城（Qarqar）向黎凡特军队的3 940辆战车发起进攻，缴获了无数战车和马匹。公元前8世纪萨尔贡二世（Sargon II）统治时期，亚述军队中的骑兵数量远远超过了战车的数量。

　　第一波斯帝国（阿契美尼德王朝）的缔造者居鲁士大帝（公元前559—公元前530年在位）既是出色的管理者也是杰出的战略家，他深知骑兵闪击部队的价值。大流士一世（公元前522—公元前486年在位）是阿契美尼德王朝的第三位国君，他将帝国疆域扩张成从爱琴海至印度河的20个省。他之所以能够征服如此广阔的土地，靠的就是行动迅速的骑兵和先进的武器。他在开阔的草原上发动了征讨斯基泰人的战争，但是，正如前面所述，斯基泰人避而不战，声称只有当他们的库尔干遭到攻击时，他们才会应战。公元前480年，薛西斯（Xerxes）国王试图征服希腊城邦，却无功而返。在他的统治时期，波斯骑兵召集了80 000匹战马，但面对希腊人的海上优势，波斯骑兵无能为力。

　　希腊人并非不擅长骑射。既是历史学家又是军人和哲学家的色诺芬取得了不朽的历史功绩，他协助带领一支10 000人的希腊军队从波斯帝国的中心来到黑海之滨。为了纪念这次征程，色诺芬写了7卷巨著《远征记》，他用了整整一卷的篇幅讲述战马的训练和养护，书中所写与吉库里的驯马思想大不相同。他强烈建议驯马师用轻柔的抚摸对待战马。"这样做的必然结果是，年轻的马匹不仅喜欢而且渴望与人相处。"驯马的宗旨在于"彰显主人想要获得的气势和派头，极尽炫耀之能事，这便是你想要看到的效果—— 一匹被人骑乘时兴高采烈的马，气质华丽而耀眼，为所有观众带来愉悦"。[12] 这些都是充满智慧的言辞，被几个世纪以来成千上万的骑兵作为至理名言。据说，亚历山大大帝曾受到《远征记》的深刻影响。

色诺芬的养马和驯马指南从罗马时代到中世纪一直被人沿用。他的建议长盛不衰，不仅因为它们十分有效，而且因为根据建议，骑手是骑在马的裸背上，骑手的屁股下只有一块布，连马镫也不需要。骑手在训练场用木马进行练习。在骑手准备跳上马背前，色诺芬建议："让他用左手撑起身体，右手伸直，使身体跃起。"[13]

骑兵重在冲锋和拼杀，为此整套骑兵经验的精髓乃是战马和骑手之间紧密甚至富于情感的伙伴关系。马其顿亚历山大大帝创造了一个传奇，他在12岁时成功驯服了塞萨利人（Thessalian）的马布西发拉斯（Bucephalus），因为他发现这匹马害怕自己的影子。在他多年的征战中，布西发拉斯成为他最亲密的伴侣。马其顿人是出色的骑手，在驯马师的训练下，他们运用密集阵型作战。由800人组成的"国王卫队"用长矛做武器，在与波斯骑兵的对抗中几乎所向披靡。在公元前330年的伊苏斯战役中，亚历山大率领5 000骑兵在叙利亚平原击溃了大流士国王的11 000名骑兵，他利用狭窄的地形展开进攻，导致波斯军队无法发挥骑兵数量上的优势。公元前323年，亚历山大大帝去世时，骑兵在战场上成功取代了战车。

而战车在狩猎、游行和赛马活动中仍然十分普遍。亚述国王亚述巴尼拔（Ashurbanipal）将皇家猎场猎狮的场面制成技艺精湛的浅浮雕，以此来装饰皇宫的墙壁，这些精美的浮雕现陈列于大英博物馆。我们看到笼子里的狮子被放出来，国王从战车上把箭射出，热情高涨的人群向国王欢呼。这种精心组织的活动是几百年后欧洲中世纪王室狩猎活动的鼻祖。后来战车演变成用曲木、皮革和金属制成的轻巧、坚固的车辆，这种快速、耐用的运输工具由训练有素的马匹牵引，这种马类似于今天的阿拉伯马。这些是昂贵的交通工具，需要熟练的工匠维护，需要为这些马匹提供舒适的马厩。仅仅是获取不同种类的干草，为这些表现优良的马匹提供食物，就是一件特别艰巨的任务。这样的食物配给对当地的自耕农来说是一项艰巨的任务。皮哥特估计，在史前晚期的英国，一对拉车的马匹可能每年需要 3 公顷至 4 公顷土地出产的大麦供养。[14]

　　拥有战车远远不止买一辆车那样简单。富裕的战车所有者必须要有一个训练有素的马队和一批管理人员，而最重要的是，要有经验丰富的马车夫，马车夫要与马保持默契的工作关系，能在战斗中或赛马场上驾驶战车，必要时，还要能护理马匹或修理战车。马车夫具有很高的社会地位，这并非只是巧合，很多时候他们的地位丝毫不亚于乘坐战车的人。在阿卡德人中，马车夫被称为 mariann，即贵族的一员。在埃及，拥有土地的官员在战车上作战。最重要的是，战车是快乐的源泉、威望的载体，被广泛用于公共展示和游行活动。

高贵动物和普通牲畜

对罗马人来说，马是威望很高的动物，供皇帝、王公和将军们骑乘。在战争中，马是皇帝及其随从驶入战场的坐骑，就像将军们使用的战马那样。马使将帅凌驾于自己的军队之上。它是权威的象征，部分体现了王权和领导权的神秘感。马不可避免地成为尊贵的动物，它们有自己的名字并受到人们的珍爱，皮毛被打理得光泽闪亮。亚历山大的坐骑被命名为布西发拉斯。给战车赛马和尊贵的坐骑起名的传统有着深厚的历史渊源，因为它们已成为真正的家庭成员。马匹的繁殖是罗马时期一项利润丰厚的行业，部分原因是人们对强壮战马以及良马和赛马的需要。

在和平时期，罗马骑兵进行复杂的训练，年轻骑手学习骑马转圈、分散或进行模拟战斗。参加过这种训练的人地位尊贵，有头盔护头，有黄色羽毛加身。[15] 他们穿紧身长裤，这种裤子完全不同于波斯骑兵穿的剪裁宽松的裤子。所有这些奢华和张扬几乎都与克制且含蓄的罗马传统背道而驰。皇帝和高级官员代表着帝国的尊严。一座保留下来的马可·奥勒留皇帝（161—180 年在位）的镀铜雕塑显示，他骑的马没有马镫，马的右前脚抬起，可能是搁在一名现已不见了的野蛮人的身体上，这种人不受法律的保护。

像马可·奥勒留的坐骑那样高贵的马常常被称为马格努斯马（Magnus Equus），即"伟大的马"，它肩高大约 150 厘米，在罗马人的辞典中是一个优良品种。有些马也被用作驮畜和战马，主要是那些身体矮壮、在道路上和农庄里拉货的马匹。到中世纪时，被欧洲人用作驮畜的马匹能驮载 99 千克至 150 千克重的货物，这

马可·奥勒留皇帝，公共尊严的典范

伟大的共存：改变人类历史的 8 个动物伙伴

可能约等于罗马时期的负重量。

随着罗马帝国的稳固和扩张，马匹在战争中发挥了越来越重要的作用。它们速度快，能在凸凹不平的地形中行进，经过训练后耐力无穷，能驮载沉重的货物。它们还能到处走动，自行寻找草料，这是一项不可多得的战略优势。白天，骑兵在行进的军队和运输行李的牲畜周围组成一道保护屏障。夜间的骑兵侦察覆盖很大的范围。骑兵精锐被部署在队伍的尾部，以防队伍遭到突然袭击。罗马人将自己的骑兵大本营建在今天的米兰。复杂的道路网将帝国的各个地区连接起来，一旦出现叛乱的威胁，骑兵军团可以被迅速部署到位。同时，驿卒和官方马车利用沿途驿站来更换马匹，从而在不同省份之间运送邮件。驿卒沿着道路的边缘骑行，因为道路的主要用途是投送军队以及供毛驴或骆驼商队使用。只要沿途能不断更换新马，这些骑手每天能骑行长达 385 千米的距离。

罗马人的马匹比斯基泰人的坐骑更重，这使得它们更容易受炎热天气的影响。不同于大草原上的骑手，罗马人无法源源不断获得马匹。他们不仅在意大利最肥沃的草场养马，还从高卢、塞萨利（Thessaly）和其他地方征收马匹。夏季，他们把马赶到多山的地区放牧，马蹄经过石块的磨炼变得坚硬无比，这类似于训练驴子的方法。从一开始，战马的训练人员就将马置于喧嚣和混乱的条件下及暴力的战场环境中进行训练，让马学会跃过深沟，游过河流，就像早前的亚述人所做的那样。骑兵需要频繁变换操控动作，扭动和转身等操作方式使得在战马裸背上的骑行效果不佳。坚固的马鞍不可避免地得到了使用，这可能是从东边的大草原上借鉴的方法。

罗马人在培育高品质的马匹方面成果卓著，以至于当局禁止将这种马出口给他们的属民。关于马，既是学者又是牧场主的马库斯·特伦提乌斯·瓦罗有如下描述："有些马匹适合在战场上使用，其他的则适合拉车，还有些适合繁殖或用来比赛，不能用同一个标准来评判它们的价值。这样，经验丰富的士兵就会用他们自己的标准来喂养和训练战马，而马车夫和马戏团的骑手会采用另外的方法。如果一位驯马师要将马训练成鞍下的坐骑或拉车的工具，他就不会和战马驯马师采用同样的训练体系。因为，一方面，在军队中，士兵需要活跃勇敢的战马，而另一方面，如果作为道路上的运输工具，人们更喜欢较为温顺的马。"[16]

在第十四章中我们将看到，接下来的几个世纪里，基督教教义将对人们如何对待马匹产生越来越深远的影响。《圣经》的教诲以势不可当的宣传优势取代了色诺芬理论。

第十二章

推翻天子

　　公元前 1200 年，中国北方。山丘上，一辆轻型马车俯瞰黄河附近的浅峡谷。一群苍蝇围着装备精良的骏马盘旋。马尾在炎热的空气中左右摇摆。马车夫和商朝统治者武丁一动不动地站在车上，双脚微微跨立，踩在多褶的皮革车板上。面无表情的统帅手握烫弯的木制栏杆，保持身体平衡。旌旗在早晨的空气中无精打采地飘动。他的部队在峡谷里待命，武器已准备就绪，眼睛注视着前方的大批敌人。战车上的手一抬，军官们齐声呼喊，部队向前推进。顿时，战场上的尘土遮天蔽日，因此车夫需要让马保持放松。移动指挥所的辐条轮在崎岖的地面上发出轻柔的嘎吱声。

　　这些被土壤腐蚀的战车已失去了往日的光华。它们被深埋在今安阳市附近的墓坑里，这座城市曾经是商朝统治者的都城。20世纪的考古学家对这些埋在土里的黑色团块展开挖掘，共发现 11 辆美观时尚的战车。[1] 用毛刷仔细清理后的车轮赫然醒目，每个轮子有 8 根至 18 根辐条，远远多于西方同类车轮的 4 根到 8 根辐条。车夫和马匹的骨架各在其位，准备将主人送往另一个世界。

中国战车

战车于商朝武丁统治时期，也就是约公元前 1180 年突然在中国出现。[2] 无论以何种标准衡量，它们都是极其复杂的轮式车辆，采用曲木和皮革技术精心制造而成，这种技术与几千千米以外的西方战车制造技术十分类似。它们来自大草原——制作精良的马拉武器装备以潇洒的姿态毫不费力地征服了广阔的蒙古大漠。这一切，只有在战马的帮助下才能实现。

马车在中国出现时，人们对马并非一无所知。家马早就沿着大草原迅速向东传播，在更早的公元前 2 千纪就传到了中国东部地区。最早到来的矮壮马被当作驮畜使用，它们为享有特权的贵族拉车。然后敞篷马车出现了，在商朝它们相当于凯迪拉克或梅赛德斯-奔驰。贵族阶层以极大的热情接受了新的交通工具。重要统帅在冲突的外围将它们用作移动指挥所。商朝的战车装饰华美，配有彩旗和马铃，它们不一定真正被用来作战，而是被作为在公共活动和战场指挥中享有极高声誉的交通工具。当一个统治者死后，他的战车陪他入葬，同去的还有几十名殉葬者，很多是囚犯，被捆绑着活埋，有的被斩首或简单地杀掉。

商朝人在西北部的大草原上进行过无数次战争，不仅抓到过俘虏，还缴获了大量马匹和武器装备。后来，他们和一些边境部落结盟，获得了驯马师、车轮工匠、兽医和其他专业人员，掌握并发展了这项新技术，这对做了几千年农民的人来说，无异于一场革命。光是管理马匹就需要从习惯和家畜打交道的人们那里学习陌生的技巧。

　　　　伟大的共存：改变人类历史的 8 个动物伙伴

公元前 1046 年推翻商朝的周朝军队是最早在战场上使用轻型马车的中国人。[3] 在牧野之战中，他们部署了 300 辆战车以及一些弓箭手来对抗商朝军队，在敌众我寡的情况下，将敌军击溃。据说，周朝开国统治者周武王是一位来自大草原的"蛮夷"，他的胜利很有可能归功于他的机动性策略。不到几个世纪，大规模的战车军团在中国北方风靡一时，其中包括很多四匹马牵引的战车。公元前 5 世纪至公元前 3 世纪，各地统治者之间展开了激烈斗争，进入旷日持久的混战状态，这还不算来自北方的匈奴人的入侵。战争带来了技术创新。公元前 800 年，冶铁技术从大草原传到中原腹地。战车的制作工艺进一步提高。柔光闪亮的金属成为装饰品和地位的象征，统治者常常用它们奖励战场内外的有功之臣。

蛮族骑兵

北部边陲在游牧民族的长期骚扰下苦不堪言，游牧民沿着千疮百孔的边境不断侵扰定居者的土地，人们在边境用马匹和牛交换粮食和其他农产品。贸易的高峰期出现在秋季，这时庄稼已经收割，草原上的动物膘肥体壮。有些年份，中原地区没有开放市场，这就必然导致游牧骑兵突然南下，抢劫粮仓。公元前 484 年，更具组织性的骑兵第一次出现在边境线以北的草原上。他们的进退速度令人眼花缭乱，从来都是打一枪换一个地方，与防守方相比，他们几乎总能以优势兵力展开进攻。分散在漫长边境线上的兵营行动过于迟缓，防御这样的敌人对他们来说无异于噩梦。事实证明，精确的骑射技术和高度的机动性是有效的作战手段，因此随着入侵者进一步向中原腹地渗透，统治者在北方修建了城墙，以抵挡入侵。

凭借致命的弓箭和高效的骑兵装束，这些游牧民族对官僚习气严重的保守国家构成了可怕的威胁。他们的效率在很大程度上取决于骑马的制服。这些游牧民身穿好几层束有腰带的短袍状服饰，下身着长裤。这套行头是草原上的发明，很可能在人们开始骑马后不久便应运而生。裤子结实耐用，有着良好的弹性，裤脚可以塞进马靴里。这样，骑手不仅可以用双膝有效控制战马，而且还能在马背上转动身体，活动自如。快速移动中的马背骑射是一项高效的战斗技能，特别是朝着侧翼和尾部射击时。这项技能与高度的机动性相结合，能发挥毁灭性优势。

几名绝望的统帅做出了大胆的回应。赵国的统治者赵武灵王（公元前 325—公元前 299 年在位）便是被游牧民族困扰的统帅之一。他命令朝廷和军队效仿胡人，改穿所谓的"胡服"。他不顾保守官员的强烈反对，亲自带头穿游牧民的裤子、靴子和皮衣。[4]很快，赵国军队的战斗力得到明显提升。赵武灵王在保障边境安宁的同时，还开拓了国家的疆域。大概就是在这一时期，中原的广大地区也出现了一股类似于赵国的骑兵作战势头——从战略上来说，这是无奈之举，也是战马的强人冲击所带来的结果。

当时的中国正处于封建割据状态，各诸侯国不仅在政治思想上唇枪舌剑，在战场上也是刀光剑影，打得难解难分。位于西北部渭水河谷的秦国坐拥易守难攻、山河纵横的地理条件。秦国统治者实行了从封建体制到"法治"的改革，其要义是在严格的法治基础上，加强中央集权和明法自律。精力充沛的统治者秦始皇（公元前259—公元前210）利用他的战略基地，以大无畏的气魄，运用战车、骑兵和金属武器发动了一系列军事行动。他将诸侯混战的战国打造成一个统一的大帝国。[5] 就像3个世纪前的波斯国王大流士那样，秦始皇展开了雄心勃勃的道路建设工程，这使他能够将人员、货物和军队从一个地方快速投送到另一个地方。驴、马和骆驼成为政府和商贸往来的重要运输工具。马拉车辆承运重要政府官员。马被当作"移动的座位"，供人们旅行时骑乘。更加高效的交通意味着皇帝能够对自己的疆域实施有效的控制。他用马匹和卫兵将人员输送到人烟稀少的土地上，用铁犁在那里开垦新的农业用地。在北方，他麾下的将军蒙恬动用50万囚犯修建了一堵墙，扩大了以前对抗游牧民族的防御工程，这就是最早的长城。

秦始皇也许是一位杰出的领袖，但也是一位残忍、暴虐的统治者，对死亡的恐惧简直令他坐卧不安。他动用70万囚犯和奴隶在今西安附近修建了一座巨大的陵墓。由7 000个真人大小的兵马俑组成的密集兵阵守卫着他那巨大的陵墓，据说里面还有一幅用水银代表江河的中国地图和一个宇宙模型（尚未出土）。兵马俑手持武器，秩序井然地站立着。500骑兵和战马以及130辆战车陪伴着它们，全部用黏土制作而成，并被涂上了亮丽的颜色。骑兵的战马都是些矮壮的蒙古马，缰绳类似于黑海边上的斯基泰人于公元前6世纪使用的马勒。其中两匹马拉着一辆华丽的马车，仿佛就是一座轮子上的房屋，顶上的华盖留有挑檐，体现出中国贵族出行时的奢华。秦始皇的骑兵穿的长裤和短靴是北方游牧骑手

秦始皇兵马俑中的骑兵和战车

钟爱的装束。就像热衷创新的周文王那样，秦始皇很可能也是草原民族的后裔，这绝非巧合。

匈奴的马

马对国家的统一起到了决定性作用，然而，这方面的严重缺陷却成为后世皇帝们的软肋。秦始皇死后，内战持续了 4 年，结果汉高祖皇帝于公元前 202 年建立了西汉政权。[6] 然而真正的战争才刚刚开始。汉高祖的继承人不得不面对来自北方草原的严重威胁，特别是游牧民族匈奴人的骚扰，据说他们可以在战斗中部署 30 万骑兵射手。他们的统帅是果断而魅力非凡的冒顿单于，原本相对默默无闻的他一跃成为草原领袖，统一了东亚草原各部落，建立起一个强大联盟。他的父亲将他交给邻邦月氏国做人质,可他却骑马逃脱,并为此获得了 10 000 骑射精兵作为奖励。他对士兵的训练以军纪严明著称,据说他曾命令士兵用箭射自己最心爱的马和妻子。拒不执行者被立即处死。他成功消灭了自己的所有对手,击败了月氏人,并将他们驱赶到西方。他的儿子完成了这一大业,并用敌军首领的头骨做成镀金的酒杯。

匈奴成为边境上的一支强大军事力量,一些颇具政治野心的汉朝官员投靠了这些游牧民族。商人叛逃的情况同样出现了,因为匈奴马远胜于汉朝任何品种的马匹。一位汉朝官员称,无论是翻山越岭,还是穿越峡谷和山间洪流,汉地马都不及匈奴马。[7]

汉高祖与这些游牧民族展开和谈。冒顿渴望更加稳定的环境,因为他十分清楚,严重依赖放牧的游牧经济存在潜在的风险。面对牲畜疫情、干旱、极端严寒和其他气候波动,以及没完没了的抢劫和盗窃,这样的经济脆弱不堪。汉朝承认匈奴是与自己平等的国家,并同意每年提供固定数量的贡品,包括粮食、丝绸和酒。通过汉朝公主远嫁匈奴单于的和亲政策,汉朝对匈奴的认同得到了加强。长城成为两国之间的正式边界。冒顿通过这一协议获得了巨大利益,他用酒和异国商品巩固匈奴与其他统治者之间的关系,并将丝绸远销西方。然而,汉朝和匈奴的关系并没有那么简单。匈奴人一会儿和平共处,一会儿又伺机抢夺,他们非常清楚,由于缺乏高品质的马匹,汉朝军队行动迟缓。

天马

在马背上作战优势明显，但汉朝人缺乏大型马匹的可靠供应，因而很难建立有效的、军纪严明的骑兵。这样的马匹很难获得，因为它们来自中亚的遥远地区。它们可能源于伊朗以北的广袤西亚地区。我们对这些动物的了解来源于上文提到的阿尔泰巴泽雷克地区令人叹为观止的马匹墓穴。这些马强壮灵活，棕色皮毛闪耀着金光，与大草原上分布广泛的矮壮马形成了鲜明对比。它们更大的体型和力量归功于良好的喂养、选择育种和系统阉割，这些使得种畜能够保持优良的品质。

尽管汉朝人通过精心喂养，对矮壮的蒙古马进行了一些改良，使得某种颜色和具备某些特征的马甚至到了相当名贵的程度，然而，适合在战场上使用的马仍然非常稀缺，以至于朝廷禁止超过 13 手高的马从帝国疆域出口。这项法令可能是解决战马长期短缺的一种尝试，而战马短缺是中国历史上一个永恒的难题。北方爆发了对马匹的激烈争夺，几个世纪以来，这种势头有增无减。

汉武帝（公元前 156—公元前 87）对优良战马非常重视，他采取了一系列代价高昂的行动，将汉朝的疆域扩张到遥远的西部。[8]他深入中亚地区，获得了无数马匹，同时也造成了人员伤亡。从蒙古到吉尔吉斯斯坦东部的广阔地区，汉武帝的军队与匈奴游牧联军展开了激烈战斗。即使在没有战争的情况下，汉朝人也对优良的战马求之若渴。他们用钱买，有时用丝绸换，为获得马而打仗，突袭抢夺马匹，或用进口的品种培育自己的战马。

汉武帝对良马的渴求导致部分丝绸之路的开通，最终将汉朝与西方连接起来。在位第三年，他派遣张骞带领一个约百人的使团抵达月氏国，这时的月氏人生活在匈奴势力范围以西的遥远地区。对张骞来说，这是一次冒险之旅。匈奴人将他扣留，囚禁了20年。但他有幸逃脱，并向西远行，由此得以见识卓越的宝马。他抵达今乌兹别克斯坦的费尔干纳盆地（Ferghana Valley）时，发现了一种会流血汗的神奇宝马（我们现在知道这是寄生虫导致的结果）。费尔干纳马（大宛马）力量足，腿短，优于乌孙和其他东部地区的马。皇帝感到无比震撼，称这些马为"天马"。汉朝开始大量进口大宛马，当地统治者被迫关闭边境，终止马匹交易。

短缺！短缺！

公元1世纪，汉朝一位杰出的将军和牧场主马援写道："马者甲兵之本。国之大用。"[9]他清楚地认识到，马背上的游牧民族是汉朝最大的军事对手，特别是在分裂的草原部落被强大的领袖统一起来的情况下。皇帝决定和大宛国开战就不足为奇。公元前104年，一支由40 000人组成的远征军徒步前往，被击败而归。一年后，汉武帝再派60 000人西征。这次他们取得了胜利，并设法获得了3 000匹马，然而多数品质一般。只有1 000匹马被平安带回汉朝。双方达成的协议规定，大宛国每年向汉朝皇帝提供2匹"天马"。汉军还带回了苜蓿种子，这种作物能够为战马提供优质牧场。然而，无论汉武帝如何努力，汉朝人的马匹还是不够用，哪怕他们长期深入大草原。

唐朝皇帝开始统治这个国家的时候只有5 000匹马。几十年里，通过大力繁殖，马匹数量增加到 70 万匹。[10] 但是他们仍然需要国外的马，并从北方游牧民那里大量获取。这项事业花费巨大。773年，北方的回鹘人派来一名使者，带来 10 000 匹马出售。为购买这些马，政府花费了整整一年的收入。优质的丝绸是当时的主要货币，特别是和游牧民族做生意的时候。交易遵循简单的供需规律原则。唐朝人有优质的丝绸，游牧民族有用之不竭的良马并渴望获得精美的布匹。9 世纪，对于用来交换马匹的丝绸的需求量如此旺盛，以至于丝绸出现了供不应求的状况，丝绸质量下降，纺织工人无法满足市场需求。回鹘人和其他族群开始抱怨，他们有足够的理由。大部分丝绸被立即转卖到西方，获得了巨额利润。

为了繁殖和交换，马匹短缺成了长期挑战。有的时候，士兵的数量充足，但是 10 个人里面只有 1 人到 2 人能骑马，而在交战状态下，骑兵的数量等于战场上的实力。一代代唐朝官员为获得马匹殚精竭虑，却未能成功。最后，茶叶成为另一种可以用来交换马匹的商品，游牧民对茶叶的需求旺盛，茶叶大有取代丝绸之势。宋朝政府在边境地区建立了"茶马司署"，以控制茶叶出口，并人为保持较高价格，这样他们就能获得更多马匹。有些地方不可避免地出现了走私行为，尽管当局对走私犯处以死刑，但这样做并没有成功遏制这一势头。后来的朝代建立了专司繁殖和获取马匹的官僚机构。汉朝皇帝如此重视马政，以至于负责这项事务的官员位列九卿。尽管人们在马匹的繁殖和分类方面付出了一丝不苟的努力，战马的质量问题仍然没能得到解决。马匹长期短缺，灾难不可避免。成吉思汗已剑拔弩张，开始了征服宋朝的历程。

神的连枷

　　1220 年，蒙古统治者成吉思汗宣称："我是神的连枷。如果你不是罪恶深重，神就不会派我来惩罚你。"[11] 他确实是一根连枷，像旋风般降临到伟大的城市和定居者的土地。蒙古各部落于 1206 年推选成吉思汗为他们的大汗。他不仅是一位杰出的战略家和征服者，还是一位出色的管理者。他很快打破了原来的部落结构，实行千户制。在短短的 20 年间，成吉思汗的军队以令人叹为观止的速度和冷酷无情的效率向西、南两个方向横扫广阔草原。仅仅是摆出进攻的架势，城市便在神的连枷面前纷纷陷落。成吉思汗正在打造一个横跨欧亚大陆的巨大帝国，以马匹为基础的交通运输和暴力威胁保障了他对广阔领土的有效控制。

　　历史上有那么一些人，他们的生活围绕着马匹和高超的骑术展开，而成吉思汗的祖先就是这样的人。毫无疑问，成吉思汗嗜血如命，冷酷无情，但是他留下的遗产远远超越征服本身。他提倡宗教自由，统一了错综复杂的交战部落，奖励功绩，鼓励兴办教育，在蒙古社会推行妇女权益。

　　成吉思汗获得军事天赋，即让追随者誓死效忠的非凡能力之时，丝毫没有开化顿悟的迹象。他是一位善于在宝贵经验中学习的人，他在残酷的地理环境中能够轻松适应千变万化的形势。成吉思汗是一位彻底的实用主义者，他的技能归根结底来自对战马的娴熟运用。他是历史上伟大的征服者、才华卓著的斗士，但是他成功的很大一部分都要归功于马，归功于只有马才能促成的骑兵作战（见插叙"移动的射手和战马"）。

移动的射手和战马

蒙古人的整个军事体系大多由成吉思汗建立，依赖服从、严格的纪律和马。蒙古军队将高超的马背骑术和火器、闪击战术及高度的机动性相结合。按当时的标准，他们发动战争的方式复杂多样，不仅靠士兵在战场上冲杀，还依赖我们今天所说的心理战。快速行动的能力使他们能够在广阔的土地上搜集情报，再结合巧妙散播谣言的手段，就会使敌军对即将发生的进攻或袭击人心惶惶。成吉思汗和他的将军们把恐惧作为一种强大的战略武器。在这方面，他们做得非常成功。一提到"蒙古人"这个词就足以让人联想到冲锋的骑兵和残忍的杀戮。为了避免遭到蒙古人的进攻，许多城市纷纷选择投降和进贡。精心培育的恐怖名声和所向无敌的神话氛围成为许多蒙古征服者的有力后盾。

士兵只能长期待在同一个战斗单位里，而军官在战场上有很大的选择自由。高度灵活的指挥系统使蒙古军队既能大兵团作战，又能在接到命令后立即变成 10 人一组的小单位，以便对敌军实施包围，或追击溃逃之敌。每一名蒙古士兵都备有 3 匹至 5 匹马，这使其能够在长时间快速行军时更换新马，以避免战马体力透支。1241 年入侵匈牙利时，成吉思汗的孙辈率领的蒙古骑兵每天能前进 160 千米，对西方军队来说，这样的机动能力简直闻所未闻。马和骑手都依靠土地生活，而后者常常靠马奶为生，这一做法增强了各种大小战斗单位的灵活性和有效性。

精湛的骑术及马与骑手之间的密切关系取决于在马背

现代蒙古骑士再现骑兵冲锋的场面

上生活的时间和长期的训练。每一名士兵都身着又长又厚实的外套，外加一层片状铠甲，几十块坚硬的皮革和铁片被缝在毛皮衬垫上，用皮带系在腰间。腰带上挂一把剑和匕首，有时还有一把斧头。下面的里衬是一件厚实的丝绸内衣。每个人骑马时都穿长裤，头戴钢制或皮革头盔。主要的武器是一把用木头、动物角和肌腱制成的弯弓，虽然小巧，但威力极大。每一名弓箭手一般配有 2 支至 3 支箭，每支箭的射程超过 2 000 米。通常他们可以攻击 1 500 米以内的目标。将强大的弓、高超的箭术及战马的速度和机动能力结合起来，骑兵便能在奔跑的战马上射出多支箭，你就和马建立了历史上最成功的人兽关系。

士兵与战马的亲密关系是战术不可分割的一部分。蒙古军队的指挥官从不展开徒劳无益的大规模正面进攻，而这在欧洲和近东地区却司空见惯。相反，他们通过佯攻使敌人原地不动，然后伺机迂回包抄，围歼敌军。弓箭手丢掉身上不用的箭，从骆驼运进战场的装备中重新选择合适的武器。如果进攻失败，蒙古人便会撤退，仔细研究敌人的战术，然后再次发起攻击。有时他们会佯装撤退，给人一种溃不成军的假象，然后乘敌不备，迂回攻击。同样，精湛的骑术和人兽之间的绝对信任至关重要。马匹和射手缔造了蒙古帝国，征服了悠久的文明，推翻了皇帝的统治。

蒙古帝国严重依赖马匹。每个部落、每支军队似乎都加入了由人、动物以及干旱或寒潮这样的恶劣天气组成的加沃特舞*当中，恶劣天气能在几个月内使成百上千的牲畜死于非命。马匹缩短了在严酷大草原上旅行的时间，使疆域扩大了 5 倍，还使人们能够利用分布于广阔地区的原料和牧场。然而，每次气温变化和降雨失调都会打破这一平衡。干旱造成草场枯萎，牧群死亡，人们不得不长途跋涉去寻找草料和水源。部落之间相互侵入对方的土地，难免造成更多暴力冲突。在更加温和、湿润的年份，部落领土收缩，牧场的承载能力显著改善，战争便成为多余之举。遇到干旱年份，住在草原边缘上的人们便会恐惧不安，凶残的游牧民会驱赶着他

---

* 加沃特舞（gavotte），一种轻快的轮舞，队形为打开或闭合的圆圈，每个圆圈由一对技巧高超的舞伴领舞。这对舞伴中的男子可以根据自己的情绪和技巧发挥，别人须跟随舞蹈。这里用来比喻人、动物、干旱和寒潮在当时的蒙古社会交替发挥主导作用。

们的牲口毫无征兆地突然造访，他们信马由缰，寻找着更好的牧场，弄得到处鸡犬不宁。

气候时而温暖时而寒冷，降雨时而充足时而稀少，草场时而丰沛时而枯萎，这种循环往复的节奏成为驱动欧亚大陆历史的主要力量，而其在很大程度上又受制于人和马之间的紧密关系。当大平原上的干旱恰逢成吉思汗这样的杰出将才横空出世时，历史的根基便会地动山摇——这都是因为在过去的几千年里，有一些胆大包天的年轻人敢于跳到刚刚驯化的马的背上，开启人类骑马的历史先河。成吉思汗对自己疆域的脆弱性心知肚明。草原上的生活被马匹和不规律的干旱及降雨周期主宰，他试图使他的帝国摆脱对它们的依赖。在这方面，他和他的继承人至少取得了部分成功。

推翻皇帝

成吉思汗在黄河以北对中国进行小规模入侵，开启了征服的历程。1209 年，他接受了西夏皇帝李安全的请和。两年后，他向大金国开战，他的军队越过长城，在中国北部大肆抢劫。1215年，成吉思汗攻克北京。他的孙子忽必烈（1260—1294 年在位）完成了他的征服大业。忽必烈出生于成吉思汗攻占北京那年，主要由母亲显懿庄圣皇后*抚养成人。显懿庄圣皇后是一位卓越的母

---

* 显懿庄圣皇后，即克烈氏唆鲁禾帖尼，拖雷的正妻，蒙哥、忽必烈、旭烈兀、阿里不哥的生母。由于她这四个杰出的儿子都做过帝王，她被后世史学家称为"四帝之母"。

亲，"她将所有儿子都培养得十分出色，他们对母亲的管理能力深表叹服"。[12]成吉思汗的孙子蒙哥继任蒙古大汗后，将宋朝事务交给他的弟弟处理。显懿庄圣皇后让忽必烈明白统治汉人的最佳办法就是赢得他们的支持，这样才能从他们富饶的土地上获得最大利益。蒙古人已经控制了中国北方，因此她儿子的首要任务便是征服宋朝控制下的森林茂密的南方。战争处于胶着状态，直到 1253 年，忽必烈攻克大理，从侧翼包抄宋军。

1260 年，在蒙古帝国陷入内部纷争之际，忽必烈被推选为大汗。他迅速迁都北京，并宣布自己为元朝皇帝，尽管南方的宋朝政权直到 1279 年才被彻底征服。仅靠蒙古人不可能统治整个中国，于是他允许汉人在蒙古人的监督下实行自治。蒙古人和汉人之间存在巨大的文化差异，因此忽必烈和他的继位者一面与大草原保持紧密的联系，一面依靠汉人控制官僚机构。他还致力于改善通信状况。50 000 匹马、几千头牛和骡子、4 000 辆马车和 6 000 条船将 1 400 个驿站连接起来。马背上的邮差老远就用响铃提示他们的到来，并提请准备接力用的马匹。这些邮差每天最快能行 400 千米。

1294 年忽必烈死后，蒙古人的统治迅速恶化，这是亲汉势力和草原集团长期斗争的恶果。1368 年，汉人的帝王传统得以恢复，历任明朝皇帝和他们的先辈一样，受到马匹短缺的严重困扰。到 15 世纪，他们每年要进口 10 000 匹马，此举延续了 100 多年。他们的贸易伙伴通常都很难打交道。蒙古人常常将经过阉割并被频繁使用的 4 岁至 8 岁的马驹卖给他们，而将母马留作自用。少数来到南方的母马显然只能和驴杂交，生出的骡子可以满足驮运和耕地的需要，这充分体现了明朝人优先考虑的事项。毕竟，他们主要是农民，几乎没有多余的土地用来放牧。甚至当军队为马匹保留了一些牧场时，人们仍然抱怨这些保留地占用了农民谋生的空间。显然，最大的牧场靠近北部边境，而抢劫成为那里持续存在的难题。

汉人对马的态度充满了深深的矛盾。它们对军事至关重要，但是许多官员认为士兵不习惯骑马。[13] 他们中的一些人是难得的骑马好手，但是，除了在北部和西部边境地区，骑马在人们的印象中不是汉人的做法。中国的绘画艺术很能说明问题，因为许多管理和照看马匹的人被画得不像汉人。存在的问题肯定引起过官僚们的注意，官方也设立了获取马匹的机构，但是几百年来，整个操作过程似乎缺乏真正的热情。无论是面对蒙古人时，还是在后来的几百年里，许多汉族骑兵似乎从未与他们的战马建立亲密的关系。很明显，他们从来没有真正掌握养马和骑马的门道，或者说没有真正掌握与马并肩作战的艺术，因此他们不可避免地被北方的游牧民族征服。人与动物之间密切关系的重要性从来没有产生过更加深远的意义。

第六部分

扩张全球贸易的沙漠之舟

第十三章

丝绸之路上的骆驼

有人曾说，骆驼是集体创造的马。他们说得没错，因为骆驼能够驮载的重量是牛的 2 倍，并能以 2 倍于牛的速度行走远得多的路程。它们的速度比驴快，哪怕不用喝水，也能在酷热的环境下行走很远的距离。很少有其他动物对历史产生过更为深远的影响。

终极沙漠驮畜

骆驼的一系列生理适应能力使它们不用喝水还能长时间生存。大量的脂肪积聚于驼峰，而非分布于全身各处，从而最大限度地降低了隔热效应。它们的红细胞呈椭圆形，而非圆形，在脱水状态下，能够保障细胞更顺畅地流动。同样的细胞也能使骆驼在极短的时间内摄取大量的水。一头 600 千克重的骆驼能在 3 分钟内喝 200 升水。由于复杂的动脉和静脉彼此靠得很近，它们也能承受沙漠气温的大幅波动。脱水状态下，它们可以减少 1/4 的体重，而其他哺乳动物只能减少 12% 至 14%。厚实的皮毛和修长的腿能够保护它们免受地面高温的烘烤。它们嘴皮坚韧，能以多刺的沙漠植物为食。骆驼行走的步态能够防止其陷进沙地，第三层眼皮能阻挡灰尘进入眼睛。从来没有哪种动物能够更好地适应干旱和半干旱土地上的生活，也没有哪种动物比它更适合驮运货物。

驯化骆驼

到公元前 3000 年，人类的大量捕杀使非洲、西南亚和中亚的野生骆驼处于灭绝的边缘。[1] 谁是首先驯化骆驼的人仍然是个不解之谜。历史学家理查德·布利特（Richard Bulliet）认为，最早驯化骆驼的人是生活在阿拉伯南部海岸的狩猎族群。他们在那里以海洋食物为生，偶尔猎杀几头骆驼，它们所适应的酷热环境让捕食者无法生存。典型的场景应该是这样的——孤立的骆驼群并不惧怕生活在附近的人类，人们与小群和个体骆驼的关系越来越紧密，然后就开始圈养温顺的母骆驼和它们的幼崽。那么，究竟为什么要驯化骆驼呢？考虑到干旱的环境，布利特认为，人们在驯化之初并没有想过要获得肉食，而是为了获取今天的索马里人和其他一些人普遍饮用的骆驼奶。这一转变是何时发生的只能靠猜测——可能在公元前 3000 年至公元前 2500 年。

人们既然对奶有着大量需求，可能就没有必要用骆驼驮运货物或把它们作为骑乘工具，直到猎人彻底变成牧民，需要解决寻找牧场的现实问题时为止。可能就是在这个时候，他们才将已经驯化的骆驼作为驮畜，至少用来兼做驮畜。他们的骆驼不仅提供奶，而且还在美索不达米亚和尼罗河流域远离城市的地方将行李从一个营地运往另一个营地。过了几个世纪，骆驼才被更多的人使用，尽管人们肯定早已知道这种动物。公元前 2500 年至公元前 1400 年，地中海东部沿岸的尼罗河流域及更加偏远的地区出现过对骆驼的简单描述。人们在埃及石膏制品中发现的一条残缺驼绒绳可追溯到公元前 2500 年，当然，它也可能是来自红海对岸的舶来品。[2] 最大的可能是，几只骆驼从阿拉伯南部偶然运进了一些货物，但是，骆驼在更远的北边没有进行过繁殖。人们在以色列南部阿拉瓦谷地（Aravah Valley）的一个 9 世纪时的铜矿遗址上还发现了骆驼骨骼。骆驼革命的最终催化剂——这话毫不夸张——是阿拉伯的香料贸易。

乳香的诱惑和驼鞍革命

乳香是一种从坚硬的乳香树（Boswellia）中提取的价值极高的芳香树脂，乳香树大量生长于阿拉伯南部以及非洲之角附近的索科特拉岛（Socotra）。埃及、美索不达米亚和整个西南亚对乳香永无止境的需求创造出利润丰厚的国际市场，由船只和骆驼提供运输。几千年来，埃及人就将乳香制成描眼膏和神庙用的香烛。上埃及卢克索的哈特谢普苏特女王神庙中有一幅著名的神殿壁画，记录了公元前 1458 年沿红海直到蓬特之地（可能是索马里）的一次海上贸易探险活动。我们可以看到水手们将一袋袋乳香装上船。帆船在红海上航行非常危险，这里不仅逆风强劲，而且海盗猖獗，而海盗问题至今仍困扰着这片海域。因此，一条艰难的陆路通道沿着红海东岸形成了。在闪米特商人的经营下，利润巨大的香料贸易迅速发展壮大。到公元前 1200 年，骆驼的育种繁殖在阿拉伯以外的地区已形成气候。由于缺乏真正实用的驮货鞍座，这项贸易受到了极大的限制。

　　几个世纪以来，唯一的驼鞍不过是一块拴在绳子上的垫子。现在香料贸易商不得不考虑驼峰的问题。[3] 理论上来说，人们完全可以将货物放置在驼峰的上面，但是在沙漠中旅行，驼峰会逐渐萎缩。最早的鞍是放在尾部的垫子，用一根向前延伸的肚带固定。有了这种鞍垫，驼夫就能骑着骆驼行走很远的距离。这项实验获得了成功。公元前 1 千纪的亚述时代，骆驼在美索不达米亚已经普及，不仅在香料贸易中被大量使用，驰骋战场的骆驼也越来越多。在亚述国王提革拉毗列色（Tiglath-Pileser）统治期间（公元前 745—公元前 727），据说，从女王赛木西（Samsi）等阿拉伯统治者处获得的战利品包括 30 000 头骆驼、20 000 头牛和 5 000 捆香料，数量十分庞大。

　　另一种驼鞍也应运而生，它是一种围着驼峰放置的马蹄形鞍垫，上面的鞍穹和水平横杆可以用作捆绑货物的支架。这种驼鞍可能源于战略需要，骑手可以坐在上面打仗。基于驼峰设计的驼鞍更加靠近骆驼脖子，便于骑手更好地控制骆驼。作战的骑手离地面也要高得多。为什么会有两种不同类型的驼鞍呢？可能放在尾部的驼鞍是为了驮载货物，而基于驼峰的设计是出于军事目的。没有艺术家为我们留下这方面的记录。在实际运用中，无论是对长矛兵还是对弓箭手来说，骆驼都不是安全可靠的作战平台，因此它们主要被用来驮载军用物资。

　　公元前 500 年至公元前 100 年迎来了骆驼革命，一种新型驼鞍改变了沙漠的历史进程。理查德·布利特以发明的地点将它命名为北阿拉伯驼鞍。[4] 两个倒 V 字形的巨大拱架被置于两块鞍垫

图阿雷格（Toureg）游牧民和装有北阿拉伯驼鞍的骆驼

上，驼峰前后各一个，用横杆连接，形成一个驼峰居中的坚固框架。骑手坐在架子上的衬垫上，<u>重量不是压在驼峰上</u>，而是均匀地分布到骆驼两边的肋骨部位。如果驮载的是货物而不是人，你只要将两袋货物放在架子的两侧即可。

有人断言，古代的发明以简单的因果关系彻底改变了历史，下这样的结论十分容易，但是只有当骆驼育种师融入更加广阔的社会时，北阿拉伯驼鞍对历史的全面影响才到来。这并不是件容易的事，因为农民和城市居民对沙漠游牧民有着根深蒂固的偏见。

模糊了沙漠和耕地之间的界线

即使有了驼鞍，手持弓箭的沙漠劫匪也不是装备铁制武器的商队护卫的对手。贸易活动产生的利润全部进了商人的腰包，向他们兜售或出租牲口的游牧民却两手空空。公元前 2 世纪期间，获得了锋利长矛的劫匪骑着装有北阿拉伯驼鞍的骆驼长驱直入，军事平衡发生了改变。生活在沙漠北缘的人们，如纳巴泰人[*]，具备了控制沙漠贸易的能力。早在公元前 332 年，他们就在今约旦南部的佩特拉（Petra）建立了一座商贸城市。希腊地理学家斯特拉波曾说："纳巴泰人不擅长武艺，而更擅长经商。"[5]佩特拉很可能控制了阿拉伯贸易路线的北段。[6]

　　105 年，图拉真皇帝将佩特拉纳入罗马帝国版图，大部分贸易转移到今叙利亚南部的布斯拉（Bosra）以北，因而该地发展成为罗马时期一座繁荣的商贸城市。[7]到公元 2 世纪，帕尔米拉^{**}这样的城市迅速崛起，成为地中海和幼发拉底河之间商队贸易中转站。公元 2 世纪，随着基督教的兴起，香料贸易开始下滑，世界上形成了四类商业城市：制造中心、消费城市、作为交通枢纽的转运地以及海关之类的税费征收地。麦加成为最著名的组织中心。那里的统治者迫使当地部落靠与商队合作发财，而不是靠抢劫发财。作为重要神殿的所在地，麦加远离各主要帝国的势力范围，早在公元 8 世纪伊斯兰世界崛起之前就实现了高度繁荣。

　　到公元 4 世纪，阿拉伯商人不仅用骆驼来装备商队——毕竟受到贸易规模的限制——而且还用它们来参与东罗马帝国运输业务的竞争，因为这个帝国已经与沙漠更加紧密地融合在一起。骆驼可以驮载毛石，从地里运粮，将货物驮运到市场，与轮式车辆

---

[*]　　纳巴泰人（Nabataeans），伊斯兰教诞生的几个世纪前，这些纳巴泰阿拉伯人控制着今约旦和沙特西北部地区。

^{**}　帕尔米拉（Palmyra），叙利亚中部的一个重要古代城市，位于大马士革东北 215 千米，幼发拉底河西南 120 千米处。它是商队穿越叙利亚沙漠的重要中转站，也是重要的商业中心。

相比，它们能够穿越更为艰难的地形，这极大提高了运输的可靠性。到罗马时代晚期，将草料和制造车辆的成本计算在内，骆驼运输的成本要比马车运输低20%。军事力量的变化、沙漠和耕地之间古老文化壁垒的消除以及北阿拉伯驼鞍的出现意味着在东地中海的大片土地上骆驼取代了轮式车辆，成为主要的运输工具。早在伊斯兰世界崛起之前，骆驼、驴和骡子就已经是城市居民、农民、沙漠游牧民及军队的主要运输力量。

深入撒哈拉

　　古代埃及人居住在一个狭长的王国里，货物和人员运输通过南北水路进行。正如我们所知，驴在埃及贸易中发挥了重要作用，它们将香料和其他商品从红海之滨的港口运到尼罗河及河西的绿洲，甚至遥远的乍得湖地区。骆驼及繁殖和驾驭骆驼的经验跨过红海传到了埃及，可能是在托勒密王朝时期从埃及港口米奥斯贺尔莫斯*对岸的莱乌切科美**港传入。骆驼在非洲的繁殖可能开始于红海和尼罗河之间的内陆地区，然后传入苏丹。到公元前2世纪和公元前1世纪时，尼罗河谷以东的沙漠商路上就出现过骆驼商队，但是在罗马时代之前，苏丹东北部的贝贾人（Beja）等本土部族比阿拉伯骆驼游牧民拥有更加强大的军事和政治力量。骆驼在定

---

*　米奥斯贺尔莫斯（Myos Hormos），现在埃及的库赛尔港。

**　莱乌切科美（Leuce Come），意为白村（white village），纳巴泰人在红海上的重要贸易中转港口。这是一座已经消失的古城，位于今沙特阿拉伯的红海沿岸，具体位置仍无定论。

居土地上的运输经济中发挥着越来越重要的作用。

　　在这里，又有一种新型驼鞍派上了用场。不同于北阿拉伯驼鞍的军事用途，撒哈拉驼鞍是为了满足长距离骑乘的需要。坐在这样的装置上，骑手可以用脚对骆驼的颈部施加压力，从而达到控制骆驼的目的。这种驼鞍由北阿拉伯驼鞍演变而来，当时的骆驼游牧民通过一条没有太多屏障的沙漠通道，从尼罗河一路西行，穿越南撒哈拉沙漠，抵达遥远的毛里塔尼亚（Mauretania）。

　　骆驼传入北非的时间一直颇受争议，但是沿海地区很少甚至没有商队运输，因为这里的人们通常更喜欢水路出行。最大的可能是，骆驼通过沙漠抵达北非，最后从苏丹地区传入。起初，骆驼的数量有限，罗马人通过和沙漠游牧民的零星交往获得了少量骆驼。直到公元 1 世纪或 2 世纪，罗马人才开始大量获取这种牲畜。他们对商队不感兴趣，也不喜欢喝骆驼奶，而是将它们用于其他目的。他们需要役畜为他们牵引车辆，以及在的黎波里塔尼亚（Tripolitania）和南突尼斯为他们耕种坚硬的土地，也需要将它们用于战争。蹲伏的骆驼围成一圈，可以为步兵组成有效的临时防御阵地。对罗马人而言，骆驼是一种驮畜、一种商品，而不是像柏柏尔游牧民认为的那样，是一种珍贵的骑乘工具。[8]

摩尔人的黄金贸易

　　没有人知道骆驼商队最早是在什么时候穿越中西部撒哈拉沙漠的，但时间肯定是在 7 世纪伊斯兰军队征服北非之前。曾经模糊难辨的小道现已成为穆斯林商人控制的繁忙商路，他们的远见

驼夫引领下的撒哈拉驼队

卓识令前人望尘莫及。所谓"摩尔人的黄金贸易"由此诞生。[9]
每年秋季,骆驼商队从摩洛哥的斯基玛萨(Sijilmassa)向南跋涉
到马里北部的塔阿扎(Taghaza),从附近的矿区装运饼盐。西
非农民没有本地供应的食盐,不管是过去还是现在,食盐对他们
来说都是极为珍贵的商品。商队沿着熟悉的小道从塔阿扎前往加
纳的瓦拉塔(Walata)和中尼日尔河上的杰尼(Jenne)。他们在
那里装运从塞内加尔河邦布克(Bambuk)地区的金砂中开采的
金粉。[10]

　　大小不一的商队(qualafil)在撒哈拉沙漠穿行了几个世纪。大
型商队由几千头骆驼组成,行进中的队列浩浩荡荡,绵延几千米。[11]
人们的脑海里常会出现沙漠小道上永恒不变的画面:骆驼在完全
干旱的土地上稳步前行,从不东张西望。没有什么比这样的想
法离事实更远的了。他们要面对极其残酷的现实。商队完全受变
化无常的沙漠所摆布,环境和气候条件每年、每月都在发生变化。

农时日历和酷暑决定商队的行动季节，一般从10月到第二年的3月。大部分商队黎明开拔，中午刚过就扎营祷告。很多商队选择夜间旅行。正常情况下，每天大约能行走34千米，然而正常的日子并不存在，因为大风、崎岖的地形和骆驼数量的变化司空见惯。

商队成员赶着骆驼在乏味的土地上穿行，一路上海市蜃楼已不再稀奇，阴霾遮挡了地平线。无聊消磨着人的心智，脱水和疲惫考验着他们的身体。1858年，旅行家马多彻·阿比·塞努尔（Mardochée Aby Serour）抱怨说："大地如白纸般一成不变，像水晶反射的亮光刺痛人们的眼睛。"[12]他还说，骆粪看上去就像远处有人在骑行。当然，相对来说，人们可能知道有些地方更容易找到水和草场，但是，稀缺的降雨和草地一年不同于一年，行走路线随之变化无常。每一个商队都要搜集水塘和牧场的情报。不同领队、商人和代理人之间存在着高度的信任，其中一些人联合起来，组成了更大、更安全的商队。商队成员分享对于路线方案、潜在市场的信息以及沿途相关政局变动的见解。

商队中的向导根据自己在地形地貌、水源供应和近期环境条件方面的渊博知识提出专业建议。许多向导擅长发现动物和潜在敌对游牧民的踪迹，还能识别最不显眼的路标。14世纪阿拉伯旅行家伊本·白图泰对其向导的技能惊叹不已："他瞎了一只眼，另一只病变，认路的本事却无人能及。"[13]每一名向导都必须通过仰望天空找到前进的方向。北极星的位置永恒不变，能够为旅行者指明正确的方向。撒哈拉向导能够识别夜空中的星座，并利用它们确定自己的位置，计算走过的路程。天空一般清澈无云，但如果沙尘暴来袭，商队就会像太平洋中的水手那样迷失方向。

极端高温、海市蜃楼、口干舌燥、劫匪突袭，以及沙尘暴——商队成员自幼便懂得沙漠贸易的艰难，然而他们却无法摆脱这样的宿命。除了骆驼和驼夫，还有很多人支撑着艰难跋涉的骆驼商队。一个个家庭、整个居民区、富裕的商贾以及育种人员都在这项贸易中发挥着重要作用。而现如今，这项贸易几乎完全消失在卡车和柴油引擎的轰鸣声中。只有极少的商队和磷火般的生动回忆留存下来。

这样的旅行绝非闲庭信步，旅人随时有中暑和脱水的危险。除此以外，裹着头帕的沙漠游牧民随时可能突然发起攻击。安全取决于数量和考虑周全的后勤组织，因为运载的货物越多，利润也就越大。早在 8 世纪，西非的黄金就在伊斯兰世界家喻户晓，它为战争提供了资金，并给伊斯兰世界带来了巨大财富。到 12 世纪，一些商队有 1 200 头至 2 000 头骆驼的规模。1324 年 7 月，埃及苏丹迎来了一位真正的外国贵宾，来自西非马里王国的统治者芒萨姆萨（Mansa Musa）。他带着几百头骆驼和无数名奴隶，队伍浩浩荡荡。马里人将如此之多的黄金注入埃及经济，以至于有些年份，这种最为珍贵的金属价格竟然下降了 25%。在哥伦布扬帆西行之前，芒萨姆萨和他的继任者向欧洲提供的黄金占整个欧洲黄金数量的 2/3。对黄金和食盐的需求如此之大，以至于在葡萄牙船队登陆西非及黄金从美洲矿区流入欧洲之后的很长时间，仍有商队穿梭于撒哈拉沙漠。

最后残存下来的贸易活动甚至延续到 21 世纪。骆驼商队将撒哈拉腹地陶代尼（Taoudenni）的盐矿与沙漠南缘尼日尔河附近的廷巴克图（Timbuktu）连接起来（见插叙"运盐的商队"）。[14]

运盐的商队

四轮柴油卡车就是今天的撒哈拉骆驼，但是少数古代商队贸易的残余仍然存在。骆驼仍然从马里运输饼盐，每头驮载 4 块，抵达目的地时，驼夫自己留 1 块。骆驼商队还能延续多久是一个显而易见的问题，因为卡车司机提前支付货款，而且价格一直在下跌。但至少骆驼不需要柴油和昂贵的维修。

12 世纪，有伊斯兰商人在最遥远的沙漠深处发现了丰富的盐矿，至少在这之后的好几百年里，食盐一直是撒哈拉的黄金。这种极为常见的物质对你我来说似乎并不像黄金那么稀罕，然而对于主要以碳水化合物饮食为生的热带农民来说，即使是一小袋盐也至关重要。每年冬季，几千头骆驼将大块的撒哈拉盐驮运到沙漠南缘的廷巴克图。一旦抵达廷巴克图，这些盐就被用船运到下游河滨城市莫普提（Mopti），并被装成小包，在萨赫勒地区的其他市场销售。

图阿雷格人将这些季节性商队称为阿扎莱（Azalai）。传统上，这些商队从廷巴克图出发，向北行进 800 千米抵达马里北部的陶代尼盐矿。有一段时期，阿扎莱除了从廷巴克图到陶代尼外，还一度向北到了另一个产盐区塔阿扎，最后到达了地中海。多达 10 000 头骆驼的商队带着黄金和奴隶一路北上，返程时将盐运回南方。规模宏大的商队来回穿越遥远而枯燥的沙漠。1939 年至 1940 年冬季的那批商队用 4 000 多头骆驼运输了 35 000 块饼盐。时至今日，盐产量开始下降。然而，出乎意料的是，骆驼商队却一直延续至今。当然，规模已今非昔比，商队每周使用的骆驼只有50头。然而，商队的惯例却从未改变，大部分旅行仍在夜间进行。这800千米的路程正好穿过地球上最炎热、最单调的沙丘地貌，需要大约14天时间才能完成。

无论如何，陶代尼也算不上一个能给人带来愉悦的地方。几十年里，在世界上最炎热的地区之一，一个作为罪犯流放地的小村落坐落在古老的湖床上。这里的夏季气温高达40摄氏度，冬季平均最高气温27摄氏度。160多千米无情的撒哈拉沙漠带将这里的居民孤立于任何大小的时尚中心之外。陶代尼干旱、多风，每年大概只有4天降雨，唯一的财富就是饼盐。几个世纪的开采留下了成千上万个洞穴状矿坑，散落在盐湖的湖床上，每个矿坑大约4米深，由3人一组的矿工挖就而成，这些矿工通常是契约仆役。劣质盐和红土层下面蕴藏着三层高品质的食盐。工人们用简陋的斧头将盐切割成每块30千克重、5厘米厚的矩形盐块。骆驼将这些盐块运到廷巴克图，每头驮4块，盐块被叠放在驼鞍上，其中一块归驼夫所有。每个人都小心翼翼，避免将盐块打碎，因为那样的话，盐的价格就会大打折扣。盐矿的开采在凉爽的冬季进行，矿工们居住在用劣质盐块垒成的简陋窝棚里。

商队的旅行与世隔绝，神秘莫测，穿越单调的沙丘常常会扭曲人们对距离的判断。几千平方千米的土地寸草不生。水的数量以滴而非升来计算。向导带领骆驼从一个水塘走到另一个水塘，他只能依靠风、天上的星星和沙子颜色的细微变化识别方向。他对行进路线了如指掌，他的沙漠领航知识可以追溯到几个世纪以前。每名向导都要根据测算开展工作，认真记录日期和距离。错过水塘几乎就是死路一条。年轻的驼夫，有些还是孩子，担当起"牵夫"的职责。他们在向导的指导下带领驼队前进。地平线和沙丘总是变化无常，无论年龄多小，他们都对沙漠的危险心知肚明。最大的问题是草料和水，为此，商队每隔几天就会在途中留下一些干草，以备回程之需。他们倾向于在清晨和傍晚旅行，以避开中午的热浪，而夜间行走也是常有之事。这种与世隔绝的旅行意义重大，远不只是回到中世纪骆驼商队的世界。对年轻的牵夫来说，这是一趟精神之旅，也是朝圣之旅，能引领他们走近真主的世界。他们经受的苦难和恐惧使他们获得了强大的精神觉醒，在特殊环境中，他们获得了认识自己的机会，这种环境就是一些伊斯兰圣人所说的灵魂的镜子。

丝绸之路上的骆驼

约公元前 2500 年，生活在伊朗和土库曼斯坦山区和高原地区的游牧民驯化了双峰骆驼。[15] 繁殖这种动物的手艺穿过伊朗高原，传到中亚和美索不达米亚，那里的亚述人将这种动物作为战利品刻在浅浮雕上。许多这样的骆驼被用来拉车。

双峰驼能够更好地适应寒冷的环境，成为欧亚丝绸之路上的主力军，特别是在公元 1 世纪，当时汉朝和伊朗东北部帕提亚人（Parthians）之间的贸易活动风生水起。在美索不达米亚南部的育种场，一些牧民将单峰驼和双峰驼进行杂交，由此培育出的单峰驼成为一种力大无比、令人生畏的驮畜。根据希腊作家狄奥多罗斯的记述，有些杂交单峰驼能够驮载近 410 千克重的货物。最后，丝绸之路上的商队在更为炎热的地区大多依靠杂交驼运输，而在阿尔泰山和兴都库什山脉这样的寒冷地区则使用更耐寒的双峰驼。

欧亚大陆的骆驼商队是如何旅行的？

被机动车辆代替之前，欧亚大陆上骆驼商队的旅行会是什么样子呢？旅行家兼作家欧文·拉铁摩尔（Owen Lattimore）为我们提供了罕见的第一手资料。[16] 20 世纪 20 年代，他和一个从中国东部出发的商队一同旅行，穿越戈壁滩，最后抵达蒙古。这些双峰驼以大约 18 头骆驼为一个纵队前进，每队由一名牵夫带领。商队的队长负责带路，他相当于轮船上的船长，说的话就是法律。每一个纵队领头的骆驼鼻子上都有一个木制挂钩，在行进的过程中，牵夫用一根拴在挂钩上的引导绳牵着这头骆驼。类似的绳子也将领头骆驼和后面的骆驼连在一起。

牵夫并不是一项简单的工作。他要为骆驼的健康负责，让它们远离有毒植物，并为它们寻找最好的牧场。牵夫负责处理负重造成的疼痛和轻微损伤，确保货物正常交接，避免骆驼饮水过多。他们还要保障骆驼的夜间安全，为它们提供充分的保护，避免冬季暴风雪对它们造成伤害。在骆驼身上装货本身就是一项艺

伟大的共存：改变人类历史的 8 个动物伙伴

术，传教士盖群英和冯贵石对此有过详尽的描述，她们于 20 世纪
20 年代在这一地区进行过广泛旅行："给骆驼装货时，当第一包
东西被放到它的背上时，它就开始抱怨，并一直持续不停，直到
货物的重量达到它的驮载能力极限。然而，一旦重量超过它的能
力极限，抱怨就会立刻停止。"[17]

　　商队为驼夫和所有旅客携带食物和茶叶，还有干豌豆和大麦，
这些是能为骆驼找到的最便宜的食物。拉铁摩尔听别人估计，每
100 头骆驼驮载货物，就需要 30 头骆驼驮运草料。用来卖钱的货
物包括棉花、羊毛和茶叶等商品，以及用来出售的工业制品。另外，
商队还携带一些奇异之物，比如和田玉、具有极高中药价值的麋
鹿角，甚至死去商队队员和商人的遗骸也与特殊商队同行——至
少他们的遗骨会被带走，因为死者尸体会被临时掩埋，直到腐肉
从骨头上脱落。另外，他们还在晚上偷偷运送鸦片。夏季，在骆
驼换毛的时候，主人通过出售驼毛可以获得额外利润。在拉铁摩
尔生活的年代，驼夫从俄国内战后被流放的"白俄人"那里学会
了针织。旅行途中，如果发现用来织毛衣的羊毛不够用，他们只
需要从身边的骆驼身上拔一些驼毛，然后将其搓成毛线，就可以
继续织了。

　　拉铁摩尔发现，商队每天行走 16 千米至 40 千米，按照牵夫
步行的速度前进。每天行走的距离取决于地形、天气和水供应情况。
中国驼队前进的速度不如蒙古驼队，后者的优势在于，他们能从
附近的牧群中更换新的骆驼。拉铁摩尔陶醉于那种生活之中："我
已习惯在晚上任何时候安营扎寨，能吃信手拈来的任何东西，并
在任何能容身的地方睡觉。"他还具有从细微处感知地理环境的

宝贵天赋。"一位出色的蒙古驼夫马上就能辨别骆驼是不是来自一个努塔克（nutak），也就是一个移民之乡，因为那个地方的夏季对骆驼来说有点太过炎热；他也能说出一头奶牛是繁殖于高山草场、开阔的沙化平原，还是湿润峡谷中的碧绿牧场。"[18]

几百年来，骆驼游牧民掌握了微妙的生态知识，对周围的环境和饲养的牲畜了如指掌。拉铁摩尔是从老人那里得知这些的，老人们在夜间旅行时，能识别道路上或某个地方泥土的"气味"。他们从骆驼背上下来，抓起一把泥土，闻一闻，说："不对，这不是我们要走的路，我们的路在另一头。"[19] 即使在晚上，他们也知道自己要走的路，知道自己和不同的土壤与植被的关系。

商队队长及牵夫用丰富的词语描述不同的地貌和他们使用的动物。蒙古人能够背出骆驼或马匹的年龄、颜色及个体特征，准确程度令人难以置信。无论是过去还是现在，蒙古人描述各种不同的山丘、山脊、平原、水体、溪流和山泉时都有一整套词汇。口头经验指引人们穿越没有明显特点的土地，从一个毫不起眼的地标到另一个地标。这些地标用石堆（obas）垒就，它们具有神圣的地理意义，不同土地以分水岭而非峡谷来确定，因为牧场也是以这样的方式确定的。

因此，实际情况是，沙漠商队，无论处在什么地方，都会利用微妙的提示物帮助他们找到穿越贫瘠土地的道路。那些管理商队的人通过识别天体的位置为队伍导航，就像太平洋里的独木舟船长用同样的知识在看不见陆地的大海上航行那样。我们忍不住要将其与传统水手做比较：行为高度保守，对环境及其"情绪"密切了解，对遥远而人迹罕至地区的牧场和水供应情况有着丰富的知识。骆驼是真正的沙漠之舟，但是它们不受风浪左右，而是听命于人类向导的指引。骆驼驮载货物；人类带领它们寻找牧场和水。这种简单的伙伴关系诞生于生存的需要，至少延续了2 000年。

如果说驴大规模地开启了商队贸易的全球化进程，那么骆驼则进一步将这一进程推而广之，将非洲和亚洲的财富带到了欧洲，甚至更远的地方。尽管我们已经进入汽车和航空运输时代，但驼队贸易并没有因此而绝迹，这说明人与骆驼的伙伴关系在偏远沙漠运输的极端环境中具有顽强生命力。

第七部分

工业时代：选择性仁慈

第十四章

人类可以主宰动物？

    1380 年冬末，英格兰西部。雨不停地下着，一列驮运马队低着头冒雨稳步前行，马蹄在狭小的道路上溅起阵阵泥浆。结实的绳子将大捆的粮食固定在马背上，装满货物的驮筐悬挂在马身体两侧。马夫裹紧身上潮湿的皮革披风，走在曲折的小路上，一路少言寡语。雨水从树梢滴落，在树木挤压下，小径更显狭窄，前方有一座石桥，湍急的溪水从桥下流过。一位青年在前方引路。马匹排成单列，耐心地跟在他的身后，两侧低矮的栏杆并不妨碍货物通行。在这潮湿、寒冷的冬日，与更为常见的危险而湿滑的木桥相比，过这样的桥已经很幸运了。木头燃烧的烟味扑鼻而来，狗叫声不绝于耳，教堂的钟声响起，为一名归西的妇女送行。马夫们领着马匹，拐进附近的院落，开始卸货。他们将粮食一袋一袋地堆放在旁边的仓库里，准备第二天送往市场销售。

    生活在这个集镇上的人们，没有谁会对这些疲惫的马匹多看一眼。和所有其他人一样，无论是工匠、农民还是商人，为获

大约 1812 年，英格兰诺森伯兰郡驮运木材的马匹

取食物、衣服和交通工具，这里的居民严重依赖动物，特别是牛、绵羊和马。有人估计，中世纪的欧洲人在使用牲畜时所做的功是同一时期中华文明的 5 倍。*

战马是中世纪欧洲最值钱的动物，农业和封建制度为那个社会的骑士提供了有力的支持。拥有训练有素的战马就意味着拥有了个人地位，这是由仗义行侠的神话以及骑士和战马的共同奉献决定的。战马的生活状况与作为力畜的马匹截然不同，到 12 世纪，

---

* 在本章以及第十五章至第十八章中，我的叙述主要针对英国，这样似乎对世界其他地区有失公允。我之所以刻意这样做，完全是基于我所能获得的文献资料、空间限制以及语言技能。当然，就动物而言，世界其他地区也有丰富的文献资料。其中很大部分，但不是全部，所反映的情况与这几章所述并无冲突。——作者注

马匹在法国取代了笨拙的牛，成为田间地头的主力军。后来，英格兰的情况发生了变化，为地主承担封建义务的农民在耕地时故意消极怠工。[1] 这一变化带来了重要创新，不卡喉咙的挽具和马蹄铁应运而生，这在北欧潮湿的气候条件下极为重要。三田轮耕制度[*]的实施使这一变革的推行更为容易。这使得农民除了种植黑麦以外，还能为他们的牲畜生产燕麦和其他草料。马匹干起活来比牛快，在更为陡峭、多石的土地上也能行走自如，从犁地和耙地到拉车运货，各种重活马都能胜任。但是，喂养和照料马匹的花费较为昂贵，而且马匹在劳作生涯结束后便失去了价值；而牛可以被催肥，并被作为肉食出售。起先，较为沉重的货物还是由牛负责运输，而当废寝忘食的马匹育种师推出更大、更壮的品种后，马匹的运输能力得到了显著提升。马匹对于大型农场和英格兰南部的松软白垩土特别实用。而在草场丰茂和土质坚硬的地方，牛占上风，马仅仅被用来拉车和耙地。与此同时，肉牛和绵羊为人们提供肉食、皮革和毛。欧洲对英格兰羊毛永无止境的需求导致很多地方的耕地被草场取代。从经济方面来看，这样做不无道理。为数很少的牧民就能管理数量众多的绵羊，只需要从谷物种植中抽出部分劳动即可。14 世纪中叶，羊毛为英格兰王室贡献了5% 的收入。每个英格兰人都吃羊肉，但不吃马肉，特别是有影响力的人物认为，他们骑过的马既高贵又与人过于亲近，教士和贵族都不宜食用。仿佛那些珍贵的马匹就是人类。

---

* 三田轮耕制度，欧洲中世纪及近代早期使用的农田轮耕制度。村子里的可耕地被分成 3 块，不同季节种植不同的农作物，同一块农田只能连续种两年，第三年休耕，以保持土壤的肥力。

紧凑的搬运工

考虑到昂贵的费用，农场主和农村劳动者用于骑乘的马匹相对较少。有些人只养一匹马，作为主妇赶集时的交通工具，或者给它装上驮包和驮篮，来运输玉米、柴禾等各种物品。有了马，人的视野就开阔了，人们的生活半径便不再局限于村子周围的狭小空间；有了马，主人就能骑着它日行 48 千米至 64 千米，而商人就能在更加广阔的地区服务顾客。农庄里的马匹大多被用来拉货、犁地和收获庄稼。它们还能驱动矿井里的排水机械，操作磨坊，将货物从港口和河流运到内陆城镇和乡村。乘用马的数量无规律增长，一直持续到 18 世纪，此时，在英格兰沼泽的东部边缘，一个教区 86% 的家庭都有了马匹，并经常骑马。这说明农村家庭的生活水平在不断提高。

到了 16 世纪，英格兰的马匹大多体型较为矮小，不如爱尔兰和苏格兰马那么受人欢迎，后者"速度快捷，体格强壮，能够忍耐艰苦的劳动"。[2] 多数作为役畜的马匹身材紧凑，比例协调，适合 17 世纪古文物研究者威廉·卡姆登（William Camden）的那种长途旅行，他曾骑马走遍英伦，调查英国历史。从卡姆登时代一直到 18 世纪初，英国都使用小型驮用马。

小型、紧凑的驮用马驮载量相对较小，然而，在崎岖的地域、山地及泥泞的道路上，它们是理想的驮畜，而宽阔的马路在这种地方难以贯通。这样的马喂养成本较低，价格也比大型马匹便宜。就像毛驴商队那样，在运输途中，马匹的增加或减少是常有之事。它们比拉车的大型挽马跑得更快，但是每千米的运输成本也比大型马匹和马车更高。驮用马队将各种货物运到伦敦，直到 18 世纪还十分普遍。后来，收费公路的兴起大大改进了道路状况和挽马的运输条件。当然，最佳的运输方式仍然是水路，散装货物可以漂流很远的距离。陆地运输要昂贵得多。例如，通过陆路运输煤炭，每 16 千米价格就翻一倍，因此在水路沿线开矿具有明显的商业优势。大量煤炭通过小型两轮马车或马背上的驮筐运输。

主要河流上具有战略地位的小城镇成为重要的商业中心。上泰晤士河上的莱奇莱德（Lechlade）成为格罗斯特（Gloucester）和其他城镇出产的布匹和奶酪的集散地。城里主要的奶酪市场吸引了 140 辆至 200 辆马车，还有无数货物由马驮入城内。马匹也沿着河岸逆水迎风拖拉驳船，这是工业革命时期在运河上迅速发展的马拉驳船的前身。有些煤田修建了木制马车道，运营商可以从矿井口将更大吨位的煤运送到若干千米以外的分销点、港口及河岸。

到 17、18 世纪，种类越来越多的商品和货物通过公路进行运输，其中包括整车运往城镇市场的玉米。一个多世纪前，威廉·卡姆登在看了英格兰南部沃敏斯特（Warminster）的玉米市场后感叹道：“很难相信每周运到此地销售的玉米数量如此之大。”[3] 纺织品也是一种主要通过陆路运输的货物，既有已经是成品的布匹，也有还需要加工的原材料。交通运输量达到了如此程度，以至于早在 1600 年，从伦敦到约克和其他北方城市之间就已经开通了定期运输服务。公路马车运输成为一项重要业务，尽管沿途危险重重，特别是要面对拦路抢劫的盗匪。长途运营商启用护卫队，以防不测。

驮用马小巧而强壮，它们通常会被阉割，这样就更容易被驾驭。

最终的分析结论是，从经济方面来说，它们是驴和骆驼的改良升级版，直到 18 世纪以前，在英国都是稀有之物。对缺乏大型挽用马的承运商来说，两轮马车是不二之选，尽管 16 世纪中期后，四轮马车已在英格兰逐渐普及。四轮马车需要更加高大的马，它们除了拉车，还要耕地。一匹理想的马要"干活卖力，马蹄抓地稳健，拉货力量十足"。[4]

绅士的象征

　　君王、富裕的贵族和上层阶级生活在另一个马的世界里。他们经常骑着骏马东奔西走。与同动物一道为生计奔波的劳动人民截然不同，精英集团将优良的骑术视为绅士的象征，将马的所有权作为社会地位的标志。这些人赏识并珍爱自己的马。

　　精英们常常拥有几十匹马。1547 年，亨利八世去世时，他以巨大的支出在全国的马厩里养着 1 000 多匹马，由一群马夫、铁匠和驯马师专门照料。他鼓励在大庄园里培育大型马匹，并得到了贵族的效仿。关于骑术的书籍大量出现。大批地主借用别人的种马与自家的母马交配。实用育种经验在马匹主人之间传播，人们的选择也多种多样。沃里克郡（Warwickshire）的一位育种师发誓说："宁可少而精，绝不以次充好。"亨利八世鼓励从外国进口良马进行杂交。强壮的弗兰德母马改良了英格兰挽用马（挽用马被用来犁地或牵引货车）。仅在 1572 年，英格兰人就从荷兰进口了400 匹种用母马。来自那不勒斯王国的骏马(速度快,常被用作战马)非常适合在游行仪式中使用。有着摩尔马和柏柏尔马血统的轻型安达卢西亚马（轻型阿拉伯马）是理想的普通乘用马，在骑兵中被广泛使用。

良马能给主人带来强大的气势。国王詹姆士一世对他的儿子亨利王子说："只要成为一名公正、优秀的骑士，你就是一位优于其他任何人的王子。"如果一位骑手能轻松优雅地驾驭"高头大马"，"他就能获得尊敬，令人刮目相看，从而脱离凡夫俗子，成为人中豪杰"。[5]气势如虹的骏马是君王和重要贵族们刻意营造的气场中必不可少的一部分。1520年，亨利八世在金衣之地[*]迎接法国国王弗朗索瓦一世，他一马当先走在队伍前列，后面跟着5 704名随从和3 224匹战马。这种对权力与财富的炫耀并没有镇住弗朗索瓦一世，他骑着一匹气宇轩昂的棕色战马走在前列，后面的侍从同样令人震撼。君王和贵族们的肖像刻画了他们身穿战袍、骑着骏马的形象。1633年，范戴克^{**}为查理一世国王完成了一幅画作，国王身着全套盔甲，脚蹬西班牙战马。他的驯马师年事已高，在一旁以敬畏的目光凝视着他。

马匹也具有外交货币的功能。亨利八世和法国联手，从西班牙控制的低地国家的弗兰德获取挽用马。国王对被作为礼物相赠的良马喜不自禁，尤其对意大利君主们赠送的骏马更是爱不释手，这些马是北非和东地中海地区高品质母马和种马的结晶。君主们继续相互赠送外交礼物，永远只有少数人从中获益。地主们用外

_*　金衣之地（Field of the Cloth of Gold），位于法国北部加来（Calais），当时是英王领地。

_{**}　范戴克（Van Dyck），弗兰德画家，巴洛克宫廷肖像画的创造者。1632年，范戴克迁至伦敦，被英王查理一世封为爵士，并被任命为"首席画家"。

国马育种，花掉的银子不计其数。结果，英国本地马的品种得到了显著改善。多数人从马匹交易市场买马，而贵族们倾向于从地位相当的朋友那里，或通过中介，私下购买更为昂贵的马。

到 17 世纪，壮观的马厩矗立在大型乡村宅院两侧，据说颇似"绅士们的宅邸"。[6] 光是饲养这些养尊处优的牲畜就耗资巨大，如果附近有高地牧场，那当然求之不得。具有最高声望的骏马来自东部，它们力量充沛，外形俊美，受到广泛追捧。17 世纪早期，这样的马越来越多地来到英国。1784 年 12 月，日记作者约翰·伊芙琳（John Evelyn）对伦敦海德公园里的 3 匹东方马羡慕不已。1 匹价值 500 金币的枣红马"漂亮匀称，无可挑剔，令人赏心悦目"。这 3 匹马"跑起来像雌鹿，健步如飞"。[7] 知名画家所画的阿拉伯马成为马类的偶像。它们性情活泼，但又不失温柔，只要被人善待，便能与人配合默契。因此，它们享有最佳的住所和待遇。这种进口马和本地马的后代产生了定义英国赛马的纯血马（thoroughbreds）。在这项运动中，人和马达到同心协力、完美配合的境界。贵族们为了获得珍贵的赛马大肆挥霍，而几百万普通百姓的生活却苦不堪言。

然而，无论马匹多么值钱，它们都是一种逐渐贬值的财富。曾经的宝马一旦变得年老体弱，富裕的主人很少会让它们在草原上获得善终。它们如果已经不能在生活中发挥应有的作用，就会遭到主人的无情抛弃。只要走到漫长生命的尽头，它们便一文不值，因为这是一个在餐桌上厌恶马肉的国度。年老力衰的马顶多值几个先令，马皮有点用处，而马肉可以用来喂狗。许多老马成为猎狐犬的美餐。传教士约翰·弗拉维尔（John Flavel）于 1669 年写道：

"它们遭到残忍对待，被弄死后丢到沟里喂狗。"[8] 可能这种做法起源于那句"拿去喂狗"的口头禅。马主人一时心血来潮，将自己心爱的马随意处理，使之变成了其他动物的盘中餐。

我们拥有对动物的支配权吗？

我们不应该对此大惊小怪，因为那个时代的人都是虔诚的信徒，基督教教义支配着人们对待动物的方式。《圣经》赋予了人类支配动物的权力，上帝创造动物本身就是为了满足人类的需要。在罗马人严重依靠役畜获取食物和运输货物之前，《圣经》的教义早已明确下来。个体动物可能会受到主人的喜爱，但是最终它们只能沦为食物或无偿劳动力。役畜的大量存在似乎使人们更加确信，动物本来就应该为人类服务。很多人认为，一些动物有着服从人类的本性。清教牧师耶利米·伯勒斯（Jeremiah Burroughes）在 1643 年写道："有时你会看到一个孩子赶着上百头牛……他可以随心所欲；这表明，上帝保留了人类对动物的支配权。"[9] 1705年，乔治·切恩（George Cheyne）医生甚至宣称，上帝之所以让马粪散发出甜美的气味，就是因为他知道人会和他们的马长时间相处。每一种动物都有其存在的目的，切恩这样写——令人生畏的动物是"我们的老师"，猿猴和鹦鹉是为了娱乐大众。甚至连马蝇也是上帝对人类聪明才智的考验——看看人有什么办法对付它们。造物主的设计绝对完美无缺；动物世界是他那宏伟计划的一部分。

然而，早已确定的教义在过去的几个世纪里发生了明显变化。

到 18 世纪，许多思想家认为，驯化有益于动物：牛和羊生活得更好，因为它们受到了保护，不再受捕食者的危害。屠宰动物是一种友善行为，这样可以避免动物因年老而遭罪，并为"更加高贵的动物"提供食物。动物没有理性，没有神授的权威，因此也就没有权利。当然，禁止谋杀的第六条诫命只适用于人类，与动物无关。传统基督教神学观点排斥对动物和自然界采取更为温和的态度，而这样的温和态度已融入东方的佛教和印度教等宗教思想中。基督教信仰以人类为中心，福音书中人类对动物的关爱责任没有受到重视，这一责任暗示着它们是上帝之约的一部分。因此，动物和人类之间形成了一道不可逾越的鸿沟。

动物有理性思维吗？

只有少数声音替动物说话，其中最著名的是法国政治家、作家米歇尔·德·蒙田（1533—1592），关于动物，他曾写道："如果我们不理解它们，这并没有什么大惊小怪的：无论我们是康沃尔人、威尔士人，还是爱尔兰人。"[10] 动物有着"全面、完整的交流体系"，并不比人类"野蛮"。17 世纪和 18 世纪，关于动物的大量讨论围绕着以下三个新兴趋势：现代活体解剖实验科学出现；动物作为食品，特别是为了满足日益增长的城市人口的需要而越来越商品化；印刷媒体广泛普及。

蒙田宣称，动物比人更有理性，这与法国哲学家笛卡儿（1596—1660）的观点反差强烈。[11] 这位学识深厚的绅士与西班牙前辈创立了一种理论，后来被称为笛卡儿主义。他声称，动物就像时钟，仅仅是工具，不会说话和推理，没有思想和灵魂。他的一些追随者们甚至认为，动物感觉不到疼痛。狗在被殴打时发出的哀号仅仅是一种外部反应，与内在感受毫无联系。笛卡儿主义将人类对待动物的方式合理化，特别是心狠手辣的活体解剖实验。17世纪60年代，活体解剖在当时的伦敦皇家学会（London's Royal Society）已成为一种常态化行为。在一旁见习的同伴欣赏着令人恐怖的场景，并验证最后的结果。在这些人的脑海里，这种残忍行为是完全正当的，因为人类独一无二，与动物截然不同，二者之间有天地之别。18世纪小说家及诗人奥利弗·哥尔德斯密斯（Oliver Goldsmith）写道："人类凌驾于动物之上，两者之间界线分明，标记清晰，不可逾越。"[12]

在那个探索遥远土地的时代，甚至一些被视为野兽或近似于野兽的人类也大量见诸报端。作为生活在热带天堂的"高贵野蛮人"，南太平洋上的塔希提人曾经有过短暂的知名度。其他人，如好望角的霍屯督人（Hottentots），成为典型的近似动物的人类，他们有着"猪的"习性，据说其散发出的呛人体味顺风飘来，在30步开外都能闻到。而在英国本土及附近，疯子们看起来都是些兽性大发的人，同时，人们常常用对待羊的方式去对待穷人和奴隶。至于农场工人或城市平民这样的普通百姓，只有马刺和皮鞭才能控制他们。马匹训练和儿童教育似乎成了一对恰如其分的类比。对于那些习惯于养牛的人来说，其领导权类似于牧羊人的职责。即使是那些最穷苦的农耕劳动力也对所谓的支配原则深信不疑，因为在受到监工侮辱时，他们可以踢打或咒骂手下的动物。

残忍近在咫尺

在人人依靠动物获取食物、产品和劳动力的世界里，支配和残忍常常形影不离。自给型农民很少因为情感原因饲养牲畜；残忍行为无处不在。[13] 阉割手术成了例行事务，几千年来一贯如此。这种手术使动物更容易被控制，减少了其交配活动消耗的精力；人们还认为这种做法能使肉食更加肥美、健康、可口。人们甚至采取特殊措施为牲畜催肥：将猪关在狭小拥挤的区域饲养，用特殊暗房为牛、羊和家禽催肥。有些农民甚至将鹅掌钉在地板上，据说这样能增加鹅的体重。人们在宰杀被阉割的牛之前，还常常放狗撕咬，据说这种做法能稀释牛的血液，使牛肉更加鲜美。许多城市还制定了法令，规定在宰杀公牛前必须用狗为其放血。屠宰本身就是一种非人道的行为。屠夫先用屠斧击打，然后用刀将牛杀死。牛犊和很多羊羔被慢慢折磨致死。它们的颈部首先挨一刀，血液大量流出，这样能使肉食更加白净。然后人们给伤口止血，并让动物自由走动一两天。农民习惯于将猪放血杀死。

各种仪式活动是辛勤劳作的平民生活的组成部分，也是对日常生活繁重琐事和苦痛的一种逃避。[14] 许多这样的活动涉及残忍对待动物及滥用动物器官，包括象征男性生殖力的动物角的行为。人们在圣卢克日（St. Luke's Day）用鞭子抽打狗，将离群的动物淹死，纯粹是为了消遣。1232 年，教皇格里高利九世宣称，猫是一种"恶毒的动物"。对猫的厌恶源自许多异教徒对它们的喜爱，这意味着在上帝看来，它们本身就是邪恶的存在。另外，它们是半夜行动物，颇具神秘色彩。在昏暗的光线下，视网膜后的细胞反光层使它们的眼睛闪着蓝光，因此它们被视为魔鬼也就在所难免。后来，猫又被与女巫也扯上了关系：女巫将灵魂卖给了魔鬼，魔鬼将灵猫魔宠（恶魔）送给了女巫，猫可能就是女巫力量的源泉。许多人对此深信不疑，以至于许多家庭因害怕被绑在火刑柱上烧死而放弃了养猫的念头。人们认为猫与异教徒沆瀣一气，将它们当作魔鬼的奴才用石块砸死，圣徒节时将它们钉在村子的柱子上处死。在法国，国王命令臣民把猫装在麻袋里，公开烧死。都铎王朝早期，一所学校的教科书上有一句要求将其翻译为拉丁文的话："我讨厌猫。"然而，为了控制啮齿动物，还是有人养猫，其中包括磨坊主、渔民和商人（见插叙"撒尿的猫"）。许多村民养猫是为了获取肉食和猫皮。在剑桥的一口废弃的枯井里，人们挖掘出了 70 只猫的遗骸，这些猫先是被杀死，然后被剥皮，这明显是为了获取肉食。

撒尿的猫

通常在我修改某个复杂的句子时，我的猫便跑到我的电脑键盘上随意撒野。当我委婉地建议它们离开时，它们愤怒地表示抗议，但是，至少它们不会用漆黑的爪子在上面漫步。中世纪的猫就没有这样好的运气了。那个时候，人们在修道院图书馆周围养猫是为了捕杀以书本和手稿为生的老鼠。大约 1420 年，荷兰代文特修道院的一名僧侣将自己的手稿整夜留在外面，因此铸下大错。图书馆的一只猫发现这是它小便的绝佳之处。第二天早上，这位抄写员发现自己珍贵的手稿被小便污渍弄得不堪入目。他一边咒骂，一边用手指着那块污渍，然后写道（用拉丁语）：
"什么也没有少，但是有只猫在一天夜里把尿撒在了这本书上。它竟敢深夜在代文特修道院如此无礼，为此，我诅咒这只讨厌的猫，也诅咒许多其他的猫。千万不要在夜里把翻开的书放在猫能涉足的地方。"[15] 这位僧侣可能耸了耸肩，对猫又指指点点地诅咒了一番，然后将本子翻到下一页，继续写。估计连续几个小时，他都在呼吸着猫尿散发的气体。

老鼠有害无益，即使在抄写员工作的时候也不例外。12 世纪波希米亚抄写员及画家希尔德伯特（Hildebert）曾发现他的餐桌上有一只老鼠正津津有味地享用他的奶酪。很明显，这不是第一次。手稿上的一幅画显示一名手举石块的僧侣试图将老鼠打死。他在书中写道："罪该万死的老鼠，经常惹我生气。愿上帝将你毁灭！"[16]

根据留下的爪印和珍贵手稿的污损情况来看，很明显，猫以其精湛的捕杀技能受到僧侣社会的爱戴，正如它们在古埃及和其他地方所享受到的待遇那样。9 世纪的一位爱尔兰僧侣曾希写诗一首，描写了一只叫潘革啵（Pangur Bán）的白猫，开头这样写道：

我和我的白猫潘革啵，
做着何其相似的工作：
捕捉老鼠，给它带来快乐，
咬文嚼字，使我彻夜不眠。[17]

然而，尽管动物辛勤劳作换来的却是残忍对待，中世纪的主人和他们的动物之间的关系也比现在要亲密得多。在牧群规模较小的多个世纪里，人和动物普遍保持着紧密联系。牧羊人能认出自家绵羊的面孔，也能认出邻居家的羊，甚至连它们的脚印也能区分。几乎所有的牛都有自己的名字，并被用牛铃和丝带装饰，就像努尔人装饰自己的牲畜那样。一套丰富的呼语和词汇应运而生，被用来呼叫动物，或在耕地时给予它们鼓励，这一做法可以追溯到遥远的过去。家畜确实是人类家庭成员的一部分。自然哲学家凯内尔姆·迪格比爵士（Sir Kenelm Digby）于 1658 年写道：“不是哪个最吝啬的村民，而是一头奶牛为他家提供牛奶；这是穷苦大众基本的营养来源……使得人们对牲畜的照顾小心翼翼，对它们的健康关怀备至。”[18]

　　很多个世纪里，人类和动物生活在同一个屋檐下，人类居所和畜栏相互连通，构成一排长长的房舍。1682 年的一位作家将“每一座建筑”都比喻成“挪亚方舟”，牛、猪、鸡和人类都在同一个屋檐下，同吃同住。直到 17 世纪和 18 世纪，农民才开始把牲畜赶出他们的卧室，但是，在大不列颠和爱尔兰甚至欧洲的一些地方，这种人畜合住的方式一直延续到 19 世纪和 20 世纪。给动物起一个充满关爱的名字在许多欧洲农村社会具有强大的象征意义，并延续至今。早在 3 000 年前希腊的迈锡尼时期，这种习俗就广为流传。维多利亚时期的诗人简·英奇洛（Jane Ingelow）对中世纪草原上的牛群不吝溢美之词，似乎它们是通过简单的文字纽带联结起来的熟悉的家庭成员。她用那个时代的拼写法写道：

来吧，怀特福特，来吧，莱特福特，

来吧，杰蒂，起来，跟着杰瑞回挤奶棚。[19]

在城市和许多农村地区，这一切都在悄然改变。

第十五章

"哑畜的地狱"

    当今时代，豪华轿车和越野车随处可见，高速公路、停车场和飞机航线遍及全球。我们很难想象，在那个完全由动物承担乡间劳动、货物驮运和交通运输的年代，人们的生活会是什么样子。我们可以放眼全球，将我们的视野延伸到几千千米以外。日行千里的汽车旅行已是寻常之事。以驴、马和骡子为出行工具的人们，其视野要狭窄得多，只有极少幸运儿有机会克服艰难险阻经常去远方旅行，他们通常以马匹为交通工具。然而，18 世纪晚期，众所周知的工业革命彻底改变了动物和人类之间的关系。城市的发展尤其使各种动物本已艰难的处境雪上加霜。

    在城市和小镇，动物随处可见，挤在房屋或狭小的院子里，人们甚至在大街上给牛挤奶。伦敦的家禽商贩在地窖和阁楼里饲养成百上千只鸡。直到 19 世纪，仍然有一些人在自己的卧室里养鸡，在城市居民区养马。而猪成为一大公害，它们摇头晃脑地在街上游荡，将干草搓成碎屑，从而成了纵火凶手。它们经常会咬伤甚至杀死小孩。到 18 世纪，除荷兰以外，英格兰每公顷土地承载的家畜数量比其他任何国家都要多。[1] 只要可以避免，很少有人会在英国的乡间行走。马匹就像仆人：它们为自己的主人服务。

作为挽用力畜，它们深受人们的喜爱；而牛成为主要的肉食来源，特别是在不断发展的小镇和城市。

把肉变成金钱

工业革命时期，英国人对牛肉的需求到了欲壑难填的地步。早在 1624 年，作家亨利·皮查姆（Henry Peacham）宣布："伦敦一个月消耗的优质牛肉和羊肉超过了整个西班牙和意大利以及部分法国领土上一整年的消耗量。"[2] 仅仅一个世纪之后，瑞典-芬兰探险家佩尔·卡尔姆（Pehr Kalm）于 1748 年来到伦敦。他说："我相信，任何一个可以自己做主的英国人从没吃过一顿不带荤菜的晚餐。"[3] 牛肉、羊肉和猪肉已成为生活大事。到 1726 年，伦敦的屠夫每年宰杀 10 万头肉牛（催肥的牛）、10 万头牛犊和 60 万只绵羊。烤牛肉成为国家的象征，皇家海军的水手每年可以获得 94 千克牛肉和 47 千克猪肉，尽管全国有 1/4 的人口每周只能吃一顿肉。皇家学会这样的科研机构鼓励开展动物研究，以充分发挥它们作为"食物或药品"的优势，从而使人类获益。

家畜的良种培育有着悠久的历史，特别是马匹育种由来已久，因为它们被广泛用于农业、工业和战争。现在，良种培育实验的规模达到了新的高度。一些具有创新精神的农场主集中精力开展牛、狗和绵羊的系统性良种培育，所取得的成果导致动物等级化的形成，而纯血马的培育达到了顶峰。直到 17 世纪晚期，农民饲养的奶牛数量极少，它们只是支撑家庭生活的小型畜群的一部分。随着农业生产力的提高，为动物提供的草料也随之增加，虽然管理效率并不乐观，牧群的规模还是在逐渐扩大。城镇居民的肉食消费直线上升，规模更大的农场将牲畜催肥后销往城镇市场，运输方式也得到改善。自给自足的畜牧业逐渐淡出人们的视野。

牲畜的个头也逐渐增大，特别是 18 世纪头 10 年末，人们对牛的态度发生了深刻变化。曾经类似家庭成员的个体动物变成了蹄子上的肉食，以至于一说到土地，人们就会联想每英亩能产出多少磅肉。*一位观察家在提到莱斯特和北安普敦时估计，"128 磅至 160 磅牛肉或羊肉就是每英亩优质草场能产出的牲畜肉量"。牛本身也会被催肥，以增加肉量，特别是到了年老体弱的时候。副产品也不容忽视："牛皮和牛脂能卖个好价钱。甚至牛角和胆汁也能换回点钱。"[4] 然而，畜牧业仍然是一个高风险行业，牲畜个头和适合犁地的强壮腿脚乃是重中之重——直到罗伯特·贝克韦尔（Robert Bakewell，1726—1795）的出现。

育种革命

如果要问是谁改造了畜牧业，那么这个人非莱斯特郡的农场主罗伯特·贝克韦尔莫属，他生活在英格兰中部拉夫堡的迪士利（Dishley）。[5] 有位访客将他描述成"个高、肩宽和健壮的男子，肤色棕红，身穿宽松棕色外套、深红色马甲和皮革马裤，脚穿马靴"。[6] 贝克韦尔是一名专业农民，而不是土地乡绅，他的土地是从父亲那里继承而来的。对于牲畜，他总是从实践入手，亲自进行育种实验。

---

*　1 英亩约等于 4047 平方米；1 磅约等于 454 克。

为了提高货物运输的效率，他首先改良了挽用马。他培育了一种敦实、矮小、短腿的马匹。这种马看上去像中世纪的战马。在轻质土壤上耕地，它们是难得的好手，并受到城市马车夫的青睐。

贝克韦尔善待自己的牲畜，并严格保守自己的秘密，生怕被外人学走。为谨慎起见，据说他在市场上出售的绵羊都被他感染了羊肝蛭*病，因此无法被用来繁殖。他也为屠夫培育肉牛——这种关节最为紧密的牛能产出最多的牛肉。这位古怪的绅士以"个小价优"为座右铭。他将他最得意的牲畜骨架挂在墙上展示，包括牛的关节，以彰显这些牲畜的最佳特征。他热情好客，为了款待宾朋，不惜大肆挥霍，据说他最终因破产而死。

贝克韦尔无情地摒弃了所有华而不实的传统关注点，包括头形、腿、角或颜色。他饲养同一个品种和类别的家畜。他尽其所能，为某个品种培育最佳样品，所选种畜力求保障肉食和脂肪的优良品质。贝克韦尔培育的肉牛是将牛肉变成金钱的印钞机。它们产出的是牛肉和脂肪，而不是牛奶。制作奶酪的牛奶由其他品种的牛专门生产。莱斯特郡一跃成为远近闻名的奶酪之乡，包括至今仍是蓝纹奶酪之王的斯蒂尔顿干酪。这种干酪由该郡一位叫保莉特（Mrs. Paulet）的女士于 18 世纪 60 年代首次制作成功。

贝克韦尔最大的成功来自绵羊；他用莱斯特郡和伍斯特郡的绵羊杂交出长毛羊，并培育了吃苦耐劳、骨架小巧的"新莱斯特羊"。这种绵羊生长快，成熟早，只需要两年时间就可以被送往市场销售。

饲养新莱斯特羊的牧民从中获得了丰厚收益。贝克韦尔仅靠出租他的优质公羊，就能获利 3 000 多金币（相当于今天的 5 000 美元）。新莱斯特羊的成功刺激了其他品种的繁殖实验，其中就有羊毛厚实的林肯郡羊。随着时间的推移，有针对性的育种导致本地绵羊逐渐绝迹，新培育的品种具有明显优势，能够适应各种不同的环境。用肉食和羊毛赚钱是贝克韦尔永恒的追求。

　　牛的繁殖育种变成颇为时尚的潮流，富裕的土地所有者更是竞相追逐这种潮流。哈巴克（Hubback）是一头优质短角公牛，其主人是来自林肯郡并跟贝克韦尔学习过的查尔斯·科利特（Charles Collet）。1801 年至 1810 年，哈巴克拉着一辆特制牛车穿越了整个英伦大地。成千上万的农民对它羡慕不已，将它视为理想公

罗伯特·贝克韦尔培育的新莱斯特羊（迪士利羊）

牛的典范。随着贝克韦尔的卓越标准受到广泛认可，在市场上出售的牲畜无论是个头还是体重都得到了显著的提升。1710 年至 1795 年，仅绵羊的重量就从 13 千克上升到 36 千克。这种变化与精心育种有着很大的关系。圈地，以及减少空旷耕地和公共用地的政策也功不可没，尽管这样的政策曾经引起过很大争议。然而，因为允许种植萝卜和三叶草等作物，土地的承载能力提高了一倍。与此同时，更短的成熟期意味着牲畜长得更快，尽管在野外放养的、成熟得更慢的绵羊的轻质羊毛质量要好得多。这最终在服装厂和农民之间引发了旷日持久的争端。

从鲜活的生命到冰冷的数字

满足家庭基本需要的自给自足的古老农耕方式逐渐过渡到新的方式，人们开始大规模使用牛粪等肥料，以及一种奇怪的黏土和富磷贝壳的混合物，这种物质来自被称为"峭壁"的诺福克海岸。农民不仅种植谷物，还要种植动物饲料：三叶草、大豆、大麦粉和干草。冬末，牛羊不再瘦得皮包骨，牧群可以很舒服地度过冬季。牧民的现金收入翻了一番，他们用一半时间将牲畜赶到集市上销售。饲料和肥料变成了肉食，粪肥的使用结合化学研究成果，提高了作物的产量和品质。

这些发展彻底改变了人们对家畜的态度。家畜不可避免地变成了冰冷的数字，而不再是鲜活的生命个体，人们考虑的是市场需求、肉食生产水平和客户群体的人口密度。18 世纪末，牲畜已经成为数字化概念。牲畜的躯体逐渐变成一种实体，并被转换成抽象的数字、价格及每英亩草场产出的重量。这不能怪那些饲养牲畜的农民。人口爆炸式增长使他们不得不面对永无止境的肉食需求。1750 年，有 65 万人居住在伦敦的核心区域。仅仅在那一年，就至少有 7.4 万头牛和 57 万只绵羊在市内的史密斯菲尔德肉类交易市场出售。[7] 一个世纪之后，伦敦的人口增长到大约 260 万，其中有 230 万人居住在中心区域。现在，史密斯菲尔德市场每年要吞掉 22 万头牛和 150 万只绵羊。相比之下，公元 1 世纪时，整个罗马帝国的人口也只有 400 万至 500 万。类似的人口增长也影响到欧洲的其他城市：巴黎人口从 1750 年的 55.6 万增加到 1850 年的 130 万；柏林人口从 1750 年的 9 万增加到一个世纪后的 41.9 万（2014 年，伦敦的人口为 820 万，伯明翰为 100 万）。大大小小的城市不断膨胀，导致对肉类的需求直线上升，牲畜变成包装商品，以每公顷产出的重量测算。在某种程度上，这既是一种笛卡儿主义的计算方式，也反映出难以察觉的、紧迫的社会需求，毕竟，这个社会需要养活的人口比以往任何时候都要多。甚至在最近的 1914 年，几百万欧洲贫困人口从来都吃不上肉，他们勉强用以面包为主的碳水化合物食品为生。

人口增长的速度在 18 世纪和 19 世纪进一步加快。远离耕地的工业社会更加城市化了，市场经济代替了自给型农业。过去，人们的生活方式在很大程度上由牲畜来决定。现在的情况恰恰相反，在这个尘埃未定的时刻，人类社会的成就到达了一个关键期，如果要保持工业文明的蓬勃发展，牲畜就必须成为一种商品。作为个人而言，总有一些人与某些特定的动物，如牧羊犬或两三头奶牛保持着深厚的关系。并非所有动物都被视为商品，然而很多动

1855 年的史密斯菲尔德市场

物都被剥夺了个性自由，这标志着我们与动物的关系发生了深刻
的变化。

役畜的困境

随着工业革命的深入推进，犁和脱粒机等用马驱动的农业机
械的使用逐步提高了农业生产力。据说，有些马拉犁犁地的时间
缩短了 1/3。多数农村和城市马匹长时间辛勤劳作，直到活活累死。
市场上对役用马的肉食需求量十分巨大。马匹展销会在英国风起
云涌，与此同时，对拉车和牵引重型交通工具的马匹的需求不断
增长，重体力农业对大型动物需求旺盛。不久，育种人员将大型
农用马与轻巧的母马杂交，培育出快速、敏捷、集力量与耐力于
一身的品种。早在 1669 年，两种优点的结合就产生出了能够拉着

马车快跑的马匹。查理二世末期的 1685 年，每星期有 3 辆快速马车往返于伦敦和其他主要城市之间，在理想条件下，马车每天能够行驶 80 千米。18 世纪晚期，邮运马车服务开始兴起，其运输网络依靠在沿途设立的间隔固定的马车驿站，这些驿站备有数量众多的马匹，供运输货物和旅客的马车使用。

役用马常常遭到残忍对待。过度负重的马匹，连挽具都来不及卸下就一命呜呼，在体力耗尽而崩溃时，被无情地扔进沟里喂狗。车夫用粗大的皮鞭抽打自己的牲畜。甚至为贵族服务的马匹也常常受到粗暴对待。体弱无用者，格杀勿论，而马皮比马肉还值钱。几乎所有马匹都要面对过度劳累的一生，除非它们能给主人带来尊严或社会声望。这些动物的勇气和高贵品质受到人们的赞扬，特别是在 17 世纪，更为人道的训练方法得到普遍采用。但是，每年到处都有马匹成百上千地死去。它们或许是姿态优雅的了不起的动物，但是，没有人怀疑它们是人类的附庸，原因正如 18 世纪动物学家托马斯·彭南特（Thomas Pennant）所说的那样，马匹"身上被赋予的每一项品质都决定了它要服从人类的需要"。[8]

狗无处不在，被人们用来保护私人财产。凶猛的看家犬白天被戴上嘴套，夜间则四处游弋，履行警卫职责。它们攻击人，杀死绵羊，在街上四处奔跑，追逐过往行人。剑桥大学基督三一学院甚至雇人在教堂外养狗。狗也可以拉车或雪橇，偶尔可以犁地。牧羊犬和其他役用犬因其良好的技能而受到人们的赏识甚至爱戴。尽管如此，许多狗一旦失去利用价值就被吊死或淹死，甚至被用来炼油。许多家庭都养看家狗，特别是农民和店主。一直到 16 世纪，穷人养的狗和流浪狗仍被视为肮脏的害兽，它们的行为成为俗语嘲笑的对象，如"像屠夫的狗一样粗俗"。狗成为贪吃、淫欲和混乱的代名词。狗的特点差异反映出人们所处的不同社会阶层。

大多数狗生活在劳动人民家庭，通常只能自己照顾自己。流浪狗成为一大公害，它们的数量如此之多，以至于剧院老板得专门请人将它们轰出礼堂。狗的数量实在太多，狗税的提案被一再提出，但都没有成功。18世纪晚期，英国可能有100万只狗（1801年，英格兰和威尔士大约有916万人）。最后，因为人们对狂犬病的担忧，政府于1796年开始征收狗税，目的是消灭穷人饲养的狗，因为人们认为，与贵族的狗不同，穷人的狗所受的约束更少。严厉的措施抑制了狂犬病的蔓延。1796年《狗税法》通过以后，成千上万只无证狗被消灭。当主人将狗放出觅食时，这些到处乱窜的动物被认为是不卫生的，并具有暴力威胁。所有这些都表明，动物与人之间的鸿沟在不断扩大。但是，有些品种的狗得到了贵族和劳动阶层的普遍尊重，这些狗凶猛、坚韧，其中以斗牛犬最为有名，"它们打斗能力超群，能够战胜一切敌人，不畏死亡"。[9]

赛马

猎狐和场地赛马（固定距离平坦赛道上的比赛）被称为马鞍上的速度诱惑，对乡绅和贵族来说，都是难以抗拒的。我们将会看到，这种场地赛马和贵族骑兵军官那貌似魅力无穷的生活之间有着紧密的情感上和实际上的联系。在骑兵密集冲锋时，人们认为，有某种东西，会激发战马和骑手的最佳状态。但是，这种深刻的爱恋关系——这样说一点也不为过——起源于狩猎场和赛马场。

猎狐和场地赛马在欧洲有着悠久的历史。罗马人于公元43年将猎狐犬的新品种带到了英国。到1340年，中世纪贵族经常猎杀狐狸。据说，国王爱德华一世就是在那一年建立了第一支皇家猎狐犬队。随着圈地法案的通过，公用土地被栅栏分割，猎狐活动更受欢迎，也就是在这个时候，跨栏成为这项运动的常规部分。19世纪30年代，随着铁路的出现，这项运动越来越受到贵族们的喜爱，许多人从小就开始骑马，纵狗打猎。这导致对快马的需求增加，并让人产生一个普遍误解，认为能够快马追逐狐狸的猎人，就能在战场上指挥骑兵作战。纯血马特别适合用来猎杀狐狸，因为它们是为了提升速度和耐力而培育的。因此，这两种运动的发展齐头并进。

早在1174年，场地赛马就在英格兰盛极一时，在伦敦郊外的史密斯菲尔德附近，6.4千米的比赛深受欢迎。[10]赛马在交易市场和展销会上也很盛行，并受到喜爱动物的查理二世和后来17、18世纪的国王的支持，这些国王经常赞助这项本已流行的运动。富裕的马匹主人从近东引进了3匹种马——17世纪80年代的贝里土耳其马、1704年的达利阿拉伯马和1729年的高多芬阿拉伯马。从此，纯血赛马的培育开始了。大约160匹东部种马对纯血马的形成最终起到了重要作用，培育它们是为了满足赛马场的需要。1791年，《总登记簿》（*General Stud Book*）成为英国马匹的官方登记簿，并一直沿用至今。针对速度和比赛能力的选种培育导致赛道逐渐缩短，也产生了一些非凡的赛马。最有名的可能要数伊柯丽斯（Eclipse），这是一匹战无不胜的公马，由坎伯兰公爵威廉·奥古斯都于1764年培育成功。它赢得过18场比赛，而且

1770 年，乔治·斯塔布斯绘制的赛马伊柯丽斯

还额外跑了 2 250 千米才抵达赛马大会现场。在它 17 个月的比赛生涯中，没有对手可与它竞争，它退役后便做了种马。它繁殖的后代有 350 匹至 400 匹成为比赛场上的赢家。据说，伊柯丽斯是95% 英国当代纯血马的祖先。

心爱的宠物

就在人们对狩猎和赛马不断展现出狂热兴趣的同时，人类对待珍贵动物的行为也发生了重大变化。18 世纪下半叶，在启蒙运动哲学思想和科学发现的影响下，人们养猫、养狗的热情空前高涨，并把它们看成自己的伴侣、朋友，甚至知己。用心良苦的主人为这些动物建造了微型纪念碑。贵族们最喜爱的动物常常被作为权力的象征，出现在他们的肖像画中。君主和其他重要人物的骑手肖像画描绘了他们与马在一起或骑马而立的形象——他们与忠心的坐骑。动物肖像在 18 世纪风靡一时。英国画家乔治·斯塔布斯（1724—1806）为瑰丽的赛马绘制了高度写实的肖像画，展示了这些动物强有力的形体构造，它们站在主人、驯马师甚至马倌身边，其俊朗身姿显露无遗。无论是在赛马场上，还是在快马猎狐的时候，人们对拥有良马和良马取得的成绩都感到无比自豪，由此产生了 18 世纪的整套艺术风格。在绘画时，无论身边有无主人，狗和猫有时都能通过一个姿态，甚至一个眼神，向画家展现它们的性格。[11]

在街上流浪的狗和猫是一回事，而被人们珍爱的宠物却是另一回事。几个世纪以来，富裕的贵族大力奖赏格力犬（greyhounds）和猎狐犬，以表彰它们的忠诚。中世纪骑士的肖像留存于教堂中，骑士脚边站着忠诚的猎狗。闲暇的贵妇对西班牙猎犬（spaniels）和巴哥犬（pugs）这样的哈巴狗宠爱有加，将它们视为生活伴侣。早在伊丽莎白时期，饲养宠物就成为王室中的时尚。国王詹姆士一世痴迷于猎犬。据说，他爱犬胜过爱他的子民。半个世纪后，查理二世以饲养西班牙猎犬而闻名。他一边处理政府公务，一边在枢密院的办公桌上和小狗玩耍。在一些痴迷于狩猎的贵族家庭，猎狐犬比仆人享受到了更好的待遇，它们的食物远远好于当地的村民。大型农庄到处是各种动物，甚至椅子也成了猫咪的安乐窝。狗的粪便和啃过的髓骨散落在厅堂里。刺耳的狗叫声不绝于耳，留宿的客人难以入眠。

中世纪以后，猫咪的命运逐渐发生了变化，特别是在拥挤的城市，人和猫亲密无间地生活在一起。[12] 在许多更加富裕的家庭，养猫既是为了对付老鼠，也是为了给人做伴。已知最早的猫咪秀，这个词用得并不严谨，于 1598 年在英国温彻斯特的圣吉尔展销会（St. Giles Fair）上举办。我们对这项活动几乎一无所知，但是它却是当今猫咪秀的鼻祖。据说，17 世纪的坎特伯雷大主教劳德（Archbishop Laud）在价格高达 5 英镑（约 8 美元）一只的时候，将第一批虎斑猫引入英国。与他同时代的法国枢机主教黎塞留饲养了大量宠物猫，还为它们建造了专门的猫舍，甚至按照他的意志为这些猫提供护理。猫早在 17 世纪就漂洋过海来到了我们今天称之为美国的地方。

苛刻或残忍地对待牲畜

到 1700 年，富裕家庭饲养宠物已司空见惯。随着城市的爆炸式增长和城镇中产阶级的出现，这种对宠物的痴迷于 19 世纪开始萌芽。宠物业的发展带来了新的观念，人们开始认为动物也有性格和个性。这至少使某些动物享受到了合理的待遇。这一点，加上社会对邪恶的活体解剖的关注，催生了保护动物免受虐待的法律。1635 年，爱尔兰通过了一部法律，禁止从羊身上拔羊毛，而只允许剪羊毛。1641 年，马萨诸塞殖民地通过了《自由宪章》（*Body of Liberties Laws*），规定"任何人不得苛刻、残忍对待为人所用的任何牲畜"。[13] 19 世纪早期，下议院关于保护役畜的多次立法努力最终归于沉寂。一名记者写道："英格兰是哑畜的地狱。"[14] 直到 1868 年，也只有维多利亚女王一人对内阁大臣说"英国人对待动物比其他文明国家都要残忍"。[15] 就矿井马驹（被用于地下煤矿）和其他城市役畜而言，她的话毫不夸张。

最难以忍受的苦难落到了那些注定只能在街上劳作或被屠夫宰杀的动物身上。人们唯利是图，冷酷无情，麻木不仁。马匹劳累至死，猪被养肥、宰杀，驴和小马驹在煤矿、磨坊以及后来的火车站劳作。正如历史学家贾森·赫日巴尔（Jason Hribal）于2003年写的那样："农庄、工厂、道路、林区和矿山成为动物们的工作场所。它们在这里为农庄、工厂和矿主提供毛皮、奶、肉食和动力，却得不到任何报酬。"[16] 我们会忍不住将它们遭受的苦难与工厂、贫民窟和乡村的劳动人民遭受的苦难做比较。

对那些应征入伍的骑兵战马和驮用马来说，等待它们的甚至是更为残酷的遭遇。在那个时代，牲畜为所有人类活动提供动力，战争也毫不例外。战马奔腾和骑兵冲锋的画面会激起强烈的民族情感和军事胜利的振奋，然而，正如我们后面将要看到的，当中世纪的作战方式遭遇工业革命带来的强大火力时，真实场景令人恐怖，超乎想象。

第十六章

军事癫狂的牺牲品

蹄声如雷，战马密集，长矛刀剑手中握，盛装骑兵横扫战场，进攻势不可当——大队骑兵冲锋的梦想令那些在运动场上成长起来的贵族领袖心驰神往。他们生来就位高权重，雍容华贵，他们策马扬鞭，纵狗打猎，利用乡村庄园繁殖纯血马。战斗和胜利的狂喜与成功的狩猎何其相似。军号、羽毛饰品以及军事生活的盛况将马背上的战争变成了所谓的"贵族贸易"。炫目的军服、漂亮的战马和精准的操控激起了强烈的统率军队和创造军事辉煌的渴望。

远在大炮和火枪出现之前，士兵们就已经在战场上骑马冲杀了 3 000 多年。[1]骑兵被用于执行侦察任务、追击溃败的步兵，以及保护罗马军团的侧翼。亚历山大大大帝和朱利乌斯·恺撒这样的军事统帅能有效利用轻装骑兵部队，但是轻装骑兵与中世纪的重装骑士相去甚远，后者大多数时候是单兵作战。这些后来可能成了中世纪骑士精神的象征，但是他们行动笨拙，相当于中世纪的坦克［"chivalry"一词源于 11 世纪的古法语"chevalier"（原意是"骑术"），以及中世纪和早些时候的拉丁语词"caballarius"（意为"骑手"）］。重装盔甲和坚固的马鞍将骑手固定在马背上，使其能够承受长矛的攻击。但是，身穿盔甲的骑兵更不容易控制战马。高大的战马体重达到大约 454 千克。它们被视为天生的战士，被用马嚼子严格控制，它们学会了咬、踢和踩踏对手。重装骑士对步兵构成了极大威胁，但他们不是蒙古轻骑兵的对手，蒙古骑兵与自己的坐骑建立了微妙的触觉联系。他们十分在意马匹的总体平衡，确保它们能以轻松的步态大步前进。他们也很在意马的头部、耳朵及其警觉性和个性——在意他们与战马之间的关系。在 1241 年匈牙利的蒂萨河之战中，快速突击的蒙古弓箭手造成了匈牙利骑兵一片混乱，重装骑兵难以应对入侵者灵活多变的战术。

蒙古骑手从小就学会了在骑马时使用天然工具——声音、腿、手和身体。马的触觉神经极为敏感，哪怕是一只苍蝇落在身上它们都能察觉到。因此，它们能感觉到骑手身体和四肢动作的不同特点，并能够区分细微的变化。它们也有出色的记忆力，使其能很好地接受训练。骑手腿部时紧时松的夹力驱使着马前进；右腿或左腿给马施压，它就知道向右或向左转；双腿放在不同的部位，它就会掉头。骑手的身体前倾或后仰，是在告诉马加速或者减速。当重装骑兵被大炮取代后，古老的骑术再次出现在聚光灯下。到 18 世纪晚期，许多贵族猎狐人士和马场主人对他们心爱的马匹都有着细致的了解。他们认为这样的专业知识使他们有资格担任骑兵军官。在这一点上，他们并非完全正确。驾驭战马和指挥冲锋的杰出能力并不意味着在你死我活的战场上他们就会关心战马最终的命运。从 19 世纪和 20 世纪早期骑兵的故事悲惨地说明了，一方面，人与动物合而为一，休戚与共，而另一方面，人又将动物暴露在极度的危险之中，对其安全漠不关心，两者之间只存在微妙的界限。这一故事也说明，战争越来越冷酷无情，马匹实际上只是战场上的炮灰。

"割草机刀片下的青草"

到 18 世纪末的拿破仑战争时期，骑兵已成为成熟的战场武器，他们的行动受到更加严格的纪律约束。将军们意识到，计划周密的骑兵冲锋能给敌军造成毁灭性打击。1807 年 1 月 8 日，拿破仑·波拿巴在东普鲁士的埃劳（Eylau）与俄军展开了一场胜负难料的激战。[2] 俄军冒着暴风雪进攻，拿破仑的步兵军团顿时混乱不堪。拿破仑只有一个选择：由若阿基姆·缪拉（Joachim Murat）将军率领 11 000 人的强大骑兵预备队发起大规模冲锋。缪拉创造了历史上经典的骑兵冲锋之一，在埃劳村附近，他的骑兵中队像潮水般冲入俄军步兵军团，将其一分为二。法国骑兵挥舞利剑，将成百上千名俄军步兵砍倒在地，并冒着敌人的炮火前进。他们的高大战马一举踏平了一个试图反抗的敌军兵营。骑兵从来没有在以往的关键战役中发挥过如此核心的作用，部分原因是，法军在征服普鲁士之后，立即征用了优质的战马。

埃劳战役体现了运用骑兵作战的用兵智慧，是严酷条件下的一个教科书般的典型战例。但是，马匹和人员付出了巨大伤亡。缪拉损失了 1 000 名至 1 400 名训练有素的骑兵和无数战马，但是，他的进攻缓解了法国步兵的压力，使他们得以重整旗鼓。拿破仑大军的军医总长把战死的马匹炖成汤、做成菜给伤员吃，效果显著。因此，回到法国后，他就开始鼓励人们食用马肉。

相比之下，8 年之后的滑铁卢战役反映出了骑兵效率的低下，这样的冲锋甚至无异于自杀。训练有素的步兵方阵击退了至少由 5 000 匹战马组成的法国骑兵的密集冲锋。步兵依托阵地，用井然有序的火枪齐射将马背上的骑兵纷纷撂倒。在本次战役的另一场战斗中，英国炮兵指挥官卡瓦利耶·默瑟（Cavalié Mercer）与法国铁甲骑兵遭遇。他写道："他们密集排列，一个中队紧跟另一个中队……他们速度不快，以小跑稳步前进。这不是那种快马飞奔的猛烈冲锋，而是以既定的速度按部就班地推进……他们一言不发，默默前进，在战场的喧嚣背景下，唯一能听到的就是无数只马蹄同时踩踏地面发出的低沉、雷鸣般的轰响。"然后火炮在近距离开火："走在前列的整排骑兵立即倒地……每一发炮弹出膛，都会造成士兵和马匹像割草机刀片下的青草那样，一片片倒下。"[3]

猛烈的冲锋。1815 年，皇家苏格兰骑兵在滑铁卢战役中发起进攻

　　　　伟大的共存：改变人类历史的 8 个动物伙伴

华而不实的骑兵军团

很少有骑兵军官对滑铁卢之战的教训进行过总结。英国骑兵上尉路易斯·爱德华·诺兰（Louis Edward Nolan，1818—1854）是对此颇有研究的专家。他是一位技术高超的马术大师和研究基于战马的军事战术的专家，他在克里米亚战争爆发前夕，于1853年完成了《骑兵的历史和战术》(*Cavalry: Its History and Tactics*)一书。这本表达清晰、有理有据的手册成为这方面的权威资料。在他的整个军事生涯中，他花了大量时间研究其他军队的骑兵。诺兰非常重视士兵和战马的关系以及恰当的指挥。他强调，指挥官必须具备对距离的判断能力，并能在敌人面前巧妙地掩盖自己的意图。每个人，不管是军官还是士兵，都必须眼观六路，机智灵敏——要会判断自己的坐骑与身边相邻马匹的距离；如果是指挥官，就要利用勘察过的地形径直冲向敌人。

诺兰是一位心思缜密的马术大师，他先对士兵进行单独训练，等他们骑术过关后，再让他们参加队形训练，而这最终也就是骑兵作战的本质。最重要的是，"骑手应该能够完全驾驭自己的战马，这样他就能轻松地指引战马以最快或最慢的速度前进；他应该懂得如何安抚和控制马匹的躁动情绪，对懒散消极的马，也能调动它的激情与活力"。[4] 我们可以断定，这位骑兵作战的热心倡导者采纳了古代色诺芬的思想："调教马匹不是靠挽具，而是靠柔情。"

诺兰说，果断是指挥骑兵作战的真谛，但要注意全速接近敌人时存在的危险。与敌军接触的一刹那所造成的冲击很可能会将骑手从马背上掀翻在地，导致骑手几乎全身骨折。他还说：

"士兵和军官应当明白，只因为那是敌人所在的方向，就策马向前飞奔，这绝对只是匹夫之勇。"[5] 换句话说，在火器杀伤力越来越大的时代，大规模的骑兵冲锋是一种不合时宜的骑兵战术。诺兰在书中强调周密计划和保存实力的重要性，强调要发挥从侧翼进攻步兵的战略优势，还强调要通过侦察，巧妙利用天然地形。他对骑兵部队的看法直截了当："骑兵应当同时是一支军队的眼睛、触角和补给者……它负责收获胜利果实，掩护撤退，挽回灾难性后果。"[6]

不幸的是，很少有高级军官注意到诺兰的建议。这些军官无一例外都是富裕的贵族，其中许多人的经验来自拿破仑战争，跟不上形势的发展。在那个阶级划分鲜明、财产靠继承的时代，军人可以花钱买官，哪怕他们实际上毫无军事经验。在这种情况下，骑兵成为一种华丽的摆设也就不足为奇了。他们以整齐划一的表演和精心编排的演习令观众眼花缭乱，羡慕不已。他们身穿华丽的军服，富裕的指挥官还常常自掏腰包，给士兵补贴。卡迪根勋爵（Lord Cardigan）的第十一轻骑兵团就是一个臭名昭著的傲慢奢靡的例子。军官和士兵身穿樱桃色军裤（长裤）、镶金皇家蓝夹克和毛皮上衣（短小而装饰华丽的外套）。他们违背常理，在高高的皮帽上插着华丽的羽毛。每个人的裤子紧得荒谬可笑，整体效果虽然异常华丽，却中看不中用。骑兵军官骑术洒脱，对马有着强烈的热情，但是他们对真实的战争一无所知。伦敦的《泰晤士报》将第十一轻骑兵团的军服讽刺为"完全不符合战争的需要，就像芭蕾舞女演员的装束"。[7]1853 年 10 月，克里米亚战争爆发，英国与法国结盟，在黑海之滨共同对抗俄国人。维多利亚女王的骑兵准备一显身手，创造荣耀。她的部队由贵族军官指挥，但多数人从来没有经历过战火。他们乘船向黑海进发，似乎是要去猎杀狐狸。法国人很明智，几乎没有派骑兵参战。

克里米亚灾难

尽管士兵表现英勇，英军在克里米亚的军事行动却是一场灾难。除了战斗伤亡，后勤补给的极度乏力和水的短缺导致成百上千的骑兵和痛苦、瘦弱的战马命丧黄泉。骑兵部队在战场边缘游荡，直到 1854 年 10 月的巴拉克拉瓦战役（Battle of Balaclava），他们才通过两次主要冲锋，在塞瓦斯托波尔（Sebastopol）要塞的边缘进行了一场最终不分胜负的战斗。但是，轻、重骑兵旅的冲锋使巴拉克拉瓦永载史册（重装骑兵的士兵穿甲戴盔，骑乘重装甲的战马，被作为突击部队使用。法国人将他们称为胸甲骑兵。一名身着常规胸部铠甲的胸甲骑兵和他的战马加在一起，重量可达 1 吨。轻骑兵一般来说速度更快，使用轻型装备，主要任务是侦察和巡逻，常常去保护部队脆弱的侧翼或追击溃逃的步兵）。[8]

3 000 名到 4 000 名俄国骑兵居高临下，压制着由詹姆斯·斯卡利特（James Scarlett）准将指挥的重装骑兵旅。事不宜迟，当俄国骑兵小跑下山，向他们冲来之时，斯卡利特立即派出 500 名骑兵迎敌。不知何故，敌人突然停止前进，重新部署。英军的 3 个骑兵中队发起冲锋，径直冲入敌群。双方展开了激烈的白刃战。另外 2 个中队向左右两个侧翼发起冲锋。大量的骑兵前翻后仰，死伤的士兵倒在马鞍上。重装骑兵以少胜多，将敌人击溃，却没能扩大战果。没有人追击溃逃的俄国人，从而让他们逃过了被歼灭的命运。

要命的是，在稍事停顿之后，轻骑兵旅才发起了那场臭名昭著的冲锋。衣着耀眼的卡迪根勋爵莫名其妙地率领骑兵沿着一条狭窄的谷地向前冲锋，其前方和两侧同时遭到俄军炮火的袭击。骑兵虽然躲过一劫，但是在被迫撤退时陷入混乱。整个战斗仅仅持续了 20 分钟。一位名叫皮埃尔·博斯凯（Pierre Bosquet）的法国将军有过精辟的描述："场面极其壮观，但这不是战争，而是精神错乱。"[9] 这是一次愚蠢的军事行动（见插叙"愚蠢的骑兵：进入死亡之谷"）。

愚蠢的骑兵：进入死亡之谷

这次轻骑兵的冲锋堪称历史上最徒劳无益的行动。优柔寡断的指挥官和悲剧性的误解，导致大约 650 名官兵骑着没有护甲的快马，仅仅以长矛和军刀为武器，在山谷的尽头径直冒着俄军的密集炮火冲锋。诗人阿尔弗雷德·丁尼生（Alfred Lord Tennyson）将之称为"死亡之谷"。[10]

在有勇无谋的卡迪根勋爵带领下，轻骑兵旅以小跑前进，然后速度加快，一路狂奔。炮弹从两侧高地向这些骑兵倾泻而下。前方的加农炮群开火了。圆形弹球沿着山谷弹起又落下，马匹和士兵纷纷被击中。一名下士从马上跌落，其战马继续跟着队伍飞奔。金属弹片四处飞溅，将胳膊和腿炸得乱飞。无主的战马试图重回队伍，就像走散的牲畜在寻找自己的牧群。失去了可以依赖的骑手，战马变得慌乱而恐惧，它们四处寻找同伴，和官兵挤作一团，鲜血沾满了全身。俄军步兵开火了。"子弹像雨点般从我们中间呼啸而过，许多士兵被打死或打伤。"[11] 幸存者不得不避开已经阵亡的或在地上垂死挣扎的马匹和士兵。尘土和硝烟淹没了冲锋的骑兵。再往前跑46米就是敌人的炮兵阵地，轻骑兵旅手握长矛和军刀向敌人冲去。炮兵试图撤退，但为时已晚。骑兵试图毁掉大炮，与俄军展开了残酷的白刃战，但是迫于无奈，他们只能撤退。

山谷里到处是散落的尸体和垂死挣扎的马匹和士兵。负伤的战马艰难地站起身，带着伤痛步履蹒跚地走向安全之地。幸存的士兵设法骑上失去主人的战马，结果战马还是在他们的胯下被敌人射杀。骑兵们领着战马，载着痛苦不堪的伤兵败退下来。381匹马被击倒或战死。只有195名军官和士兵返回军营。卡迪根勋爵安然无恙。

对这些战马来说，这次轻骑兵旅的冲锋只是噩梦的开始。在接下来的冬季，这些战马站在没膝的泥浆里，暴露在刺骨的寒风和飞舞的雪花之中。有时，它们每天的口粮还不足一捧大麦，饥不择食之下，它们只能啃食身上的鞍毯和同伴的尾巴。贵族对骑兵的狂热和中世纪的战术已成为过时的观念，一旦遭遇现代兵器的火力，几乎所有轻骑兵旅中的战马都会战死，成为悲剧性的脚注。

我们来引用几句丁尼生爵士的诗句：

炮弹和霰弹倾泻，

战马和英雄倒下，

打得漂亮的他们

冲出死神的牙关，

他们中的生还者

冲出了地狱之门，

生还者仅六百人。[12]

　　新的军事技术在一些小规模的军事冲突中被运用到了战场上，克里米亚战争就是其中最早的一次。这些技术包括安装在步枪上的枪管，它提高了步兵武器的射程和精度。[13]虽然受到工业技术，特别是19世纪60年代的美国内战和1870年的普法战争中的工业技术的影响，骑兵战术却仍然故步自封，鲜有改变，尽管拥有快速射击、后膛装填武器的步兵和炮兵已能造成毁灭性的打击。美国内战的主要教训是，灵活的骑兵能够骑马或徒步展开猝不及防的攻击，而欧洲人对此却视而不见。不同于高度依赖手枪和卡宾枪的美国骑兵，欧洲的重装骑兵和龙骑兵仍然以长矛为主要武器，这种做法一直持续到第一次世界大战。

　　骑兵战术也没有改变，尽管轻骑兵旅在克里米亚的冲锋已经引起了公众的警觉。1870年8月，普法战争中，弗里德里希·威廉·冯·布雷多（Friedrich Wilhelm von Bredow）少将在马拉杜（Mars-la-Tour）率领第十二骑兵旅发起的著名"死亡冲锋"就是个典型的例子。他利用战场上的硝烟和起伏的地形作为掩护，在离法国步兵和炮兵几百码的地方出现。骑兵从硝烟中突然飞奔而出，涌入炮兵阵地，却被法国胸甲骑兵击退。冯·布雷多损失了

397 名士兵和 403 匹战马，减员 45%。后来，在孚日山脉（Vosges Mountains）的一次小规模战斗中，两排装备精良的步枪部队齐射，击倒了法国骑兵 2/3 的战马。实际上，一天之内就有 7 个精锐骑兵团灰飞烟灭。一位观察家说，速射步兵一次次将光鲜亮丽的骑兵打成腿脚挣扎、血迹斑斑的肉堆。活着的战马在战场上疯了似的四处奔跑，直到被德国骑兵围捕或在他们的追杀下回到自己的队伍，正如一位观察家所言："这支队伍仅仅在一阵齐射之后，就被彻底摧毁了。"[14] 很显然，故意将战马和骑兵派到战场上去送死仍然被视为一种有效的战法。然而，来自其他地方的宝贵经验正凝视着这些骑兵军官的脸庞。

灵活的小股骑兵

大规模的冲锋并没有考虑到小股骑兵的灵活性和机动性，小股骑兵在美国西部和后来的南非带来了丰厚的回报。西班牙人到来之后，平原印第安人很快于 16 世纪获得了马匹。他们骑在马背上追赶野牛，并学会了骑马打仗的专业技能，所有这些都和获得地位和荣誉的观念交织在一起。与新移民和定居者之间的暴力冲突不可避免地接踵而至。1866 年至 1890 年，美国军队与散布在广阔土地上的平原印第安部落展开了一系列小规模战斗。印第安骑士用长矛和弓箭作战，近距离快速发射的弓箭具有强大的杀伤力——正如世界另一头的蒙古人所做的那样。最后，他们获得了连发步枪和其他先进武器，但是他们倾向于个人作战，这种战术在他们的战争传统中已根深蒂固。有些部落用精心挑选的种马培育速度快、脚步稳和毛色佳的马匹。

平原印第安人的军事实力与其说来源于军纪和长远战略，不如说是繁殖技术和骑马技能的产物。平原印第安人幼童早在5岁时就开始学习骑马，7岁左右就能成为技术娴熟的骑手。拥有优良武器的美国军队能够在近距离交锋中击败印第安人，但是，在辽阔无边、单调乏味的平原上，要找到这些印第安人十分困难。因此，美国军队雇用了印第安侦察人员，据一位将军说，一名印第安侦察员的作用胜过6个骑兵连。

骑兵部队每天要长距离行军，而又不能使战马过度疲劳。一个每天行军约40千米、管理良好的战斗单位，必须定时休息，让战马、装备和士兵得到精心照料。在这样的制度下，战马一会儿行走，一会儿小跑，偶尔快跑一阵，使自己能够舒展腿脚。这样的战斗单位，在良好状态下，每个月能行走966千米。在最为寒冷的月份里，骑兵们良好的冬装使他们在行军打仗时占据了明显优势，而此时的印第安人则龟缩在永久性营地里，机动灵活的优势荡然无存。一位英国观察家描述道，军马"强壮、坚韧、积极、精干"，能够适应各种困难。士兵们顶多就是些干活的骑手，他们不像欧洲骑兵那样训练有素，却擅长精心照料战马。优越的长远战略最终使他们在战场上占据上风。

骑兵历史上的另一个决定命运的时刻是在1899—1902年的布尔战争。布尔人在骑术和机动性上大大优于英国人，英军骑兵部队在战争结束时达到约80 000人。许多来自澳大利亚和加拿大的战斗部队采用布尔人曾经成功运用的潜行猎杀战术，例如，他们效仿敌人，使用远距离攻击步枪。英军精锐部队借助仔细搜集的情报进行彻底侦察；凭借良好的骑术和压倒性的火力优势，他们的速度令人刮目相看。但是战马的损失十分惨重。美国内战期间，战马的伤亡率为50%。在参加布尔战争的50万匹战马中，至少有35万匹在战火中消失，伤亡率达到70%。对马匹的需求巨大，但是一个高效的新马补充体系解决了骑兵的马匹供应问题，这个体系需要覆盖全球的马源和组织良好的运输系统。在某个时期，英国每月从新奥尔良堪萨斯城附近的基地运出6 000匹马。在南非，物流和兽医服务恶劣不堪。草料的缺乏导致许多牲畜活活饿死。马匹的严重损失主要原因不在骑手，而是因为骑兵单位背后缺乏有效的补给线，这些单位需要成体系的后勤支援，从马医到驯马师，一样都不能少。

"我们不得不开枪杀死它们"

第一次世界大战的战壕战、铁丝网和仔细选位的机枪以粗暴的方式为传统骑兵敲响了迟来的警钟。在西线战场，骑兵部队确实在战争最初的几个月里发挥了一定的作用。固定的、铁网密布的前线和战壕战最终改变了游戏规则，尽管老将们付出了努力，可他们的观念牢牢停留在维多利亚时期的殖民地战争。他们坚持把骑兵团作为机动部队，但是自克里米亚战争以来，大规模冲锋已经被公认为是过时的战法。暂且不提机枪、大炮的强大火力，哪怕是几段铁丝网就足以让冲上来的骑兵寸步难行。在1917年的阿拉斯战役（Battle of Arras）期间，一名英国步兵军官目睹了两个骑兵旅向一个村子发起冲锋。德国军队猛烈开火。"如此浪费人和马的生命，简直是一种罪过……最可怜的似乎是战马，它们跛着脚用三条腿漫无目的地乱走，我们一度向这些可怜的牲口开枪，否则，它们就会因无法忍受痛苦而疯了似的猛冲。我目睹了一匹马的整个口鼻被炸得不翼而飞。"[15]面对用工业时代的军事科技武装起来的步兵，雷鸣般的骑兵冲锋所产生的心理震撼荡然无存。随着战争的推进，"下马"成为一项重要的骑兵战术。然而，偶尔有骑兵部队与坦克并肩作战，或追杀溃逃之敌。

骑兵部队在更为漫长的东部前线发挥了更为重要的作用。1877 年，法国战地记者迪克·德·隆勒（Dick de Lonlay）参与了对俄国军队的战役。他将草原哺育的、哥萨克骑兵使用的顿河战马称为理想的马匹："它的节俭程度令人惊叹，一把燕麦或大麦，就能让它活得心满意足。"一匹顿河马可以把农民茅屋上的草也当成美味狼吞虎咽，完全不受严寒和酷热的影响，一旦将主人作为效忠的对象，"就会对每一次抚摸做出反应，而且会配合主人的心情"。"在战斗中，它表现得怒不可遏：鬃毛飞舞，鼻孔充血。它以极大的愤怒对敌人的战马又踢又咬。"[16]德·隆勒评价说，哥萨克人对他们的战马产生了深深的依恋，这是一个扎根于历史的传统。他们在第一次世界大战期间取得了一些引人注目的胜利，特别是在追击小股敌人的时候。在中东的开阔地带，英国将军埃德蒙·艾伦比（Edmund Allenby）成功运用骑兵，迫使土耳其人从战争中退出，但是艾伦比从来没有尝试自杀性的大规模冲锋。

超过 600 万匹马在战场上服役，多数被用来牵引大炮和运输给养。在泥泞地带和崎岖路面上行军，马要比机动车辆好使得多。6匹至 12 匹马可以拖动一门重型大炮，即使在深深的泥地里也难不倒它们。它们还从无人区拖运回缴获的武器。经历过 1917 年维米岭战役（Battle of Vimy Ridge）的一名加拿大士兵仍然记得"战马深陷泥潭，泥已接近它们的腹部……我们不得不开枪杀死它们"。[17] 成千上万匹马在炮火中丧生，有的还要遭受毒气弹和皮肤病的折磨。德军方面，饲料短缺导致大量马匹忍饥挨饿。到处被丢弃的马的尸体、马粪和恶劣的卫生状况在前线双方的军营里造成疾病泛滥。马匹陷入长期短缺。同样是 1917 年，在帕斯尚尔战役（Battle of Passchendaele）中，步兵们被告知，一匹马的死亡在战术上比一名士兵的阵亡更能引起关注，毕竟，士兵死了还有人替换。骑兵的战马死后，他要砍断一只马蹄，并把它拿给他的长官，以证明马真的死了。一旦上了前线，无论在何处，很少有战马能活着回家。就像弹药和各种物资，它们仅仅是第一次现代工业化战争中的一种商品，和那些在家乡长期受苦受累、拉车犁地的牲口没有两样。

通过这次大战，即使是最为保守的战略家也发现，面对现代武器，战马是多么无助。直到 20 世纪 30 年代，卡车、坦克和其他车辆的越野能力和高度的可靠性才使它们成为战场之重器。美国军队引领着这一变革，并最终研发出吉普车。第二次世界大战期间，只有德国和苏联部署了大规模的骑兵部队，尽管纳粹高度重视军队的机械化。苏联部署了多达 20 万的骑兵部队，特别是哥萨克骑兵，他们凭借自己的威名和惯用的军刀使希特勒的溃军闻风丧胆。他们故意把很多部队叫作"哥萨克"，尽管这些部队并非哥萨克骑兵，因为这样做能够在敌军中造成恐慌。

大量马匹在德军炮兵和后勤部队中服役。在东线战场，它们和士兵一起在恶劣的条件下经受折磨，马匹和人都难逃饿死的命运，因为前者无法在野外觅食。在寒冷的草原上，苏联战马具有更强的适应能力。其中，蒙古人提供了 600 万匹能够适应严酷天气的小型马，在冬季寒冷的月份，它们具有良好的机动能力，使苏联人获得了关键的战略优势。最后一支苏联骑兵于 20 世纪 50 年代退出历史舞台。除了被用来对付游击队以及在阿富汗这样的复杂地形中展开军事行动外，骑兵在今天的冲突中几乎毫无价值。它们出现在仪式活动中——英国皇家骑兵就是个有名的例子——另外，骑兵巡逻能帮助警察维持秩序。

　　马背上的士兵常常能力超群，他们参与了许多伟大的历史事件，但同样是这些事件和一些较小的暴力冲突将战马暴露在最为残酷的战争所造成的恐怖和苦难之中。我们永远都不该忘记，不管它们愿不愿意，数百万匹战马被迫为它们的主人服务。在此期间，这些倒霉的动物不是严重受伤，经受难以忍受的痛苦，就是被打死或饿死。炮兵军官卡瓦利耶·默瑟在滑铁卢战场度过了数日，负伤和快要死去的战马所遭受的痛苦令他心惊胆战。有些马仍然活着，不停地痛苦挣扎，肠子都露了出来，它们试图站起来，却徒劳无益。其他的马静静地躺着，抬起头，用渴望的眼神注视着前方，直到抽搐而死。有一匹马失去了两条后腿。默瑟见它四处张望，"时不时发出悠长而凄凉的哀鸣"。目睹过这么多流血牺牲后，他陷入了痛苦的深渊，无法自拔。他为这些负伤后痛苦不堪的战马写的墓志铭，回荡在两个多世纪的时空里，这三个词说明了一切："温和、耐心、坚韧。"[18]

第十七章

虐待不可或缺之畜

冷酷无情，唯利是图，麻木不仁——如此对待牲畜和动物的行为在詹姆斯·瓦特发明蒸汽机和轧棉机革新棉花产业之前早已司空见惯，而这些动物曾经为迅速发展的工业化世界提供动力。史密斯菲尔德市场曾经在城墙之外，现在坐落于伦敦市内。只要去看看这个地方，你就可以体会到人们对待牲畜是多么野蛮、残忍。大多数人可以不去这个地方，但是他们几乎每天都能见到虐待役畜的行为。

"地上的污泥浊水几乎深至脚踝；一股浓浓的蒸汽从散发着恶臭的牛身上不断冒出来，和烟囱顶上的雾混在一起，沉重地悬在上空。所有畜栏里……都挤满了绵羊；阴沟边的柱子上拴着长串的牲畜和公牛，足有 2 排到 3 排。"[1]1838 年，小说家查尔斯·狄更斯在《雾都孤儿》中对史密斯菲尔德肉类市场有过生动的描写：推推搡搡、不守规矩、酒气冲天的屠夫、赶牲人、小偷及无助的流浪汉聚集成群。史密斯菲尔德市场上的牲畜所经历的苦难简直无法形容，是它们的前辈自中世纪以来就经历的那种炼狱之苦。对这一切，似乎无人在意。实际上，人们对史密斯菲尔德这个地狱中的动物表现出的态度是普遍的冷漠。1855 年那场导致人心惶惶的霍乱及公众对受污染的肉食和内脏的担忧，导致当局关闭了活动物肉类市场，将它搬迁到离城市更远的地方。

在整个欧洲，英国以残忍对待动物和对动物的苦难漠不关心而闻名，而这样的事情存在于一个基督教关于道德和宗教的雄辩不绝于耳的国家。《圣经》的教义将人类置于一切生灵之上，为这样的行为提供了自圆其说的理由。但是，对动物的矛盾心态始终是宗教教义无法摆脱的困扰。我们究竟要如何解释人类和宠物之间的感情呢？养尊处优的动物在中世纪的宗教场所随处可见，令宗教当局十分恼火。1260 年，方济会在纳博讷全体大会（General Chapter of Narbonne）上规定，"禁止任何兄弟*或女修会饲养动物，用于清除不洁之物的猫和某些特定的鸟除外"。[2]

然而，正如我们所见，随着宗教迷信思想的逐渐消除，饲养宠物的现象在精英阶层中变得司空见惯。17 世纪，人们对心仪动物的关爱变得更加普遍。现代教育理论的创始人约翰·洛克强调教育孩子"爱护所有动物"的重要性。[3] 1765 年出版的早期儿童读物《自命清高》（*Goody Two-Shoes*）讲述了女主角玛格丽特·明纬如何照顾被虐待的动物。自那以后，拟人化的有情感的动物就成为幼儿读物中的英雄形象。无独有偶，当今关爱宠物和培养责任感的学校教育既是动物福利运动的基础，也是以合乎道德的方式善待动物的前提。到《自命清高》问世的时候，至少出现了动物权利意识的萌芽，这要归功于哲学家杰里米·边沁（Jeremy Bentham，1748—1832），他是动物权利的创始思想家之一。他热

---

*　方济会提倡过清贫生活，互称"兄弟"（brother）。

爱 "有四条腿的所有动物"，包括猫和老鼠。[4] 在边沁和其他人的思想影响下，人们第一次做出了减轻虐待动物的努力。

动物保护的兴起

边沁和其他人或许对他们心爱的动物珍爱有加，但19世纪早期，英国、欧洲其他地区以及北美的役畜遭受到各种残酷对待，有些终日辛劳，直至体力耗尽，有的在逗牛（bull baiting）和斗狗等游戏以及精英阶层所热衷的猎狐活动中受尽屈辱。那时的英国人几乎以粗暴对待动物为荣，似乎要用这样的方式来体现勇敢的民族性格。1800年，下议院第一次启动针对逗牛的动物保护议案，但很少有议员参加辩论。最终，该议案胎死腹中。《泰晤士报》评论说，这件事在议会中不值一提。毕竟，这是一项培养 "勇气" 的运动。像穷人和被奴役的人们那样，家畜忍受着残酷的对待——对动物而言，它们面对的是活体解剖、酷刑和无情的剥削。

对动物福利的真正关注经历了几代人才见起色，这距爱尔兰禁止拔羊毛已经过了近两个世纪。在热衷于决斗（并获胜）的爱尔兰裔议员理查德·马丁（Richard Martin）上校的指示下，首次实质性举措开始实施。他发起反对逗熊和斗狗的运动，这场斗争导致了1822年《防止虐待家牛法案》的通过。[5] 经修订的法律涵盖所有家养四足动物。两年之后，防止虐待动物协会成立。[6]（1840年，该协会更名为皇家防止虐待动物协会，缩写为RSPCA。）1835年，经过修订的1822年法案禁止逗兽和斗兽比赛。1835年法案坚决针对下层阶级的血腥游戏，这类游戏大有广为传播之势，带来了社会混乱。绅士们的垂钓、猎狐和射击等户外运动继续盛行，不受法律的限制。

防止虐待动物协会的成立是为了实施马丁法案，但是它直到1832年有足够多的会员之后才开始发布更为详细的年度报告。这些报告记录了游说工作和法院案件，协会法律人员介入这些案件，并成功起诉了违法人员。这些报告重拳出击，毫不手软，但是它们所针对的几乎全是"下层阶级"，特别是那些和马匹、驴子和狗一同劳作的人。其中一份报告讲述了一匹马令人心碎的故事。"它满身是汗，痛苦不堪，尽管它已经完全无力移动，罪犯仍然继续用钢制撑衣片的锐边击打它的身体两侧，他已经打断了一根很粗的棍子，手中还握着断棍的剩余部分。"[7] 防止虐待动物协会是19世纪伟大的成功善举之一。到1900年，协会赢得了人们的广泛尊重，成为"典型的慈善机构之一，英国的未婚淑女和其他人在立遗嘱时都会想到这个机构"。

协会面临着艰巨的任务，当时的畜力是城市生活、矿业和农业生产的主要动力。皇家防止虐待动物协会将工作重点放在役畜以及管理这些役畜的文盲身上。许多挽用马和驮用马不堪重负，身心憔悴。它们在超负荷状态下挣扎，最后崩溃而死，被扔进水沟。早在1581年，托马斯·罗思爵士（Sir Thomas Wroth）估算，有2 100匹马往返于肖尔迪奇和伦敦附近的恩菲尔德之间。另一名观察家说，在7年时间里，有2 000匹马被抛尸水沟。由于此路段的马匹越来越多，到18世纪，死伤马匹的数量要大得多。[8]

长期以来，科学家们思考着一个根本性问题。在拉车和从事其他工作时，1匹马究竟能做多少功？例如，1699年，一群科学家和法国科学院联合，对马和人的水平推力进行了比较。[9]他们得出的结论是，1匹马所做的功相当于6人至7人所做的。在这种思维方式下，马匹和人类工人只是两种可以互换的机器。

在严重依赖动物提供动力的欧洲，这不仅仅是学术观点。在这里，笛卡儿的理论有着强大的影响力。马匹和公牛使粮食磨坊正常运转，为工厂的机器设备提供运行动力。它们被用来锯木料、驱动水泵、排干矿井里的积水，并为所有机械提供动力，从渡船到建筑设备和起重机，不一而足。笛卡儿宣称，动物如同机器。对那些看重动物潜在价值的主人来说，这一观点具有极大的诱惑力。到18世纪后期，动物如同机器、应该服务于人类的观念有着强大影响力。如前所述，罗伯特·贝克韦尔花费毕生精力，试图培育能将食物变成金钱的最佳动物。对于管理役畜的人来说，他们自有另外一套算法。最好的动物是那些吃得最少、干得最多的牲畜。

1775年，瓦特发明的蒸汽机获得专利，机器论获得了更大的权威。作为天才，瓦特灵机一动，发明了叫作"马力"*的计量单位，将它定义为每分钟4 562千克·米。[10]他的机器经常在工厂里代替大型挽用马。因此，通过用强壮的挽用马做实验，他发明了估算功率的方法，用来计算一台蒸汽机能代替多少匹马。瓦特的一名客户，诺丁汉的一位棉花加工商，用一台蒸汽机代替了在他的工厂里干活的8匹至10匹马。伦敦的酿酒商也是最早用蒸汽机代替马匹的厂商。瓦特使用的计量单位"马力"可能只是个粗略的近似值，但是这个术语在今天的汽车工业中仍在使用。1821年，

---

* 此处的"马力"指英制马力，是功率单位，1英制马力约等于746瓦。

法国工程师普罗尼男爵（Baron Prony）发明了功率计，用来测量运动中克服阻力所用的力，几代人的研究成果使人们能够对不同动物进行比较。尽管蒸汽机已经出现，役用马仍然是农民、运输公司或采矿场的获利工具。

地下马驹的悲惨世界

自 18 世纪中叶起，成千上万匹马驹在地下煤矿工作，这在英国和澳大利亚最为突出，美国次之。[11] 随着煤矿的扩大以及矿井到工作面的距离变得更远，动物取代了妇女和童工。矿井马驹小巧而紧凑，很少超过 12 手高，都是骟马或公马。它们个头虽小，身体却很强壮，骨骼沉重而坚硬。英国的矿井马驹很多都是设得兰马（Shetlands），还有些进口于遥远的冰岛和俄罗斯。它们常常居住在很深的地下，工作长达 20 年之久，但是它们的寿命通常没有这么长。这些马似乎适应了黑暗的环境和每天 8 小时的工作量。最好的马驹性情温和、年龄在 4 岁到 5 岁。它们退役后回到地面生活的时间往往很短，因为他们很难适应牧群行为和露天生活。有些出生在地下，从未见过阳光。矿主往往用切碎的干草和玉米精心喂养它们，并提供充足的淡水和通风条件，只有在休煤的假期才将它们带到地面。他们还确保每匹马都有专门的矿工负责，以便使他们之间形成稳固的信任关系。

在整个 19 世纪，马驹在矿井中的使用从未间断，尽管公众越来越关注这些动物的处境。它们成为动物福利运动的催化剂，然而几十年来，情况并无改善。1887 年的《煤矿管理法》是第一部保护矿井马驹的法律，但是该法只限于提供检查人员和规定运输通道的高度。全国马匹保护联盟和苏格兰善待矿井马驹促进会等抗议团体向政府施压，促成了一个皇家委员会的成立。1911年，新的立法要求制作工作日志、每15匹马配备一名驯马师及最小工作年龄不得低于4岁。在1913年的高峰期，多达70 000匹马驹在英国的地下矿井从事搬运工作。但是，这些工作逐渐被机械取代，而后来，马驹主要被用于短距离运输。到20世纪30年代，马驹的数量减少到32 000匹。直到最近的1985年，英国的地下矿井中仍然有561匹马。最后一匹马驹于1999年退役。至此，全面禁止使用矿井马驹的规定最终得以实行，但实际上，它们已被现代科技取代。

城市马匹交通的兴衰

矿井马驹在暗无天日的地下劳作；而更多的马匹在不断发展的城市环境中工作。随着英国和欧洲工业化的进一步发展，工厂和城市为蒸汽动力带来的优势而欢呼，但是，它们仍然严重依赖畜力，不仅将其用于采矿，也将其用来拉货、耕地、操作磨坊机械和从事其他多种工作。蒸汽机车将食品和货物运到城市车站，却无法解决下一步运输、当地交货及公共运输问题（见插叙"马拉公交"）。城市马匹的数量迅猛增长，到1870年，马匹数量增长速度超过了人口增速。在人口超过10万的城市中，平均每15人就有1匹马，但是这一比率在不同的城市有很大差别。1900年，有130 000匹马在曼哈顿工作，而芝加哥有74 000匹，

1931 年，威尔士一座地下煤矿的马驹

费城有 51 000 匹。[12] 这些数字只包括在城市居住的马，不包括那些住在更便宜郊区土地上的马或将农产品运往城市的家畜。无论是从事固定地点的工作还是交通运输，19 世纪末期的每一座城市都严重依赖马匹的劳动。它们甚至用卷扬机将整座房子移走。尽管有着良好的技术实力，早期的工业革命同样严重依赖动物。到 1850 年，动物仍然完成了 52.4% 的工作量——可能还有所低估。[13] 由于铁路的出现，除了农民、赛马的骑手、军人和警察，骑马的人越来越少。为休闲娱乐而骑马的人寥寥无几。

马拉公交

今天的双层巴士和公共汽车是两个世纪前城市马拉交通这一悠久传统的延续。我们完全可以说，马匹塑造了

19 世纪的城市交通。旅客长距离旅行，从一个街区到另一个街区或去商店购物，或者从火车站到自己的家，这一切都是因为马匹才成为可能。早在 19 世纪 20 年代，马拉公交就已出现，最早的公交服务于 1823 年出现在法国南特。运营商斯坦尼斯劳斯·博德里（Stanislaus Baudry）将他的新车命名为"大众公交"（voiture omnibus）。这一做法大受欢迎；博德里将他的业务发展到波尔多，后来又进军巴黎。在海峡对岸，收费站管理员约翰·格林伍德（John Greenwood）在英国开通了第一条公交线路，运营的两辆马车上安装了纵向木制长椅。不同于驿站马车，这种车不需要预订座位。格林伍德和其他人合作，建立了一个公交服务网络，许多线路与火车站相连。一位具有创新精神的车辆制造商乔治·希利比尔（George Shillibeer）于 1829 年开创了伦敦最早的正规公交服务。他设计了一种"新车……车厢内能够容纳 16 人至 18 人"。[14] 这种巴士看上去就像一辆马拉客车，但是车窗在车身两侧。3 匹搭配协调的栗色马拉一辆公共马车。这项服务马上大获成功，为马拉公交业的繁荣立下了汗马功劳。1851 年，在水晶宫举办的万国工业博览会期间，马拉公交为数千人提供了交通服务，但之后随着需求急剧下降，业务严重下滑。至此，马拉公交服务已遍及欧洲各个城市。19 世纪 20 年代末期，马拉公交出现在纽约街头。

1860 年前后，规模生产的钢材价格降到人们可接受的程度，使得在铁轨上运行马拉公交成为可能。比起凹凸不平的街道，铁轨上的旅行要平顺得多。现在，马匹能够行走更远的距离，可以拉3倍到10倍的乘客。1900年的高峰期，伦敦马拉公交的数量达到3 736辆，大部分由2匹马驱动。进入伦敦市区的城郊快运服务也应运而生，由4匹搭配合理的马匹牵引。但是，19世纪90年代，科技进步大有赶超马拉公交之势。电力系统和有轨电车提供了另一项可行的选择，关键是，这样避免了处理马粪和运送草料等后勤问题。在20年的时间里，伦敦街头的马拉公交逐渐销声匿迹，最后一辆坚持到1914年，而在偏远的乡村，这项服务一直保留到1931年。在柏林，直到1923年，马拉公交才最终退出。

马拉公交只是基本的交通工具，为乘客提供的设施除了木制长椅外再没别的。双层马拉公交十分常见。上层的乘客坐在露天木制长椅上。从一开始，马拉公交就是城市中产阶层的交通工具。穷人继续走路上班，直到19世纪90年代更加便宜的电车和火车问世。

照料拉车的马匹对专家来说也是个不小的挑战。著名的美国工程师罗伯特·瑟斯顿（Robert Thurston）于1895年说，吃燕麦的马不仅头脑聪明、乐于工作，还是"独立的原动力"。许多因素都会对它的表现产生影响：饮食、消耗的食物量以及工作8小时后的疲劳程度。瑟斯顿对挽用马的步态和平均速度做过研究，据他说，最佳速度是每小时4千米左右。最终，用测功仪做的对照实验显示，街道上的挽用马拉动车辆时所需要的力量是维持车

新西兰邮票上的马拉公交。19 世纪中后期，这样的车辆已十分普及

辆行驶时所需力量的 7 倍。芝加哥市内轨道公司提供的数据显示，马将一辆车每拉动 1 英里要花费 0.0372 美元，而有轨电车只需花费 0.02371 美元。[15] 这项研究可能是城市街道上马匹消失的主要诱因。但是，在几代人的时间里，役用马始终可以创造利润，这使得皇家防止虐待动物协会的任务更加艰巨。

马毯和眼罩等马用设备变得越来越重要，它们能够在繁忙的街道上让马的情绪保持镇定。经过试错实验，许多公司将每天工作时间限制在 5 小时以内。更长的劳动时间，加上要不断停车和启动，增加了马腿受伤的风险，因为马腿是个脆弱部位。市内轨道公司将使用超过 5 年的马匹降价卖掉，尽管它们的身体仍然强健，因为这些公司知道，在这个年限之后，马匹跛足的风险会增大。

这些预防措施非常成功，以至于用蒸汽动力交通代替马拉车辆的尝试宣告失败。

到了 19 世纪中期，为各种工作提供劳动力而进行的马匹繁殖成为一项利润丰厚的行业。在对高头大马的旺盛需求下，美国从欧洲大量进口比利时马和佩尔什马等高大品种——19 世纪 60 年代，每年进口量多达 10 000 匹。1840 年至 1900 年，用欧洲种马进行改良的品种个头增加了 50% 至 75%。[16] 见多识广的育种人员利用铁路提供的便利，在中西部富含钙质的草原上饲养体型更大的马。育种人员、养殖和训练马匹的饲养场、芝加哥等城市的中心市场——随着 19 世纪时光的流逝，这一高效的市场使马匹价格下跌。市场规则约定，城市轨道公司购买马匹，可以要求 10 天内无理由退货。考虑到训练马匹的难度，警察局买马时要求给予30 天保训期。还有交易二手马的次级市场，葬礼承办人在这样的地方选购黑马。矿业公司以低得多的价格收购有视力障碍的马，因为在地下工作的马驹经常会变成瞎子。

然后还有副产品——厩肥，甚至街道垃圾也可以被当成肥料出售。在化肥出现之前，从事温室耕作的农民喜欢用粪肥，因为粪肥能散发热量。（19 世纪 90 年代，化学肥料获得了巨大成功，以至于马厩主人还要花钱请人将马粪从他们的住所运走。）即使是一匹死马也很值钱，马皮自不必说，鬃毛可用来做家具填料，马肉可以喂宠物，当然，它还有许多其他用途。兽医或人道主义协会的职员每年都要枪杀成百上千匹老弱病残的马。其他马匹则一直工作至死，特别是在价格低迷或生意萧条的时候。死马可能比活马还值钱。搬运公司发明了一种特殊的、用来从街道上移动动物尸体的升降设备。

　　更为聪明的马匹主人（很多都负责很大的牧群）对马车夫和马匹之间信任关系的重要性心知肚明。城市轨道公司要求车夫在晚上回家之前为自己的马梳理毛发。尽管信任关系很重要，但传统的鞭抽棍打仍然是控制马匹的主要方式。这就不可避免地导致了某些虐待或忽视动物的情况。雇主对车夫离开马厩后的行为忧心忡忡。有家公司要求"要像母亲了解自己的孩子那样去了解每一匹马"。巴尔的摩的一名车夫写道："动物永远不会忘记那些善待它们的人。"他的非洲裔美国雇主甚至请了一名"巫毒族（hoodoo）男子"照看自己的马。[17] 雇主鼓励车夫给马起名，甚至会专门雇用非洲裔美国人照料黑马。在交通拥挤的路段，动物的名字十分重要。在这种情况下，马匹能够在嘈杂的街道上从几十个人的声音中识别出车夫的声音。并没有禁止使用皮鞭的说法。有一本马厩管理手册甚至建议在挽用马身下点火，以驱使它们移动沉重的货物。

　　训练城市马需要耐心和关怀。车夫要时刻保持警觉，哪怕是一张被风吹起的纸片那样毫不起眼的东西，他们也不能放过。这样一张纸片，可能会使他们的马受到惊吓而突然脱缰狂奔。这是马在野外环境下的本能反应。事故经常发生，特别是在交通拥挤的时候，通常是马匹受惊后在街上横冲直撞所致。实际上，从严格的商业角度看，马匹的效率并不高。它们随地大小便，声音嘈杂。它们在工作时还会突然意外死亡，也容易受伤，造成极大不便。马群引发的传染病能使整个城市陷入瘫痪，这样的事情的确发生过。如果曾经有过马的世纪，那么它就是 19 世纪。到该世纪末，城市马匹提供的动力达到了极限，再怎么改良品种，也没有提高的空间。面对有轨电车和内燃机的兴起，以马匹为动力的交通工具不可避免地走向衰落。

活体解剖和狂犬病

皇家防止虐待动物协会取得了一定成功，但是虐待动物的情况并没有被根除，尽管内燃机的发明大大减少了出租马车、公共马车及驮用马的数量。到 19 世纪末，英国善待动物的美名几乎首屈一指。实际上，许多作家经过比较认为，英国在这方面的成绩优于南方的天主教国家。然而，只要进一步探究，谁都无法回避人兽关系所带来的深刻矛盾。没有什么比活体解剖引发的争议更引人注目的了，19 世纪末，这一争议达到顶峰。[18] 皇家防止虐待动物协会进退两难。一方面，在 1876 年《防止虐待动物法》（Cruelty to Animals Act）引发的争议期间，皇家防止虐待动物协会提出了论证完整、严密的理由，要求全面禁止包括活体解剖在内的虐待动物行为，无论其目的是科研、教学还是演示。另一方面，享有崇高威望的科学家强调医学研究的重要性，他们坚持认为，禁止活体解剖是不可能的。协会关注的主要问题是，未受教育的社会成员以似乎不合理的方式对待役畜。反活体解剖热心人士常常是感性主义者和动物爱好者，他们特别关心宠物的疾苦。对这些人来说，冷酷无情的现代科学简直是祸害；而对科学家们来说，现代科学代表当代社会的伟大成就之一。科学家们在有组织的游说中主张，以维多利亚理想，即人类进步的名义，继续进行严格管理的活体解剖。

矛盾也表现在其他方面，特别是人们对狂犬病歇斯底里的反应成为维多利亚社会的激烈辩题之一。在普通大众的意识中，狂犬病是一种与污染和典型维多利亚时代的邪恶（首字母 S 大写的"Sin"）相关联的疾病，但感染这种疾病的概率微乎其微。1877 年，只有 79 名英国人死于狂犬病，而这一年是整个 19 世纪因该病死亡人数最多的一年。人们对发病的原因有不同看法，有些人认为，感染这种病只是偶然现象，其他人则认为，被狗咬伤是感染的根源。对许多人，特别是大批恐犬人士来说，狗是罪魁祸首。这种对狗的不信任愈演愈烈，促使《犬舍评论》（*Kennel Review*）杂志宣布，狂犬病是"一种特殊的疯病，一旦被感染，就会迫使感染者将狗消灭"。[19] 对染病原因的猜测多集中于对罪行的谴责，狗成了罪魁祸首，并成为需要警察处理的问题。

控制疾病就意味着要监控那些偏离传统道德和行为规范的狗。狗和其主人的特点不可避免地被混为一谈。例如，"下层阶级"养的好斗的、用来偷猎和打猎的狗成为重点怀疑对象。穷人在肮脏环境下饲养的较小的宠物狗也有重大嫌疑。将这些嫌疑对象杀掉似乎成为再合理不过的解决办法。面对人们感觉到的狂犬病威胁，成千上万只狗死于非命。根据历史学家哈丽雅特·里特沃（Harriet Ritvo）估计，在 19 世纪被杀掉的狗当中，只有 5% 是疯狗，3/4 患有癫痫或样子古怪。具有讽刺意味的是，欧洲狂犬病的减少归功于人们在这片大陆上对狼的过度捕杀。其他可用的办法包括戴口套、限制行动和隔离，尽管 19 世纪 80 年代路易斯·巴斯德（Louis Pasteur）研制出了狂犬病疫苗——用活体动物进行漫长的实验才获得成功。对不列颠群岛来说，长期的解决之道是隔离检疫，这一办法于1902年被引进，并一直沿用至今。

"下层人群"

到19世纪末，善待动物已经成为所谓的"英伦风范"的一部分。19世纪中叶，预防虐待动物——指虐待役畜和下层阶级饲养的动物——成为中产阶级改革家关注的主要问题。逗熊和其他类似活动不仅给动物带来了痛苦，而且是道德堕落的标志。维多利亚时代涌现出大量中产阶级儿童文学。它们提倡自我控制，节制嗜好，认为那些虐待动物的人来生会变成恶魔。因此，人们普遍将虐待动物与不良行为联系在一起，这种联系带有强烈的社会纪律和宗教道德的意味。皇家防止虐待动物协会当时的文献资料对痛苦挣扎的瘸腿马驹及"被链条抽打的"拉车狗有过令人心碎的描述。[20]很多这类描述绝对是发自内心的，但大多是针对"下层人群"的，据说，这些人比起他们照料的很多马匹和其他动物更缺乏理性。

贵族阶层的猎狐等消遣也偶尔受到批评，但总的来说，它们被视为"无伤大雅的娱乐"。伴随着反虐待运动，一个新的现象表明，我们与动物的关系正在进入一个长期的二分状态。这一现象就是，现在已成为时尚的宠物饲养突然爆发，不仅流行于王公贵族中，也受到新兴中产阶级的青睐。

第十八章

杀戮、展示和宠爱

维多利亚时代的英国人对动物的态度有着深刻的二分矛盾。人们对各种辛勤劳作的动物所遭受的苦难普遍漠不关心。尽管皇家防止虐待动物协会和越来越多的其他动物权利组织竭尽全力改善动物的工作环境，但无论是在和平时期还是在战争期间，对役畜的虐待和无情的剥削却持续不断（一些这样的团体将粗暴对待动物的行为作为对劳动阶层进行广泛道德讨伐的内容之一）。动物在没有汽车或内燃机的城市里劳作，尽管铁路和蒸汽动力已经出现。正如我们所见，对许多人来说，它们无处不在，成为城市生活景观的一部分。许多贫穷的城市居民从来没有去过农村或农场，也从未见过天然栖息环境下的牛或绵羊。

异国动物

人们对役畜所受的苦难漠不关心，而与此同时，对异国野生动物的迷恋却有增无减。也许这并不奇怪，毕竟这个世界还有很多地方未被开发。精明的生意人通过展示珍稀动物，大出风头，挑逗着公众兴奋的神经。1805 年，皮卡迪利大街附近的干草市场展出了一头野牛、一头大象，甚至还有一头来自秘鲁的美洲驼，吸引了大量观众。[1]动物展览风靡一时，大受欢迎。到1825年，伦敦的巴塞罗缪集市（Bartholomew Fair）至少举办了3次这样的展览。一场展览大型猫科动物的活动甚至允许观众免费参观，只要他们携带狗或猫入场：他们可以看见如何把小动物喂进狮子的血盆大口。[2]伦敦中心区的埃克塞特交流动物展（The Exeter'Change Menagerie）吸引了众多观众——一幢商业建筑楼上的两个大厅里挤满了各种动物，它们被塞在笼子里，几乎没有转身的余地。1812年，较大的那个大厅里关着两只老虎、一只狮子、一只鬣狗、一只豹子、一只黑豹，甚至还有一头骆驼。除此以外，还有移动的动物展，包括1816年的那次展览。当时，一只母狮从马车上逃跑，攻击了一匹马。所有这些被关在笼子里的动物发出了一个强烈的信号：英国是遥远土地的统治者，不仅主宰着那里的动物，也主宰着那里的人民。

猎奇者参观各种商业性动物展，包括埃克塞特交流动物展或乔治·沃姆贝尔（George Wombell）的动物展览。1828年，伦敦动物协会（The Zoological Society of London）出于严肃的科学目的，在摄政公园*的一个角落里建立了自己的动物园。不少于112 226人参观了该协会所称的"科普动物展"。这里的动物以及死去动物的尸体可以被用来做真正的科学研究；只有会员和受到邀请的人员才能进入，而穷人和普通大众被拒之门外。由于财政原因，

---

* 摄政公园（Regent's Park），英国伦敦仅次于海德公园的第二大公园，位于伦敦西区。19世纪初，约翰·纳什在这里为摄政王设计建造乡村别墅，因此得名。

这一政策并没有被长期执行，无论伦敦动物园在精英阶层中多么受欢迎。这些动物园迅速成为崛起的大英帝国进步和开化的象征。一位评论员在《每季评论》（*Quarterly Review*）上说，这是一种将穷人从"醉生梦死"中拯救出来的良方。[3] 卑微的参观者被认为获得了"提升"，以及间接地参与了征服近期发现的遥远土地。

动物协会利用动物园探索动物王国的奥秘，着重向普通大众介绍不同物种之间的联系。动物园鼓励人们与动物互动，特别是用食物喂熊。这一做法变得如此盛行，以至于风趣的《笨拙》(*Punch*) 杂志登出一组滑稽可笑的熊，它们被"31 457 个小面包"撑得严重消化不良。[4] 骑骆驼和大象及抚摸小动物是这个动物园里的拳头流行消遣活动，尽管存在猴子或狒狒抢走游客帽子，或游客被骆驼或美洲驼吐口水的风险。最吸引人的莫过于大型猫科

1820 年前后的埃克塞特交流动物展。展出的动物包括一头大象，由于笼子太小，大象几乎无法转身

动物，特别是在观看喂食它们的时候，游客能见识它们的咆哮和怒吼，以及将肉和骨头东抛西拽的疯狂。有些动物变成了大明星，如自罗马时代以来第一只访问欧洲的河马奥贝淇（Obaysch）以及许多天资聪颖的黑猩猩。要获得这样的地位，它们必须身材魁梧，或者智力非凡。向动物园输送动物成为领事和殖民地官员的半官方职责，正如拿破仑战争后，在开罗搜集古埃及文物成为英法两国外交官的使命。

圈养异国动物意味着成功育种的开始，甚至意味着可以尝试将一些动物驯化，为人类所用。少数富裕的地主在自己的庄园上建起了育种动物园。他们大多喜欢那些可供食用的动物。德比伯爵爱德华·史密斯·斯坦利（Edward Smith Stanley）经营了一个动物园，在他去世的时候，该园拥有 345 只哺乳动物和 94 个品种的 1 272 只鸟。其中多数是羚羊和鹿，也有美洲驼、斑马和其他用于繁殖实验而非观赏的动物。许多致力于所谓"本土化"的团体得以品尝用异域动物做的美味佳肴。1863 年，本土化学会（The Acclimatization Society）举办了一场晚宴，其中的菜式包括燕窝汤、袋鼠火腿、叙利亚猪肉、野兔肉和中国绵羊肉等美味珍馐。

杀！杀！杀！

作为帝国扩张的胜利果实，官方和非官方的动物园展示了各种珍禽异兽。但是它们也象征着勇敢的个人在收集和捕杀这些动物时所经历的冒险生活。作为帝国的战利品，这些活动物在伦敦各大野生动物商店都有销售。商店出售的多数动物都是些较小的物种，因为要获得狮子那么大的动物意味着要杀掉母狮，然后抓获幼崽，而不管在什么情况下，这都是一项危险而艰巨的任务。

19 世纪中叶，帝国的边疆从海岸线向非洲和亚洲更加遥远的地区推进。许多官员收集年幼的动物，特别是最值得拥有的狮子、老虎、大象和斑马。[5]获取、照料和运输这些动物要花费大量时间和金钱，因此他们转而重点收藏奇特的狩猎战利品。现在，猎人外出寻找珍禽异兽，在森林深处将它们杀死，然后带回家，塞入填充物做成标本，等待合适的时候拿出来展示。狩猎具有明显的象征意义——在野外对动物取得的胜利就像是战胜了印度西北部的边境部落或南非祖鲁族武士。博物馆里出现了危险动物战利品的展示，吸引了大量观众。1851 年的万国工业博览会展出了各种猎物，从珍稀英国鸟类到印度虎，品种繁多。精心展示的狩猎战利品使 1867 年的巴黎世博会熠熠生辉。一组"英国运动员以非凡的技艺在北美最偏僻的荒野所获得"的战利品使 1887 年在伦敦举办的美洲博览会光芒闪耀。

捕杀大型猎物似乎既浪漫又危险，是在遥远土地上和密林深处上演的冒险故事。大象和犀牛横冲直撞，野熊用后腿站立来挑战自动步枪，狩猎专家穿过密不透风的灌木，跟踪谨小慎微的羚羊。在富丽堂皇的农庄，被屠杀的羚羊或河马被仔细摆放，场面异常壮观，在旁边一同展示的还有塞满填充物的猎物颅骨，这种场面的照片出现在出版物和展览中，使出版物和展览熠熠生辉。一些大型动物狩猎者，如乔治·戈登-卡明（1820—1866）和弗雷德里克·考特尼·塞卢斯（1851—1917），深入非洲内陆。卡明成为一名象牙猎手，长达 5 年时间。1849 年，他带着 30 吨战利品和一辆狩猎的马车回到家乡，跟着他回来的还有一名布须曼人（非洲南部原住民族）。1850年，他出版了一本记录个人冒险经历的书，受到读者的喜爱。他于同年举办的展览在之后8年时间里反复举办，其中的展品也在1851年万国工业博览会上亮相。只要再多付点钱，观众就可以在音乐的伴奏下聆听"猎狮人"卡明的讲座。他成了广为人知的明星，作为"最伟大的现代猎人"受到世人的广泛赞誉。[6]

在卡明表现出对运动和狩猎的热爱之时，弗雷德里克·考特尼·塞卢斯长期服务于殖民地公职机关，同时他也是一名军人。到1895年，作为一名象牙猎人和标本搜集者，他在非洲南部已经度过了20多年光阴。即使不用当时备受欢迎的幻灯片，他的讲座营造的氛围也能使人相信"非同小可的狮子和其他动物肯定倒在了演讲者的枪口下"。[7]如何与狮子遭遇，如何对付敌对的武士，他讲的故事扣人心弦，令现场听众在一个多小时的时间里如痴如醉，欲罢不能。1919年，他的遗孀至少向伦敦自然历史博物馆上交了他收藏的524只哺乳动物（标本），其中包括19只狮子。

到第一次世界大战爆发时，成百上千的野生动物头骨装饰着乡村庄园和博物馆（我们的价值观发生了变化。同样是那些战利品，如今却被丢在旧货商店。这个时代对捕杀大型动物有着比以往更为淡定的看法）。这些地方的动物集锦是政府官员和运动员血腥胜利的见证。为了获得优良标本，他们在野外将动物剥皮、晾干，然后运回家。专业的动物标本制作师根据该动物在野外的原生状态努力将它复原。塞卢斯描述过一只大羚羊，一只无论以什么标准看来都算得上很大的羚羊。他说他希望看到"它被以一种可以

伟大的共存：改变人类历史的8个动物伙伴

唤醒我的回忆的姿态再造出来，那是一只在某种程度上活灵活现、漂亮无比的动物"。[8]

19世纪，捕杀大型动物的猎人不仅被视为大众心目中的英雄和"运动健将"，也被看成大举进入帝国处女地的帝国缔造者。他们的狩猎活动是先进文明的象征，是爱国主义热情的体现。殖民地行政人员、军官，甚至是传教士和普通游客，只要有打枪的"嗜好"，就可以拎着一把连发步枪，出现在非洲和亚洲的土地上。一股讲述狩猎大型猎物的叙事浪潮压垮了维多利亚时代的书架，其显著风格是对屠杀本身单调而热情的描述，无论屠杀对象是非洲象、孟加拉虎还是北美野牛。这样的狩猎行为激发了参与者的暴力热情，形成了压倒性的强权意识。他们把捕杀大型猎物的整个"大屠杀"写成"人类最强烈的情感之一"。他们还大谈户外活动和野外生活所带来的有利影响，说什么人的聪明才智和冒险精神在这样的环境下能够脱颖而出。英雄无一例外举止潇洒，克勤克己，当然，也不乏幽默。出版物突出了狩猎时的冒险行为，以平淡的笔调描述猎物临死前的挣扎，这一切都是因为人们滥杀动物的欲望永远无法得到满足。对那些在殖民地工作的人，捕杀动物成了他们的爱好。

随着武器精度的提高，射杀大型动物也变得更加容易，狩猎的重点从大规模屠杀向获取高级头骨和动物角转移。猎物变得越来越稀少，看看许多狩猎故事的屠杀记录就知道这样的结果毫不值得奇怪。在印度迈索尔打猎，运气好的话，一天能收获29头水牛和91头大象。这就是所谓的"最精彩的狩猎"。当反对不加选择地滥捕滥杀的声音高涨之时，全世界广袤土地上的大型动物都已消失殆尽，这还不包括北美和其他地区的毛皮贸易所造成的破坏。

同时，帝国的发展策略开始从征服和暴力向管理转变。作为一项更为平淡的任务，保育、管理和保护野生动物的需要逐渐代替了历史上动物与人类之间的激烈对抗。捕猎大型动物的行为部分代表着维多利亚时代所面对的关于动物的两难困境，在很大程度上，这一困境直到今天仍然困扰着我们。这一矛盾心理在新兴中产阶级饲养宠物的热情中显得尤为突出。

鸿沟加深：纯种狗和杂种狗

1808 年，诗人拜伦的纽芬兰犬"水手长"死后，他找了一块神圣的土地将它埋葬，墓志铭上写道："有人的所有美德，而没有人的恶习。"[9] 在拜伦的时代，普通百姓饲养宠物已成为寻常之事，在公共场合向动物示爱比以前更能被人接受。

19 世纪中叶，饲养宠物的正能量在维多利亚社会兴起，由此产生出了巨大的活动物贸易，仅伦敦一地就有 20 000 名街头商贩。[10] 甚至有小偷用盗走宠物的方式索要赎金。除此以外，从狗项圈到动物毛刷等各种商品的贸易也日益繁荣。另外，以宠物爱好者为读者的书籍也随之出现。迄今为止，这些书主要是为了满足猎狗和枪猎犬所有者的需要。实际上，对宠物的喜爱已经成为很多人的嗜好，这些宠物爱好者成为皇家防止虐待动物协会和其他反虐待团体的中坚力量。

维多利亚时代的二分矛盾在犬类爱好者中表现得比其他任何地方都更为突出。从一开始，一方面是富裕家庭的狗和千金小姐，而另一方面是役犬和它们的主人，两者之间形成了严重的等级分化。犬类爱好者重视精英的资助，将这种资助看作对他们的优越社会地位的认同。例如，猄犬和巴哥犬享有很高的人气；斗牛犬是一种起源于斗狗和下层社会体育活动的犬类，到了19世纪末，一跃成为大受欢迎的宠物。至此，乡村运动犬和城市爱好者的宠物之间形成了一条清晰的界线。犬类充斥在所有社会阶层中，贵族对一些狗的品种有着强烈的偏好，而这些品种与下层阶级的宠物爱好者几乎没有关系。随着19世纪的到来，纯种狗——通常是人工控制交配的品种——和杂种狗之间的鸿沟逐渐加深。杂交品种被认为会在城市街道上制造很多恶行和咬人事件，因此大家都避免饲养这样的狗。专家们向宠物爱好者郑重建议，远离杂种狗，多养纯种狗。

对品种日益密切的关注部分源于越来越流行的犬类表演。[11] 第一次真正的表演于1859年上演于英国东北部的纽卡斯尔。这次表演由一个叫佩普的运动枪械制造商赞助，参加表演的60只狗来自指示犬（pointers）和蹲猎犬（setters）两个犬类。这个创意引人注目，很快大受欢迎。1863年，伦敦以西的切尔西举办了一场由上千只狗参与的大型表演，受到广泛赞誉。这样的活动并非到那时才首次出现，因为1859年以前，伦敦的酒吧里到处都有非正式表演。观众扮演参展商和裁判，营造出哈丽雅特·里特沃所说的"快乐的共识"。其他时候用于捕鼠比赛的场所也举办过这样的表演。尽管起点卑微而且经常管理混乱，犬类表演呈现出野火般的燎原之势，很多只是纯粹的地方性赛事，是为参展商参加全国巡演的重大赛事做铺垫。1899年，几乎有15 000只狗在全英养犬俱乐部的表演赛上参与角逐。一位专家于 1900 年写道："不算周六和周日，一年中每天都有一场犬类表演在某个地方举办。"[12]

所有表演活动都要依靠狗的良好教养。表演本身通常是礼仪的典范，而幕后状况却令人震惊。犬舍不足，水和食物供应短缺，链条太短，狗经常被放在外面。在这样的条件下，狗感染传染病特别是犬热病的风险很大，以至于参加表演的动物会因感染疾病而丧命，死亡风险之高不亚于猎奇观众造成的死亡风险。列车无法为参加巡演的表演犬提供足够的铺位。它们蜷缩在肮脏的货厢里，常常死于寒冷和饥饿。舞台氛围，尤其是大型表演场合的氛围助长了欺骗和歪曲行为。成立于 1873 年的英国养犬俱乐部（The Kennel Club）以建立不同品种的谱系为己任。俱乐部的不懈努力没有白费，犬类表演成为一项管理规范、受人尊敬的休闲活动。很大程度上，这是一项中产阶级犬类爱好者的工作，他们决心在当时等级森严的英国社会占据一席之地。

猫、飞禽和兔子

犬类表演风靡一时的时候，人们不认为猫是一种时髦、有名的动物。将它们按不同品种分类几乎是不可能的，但是 1871 年，在伦敦水晶宫举办的首次猫咪秀引起了巨大轰动。据说，那是一个发现的过程，一次对比不同猫咪的机会。[13] 这场表演如此成功，以至于在一年之内，年度表演在整个英国变得司空见惯。最初，毛色似乎可以区分猫的种类，但是再细分的时候，几乎无法避免又回到毛色上来，暹罗猫等进口品种除外。长毛猫、短毛猫、斑

"LOVE ME, LOVE MY DOG!"

Old Lady. "MARY, DEAR, WOULD YOU MIND CHANGING SEATS WITH POOR FLUFF? HE LIKES HAVING THE AIR IN HIS FACE!"

"爱屋及乌!"（老太太："玛丽，亲爱的，你可以和可怜的绒毛换个座位吗？他喜欢清风拂面的感觉！"）乔治·鲍尔斯的漫画，体现了维多利亚时代人们对宠物的热情到了何等程度

猫——所有这些都是分类的产物，因为 19 世纪末期出现了数量众多的专业猫咪协会。重要的是要探寻猫咪的等级结构，就像狗的情况那样。当然，这样的探寻是虚幻的，常常被痴迷的猫咪主人的溺爱言辞掩盖。

猫狗生意业务量巨大，但是我们不该忘记维多利亚时代的人饲养的宠物种类繁多，从贵族私人动物园里的非洲和亚洲野兽到城市中心的鸟、蛇和鱼，简直无所不有。兔子的选择育种早在中

世纪时就开始出现，它们在那个时候就成了被驯化的家畜。16 世纪就出现了好几个兔子品种，但直到 19 世纪，在兔类动物所有者的经营下，室内养兔才实现真正的繁荣，他们和猫狗饲养者一样，投入了巨大的热情。随着兔子表演的流行，新品种的选择基于它们的毛色、个头或其他观赏特征。随着所谓"比利时兔子热"的兴起，人们对异国品种的热情达到了高潮。1888 年后，英国和美国进口了成千上万只比利时兔。不幸的是，与此同时，为了开展人类生殖系统和其他方面的研究，兔子被广泛用于医学实验。几千年来，鸡一直是人们熟悉的家禽，但是鸟类表演于 19 世纪末开始流行，导致从亚洲进口了充满异域情调、羽毛艳丽的鸟类，包括来自中国的长毛脚丝羽乌骨鸡（见插叙"驯化家禽"）。

驯化家禽

维多利亚时代的英国到处都是鸡：挤在城市公寓里，游走于农家院落中，只要想吃，随时都能逮到一只。今天，它们是遍及世界的主要肉食。[14]

人们对家鸡的谱系仍然知之甚少，其源头可追溯到 7 000 年前，甚至更远的年代。据说，迄今所知的最早的家禽可能源自公元前 5400 年左右干旱的中国东北部的考古遗址。经推定，它们的骨骼出自这种鸟祖先家园遥远的北方。正是著名的《物种起源》作者查尔斯·达尔文宣布鸡的祖先是红原鸡（*Gallus gallus*）。最近，这一理论得到了 DNA 研究的证实。从印度东北部到菲律宾，原鸡大量生长，但是它们可能不是家鸡的唯一祖先。

其他家鸡祖先可能包括印度南部的灰原鸡，但是 DNA 检测结论并不确定。人们很可能在热带地区的多个地点驯化了野鸡。

一旦被驯化，鸡就沿着贸易路线广泛传播，并跟随军队迁移，也可能随船远行。它们向西的传播可能始于印度河流域，4 000 多年前，这里的城市就和美索不达米亚有着贸易往来。我们在印度河流域西海岸的洛塔港发现了鸡的骨头，在当时，洛塔是印度的一个繁荣的港口城市。美索不达米业公元前 2000 年的泥版提到过"米鲁拉鸟"，后来又叫"皇家米鲁拉鸟"（米鲁拉就是印度河流域），可能指的就是鸡。稍晚些时候，鸡作为斗鸡或异国珍禽传播到了尼罗河流域，但是在接下来的 1 000 年里，普通埃及人养鸡的情况并不多见。埃及人似乎发明了人工孵化，使鸡能产更多的蛋。

公鸡长有锋利的鸡爪，行为非常凶猛。几千年前人们就发现，经过品种培育和训练，鸡能学会打斗，在鸡脚上绑上小刀或利刺可增强杀伤力。斗鸡在整个古代地中海世界非常流行，后来的欧洲和美国城市在此方面也不甘示弱。西方人认为这是一种非人道的行为；路易斯安那直到 2008 年才成为美国最后一个禁止斗鸡的州。

鸡蛋被罗马人视为美食，他们发明了煎蛋卷和填料烤鸡。公元前 161 年，出于对暴饮暴食的担忧，一部限制鸡肉消费的法规出台了，规定每顿只能吃一只。鸡跟随军队出征。士兵观察它们的战前反应，如果鸡胃口良好，就说明胜券在握。罗马帝国灭亡后，鸡受欢迎的程度开始下降，这可能是有组织的大型养殖体系被废弃的结果，该体系旨在保护鸟类免受捕食者捕杀。从古至今，在很多社会中，鸡都有着强大的象征意义。例如，在福音书中，彼得在"鸡鸣前"拒绝了耶稣。9 世纪时，教皇尼古拉一世命令，在基督教世界的每一座教堂的顶部安放公鸡的塑像。许多地方仍然有鸡形风向标。

今天大规模养殖的家禽与过去的鸡大相径庭。过去，鸡的价值体现于打斗能力和强大的精神联系。据说，它们可以成为绝妙的宠物，甚至是出色的捕鼠动物。

无论是养猫、养狗、养珍贵的马还是养兔子，盛极一时的宠物爱好是以主人的情感为基础的，然而这却常常遭到《笨拙》杂志的讽刺。那些为了获取食物或为其他目的饲养动物的人对宠物爱好者大肆嘲笑。理由是，后者的动物除了满足情感的或虚无的目的外，没有任何作用。他们说得没错，但正是那些动物爱好者的不懈努力，才逐渐改变了公众对动物的态度。

人与动物之间的亲密关系从来不是固定不变的，而是受不断变化的社会规范和转瞬即逝的时代潮流所支配。但是，关于动物的矛盾心理贯穿整个 19 世纪，富人和穷人之间隔着一道巨大的鸿沟。许多 19 世纪的英国人坚决认为，经济和就业需求是生活中远远高于善待动物的优先事务。另一个极端是富裕的社会成员，特别是贵族阶层，即所谓的"打猎"、"射击"和"钓鱼"人群，他们从狩猎中获得了强烈的、近似性行为的快感。1860 年，诗人和文学评论家马修·阿诺德（Matthew Arnold）将上层阶级生动地描写成"热衷野外运动"的"野蛮人"。奥斯卡·王尔德则更加犀利，他将猎狐描述成"大恶之人追捕不可食之物"。[15]

在一个似乎更加开明的时代——这一点仍然值得怀疑——我们强烈反对19世纪以"运动"的名义对各种大小动物不加区分地滥杀并以此来剥削那些无助的动物。我们应该怪罪维多利亚时代的人吗？当然应该，但这并不是问题的关键所在。千丝万缕的各种因素塑造了19世纪人与动物的历史，因此要想从中抽丝剥茧、轻而易举地找出一个核心脉络是不可能的：浮夸言辞和象征作用会形成很大的影响，而不同个体之间、不同社会阶层成员之间以及反活体解剖人士、大型动物狩猎者、人道主义者、宠物爱好者、社会鼓动者、科学家等各种不同群体之间的互动所造成的影响同样十分巨大。19世纪的英国社会——在此仅举一例——有着许多交织缠绕的脉络，与当今的英国没有两样。维多利亚时代动物的悲剧历史反映出与动物互动的不同人群和团体之间存在着巨大的分歧。

维多利亚女王在她登基50周年的金禧庆典演讲中指出："真正令我感到高兴的是，人类对动物的情感与日俱增。"[16]她说的没错，因为社会正在发生深刻的变化，这些变化一直延续到20世纪，只是在两次世界大战的洪流中及严重的经济萧条时期才有所停滞。几十年以后的20世纪60年代和70年代，人们对动物福利的热情再度高涨，并一直持续至今。如若有知，维多利亚女王也会为此感到欣慰。英国已是世界公认的动物保护事业的领导者。

选择性仁慈

在过去的成百上千年里，我们学会了许多有关动物的知识。我们知道，它们的行为和身体结构对于我们如何看待它们发挥着重要作用。在 19 世纪形成的大众印象中，猫、狗、马和兔子比鲨鱼或蛇更能带来好感，鲨鱼或蛇被视为凶残而危险的动物，这样的偏见至今还在影响人们的看法。我们还知道，人类的经济、文化和人口因素对我们如何看待和对待动物发挥着关键作用。年龄、教育、种族、职业、宗教和性别也同样如此。

生物伦理学家彼得·辛格*指出，当代人对动物的态度"足够仁慈，却有所选择"。[17] 然而，这种仁慈持续面临减退的危险，除非我们彻底打破具有 2000 多年历史的将人类凌驾于动物之上的西方思想。他认为，儿童对动物的态度充满矛盾。为了让孩子长得更强壮，父母鼓励他们吃肉。与此同时，父母对孩子讲述的动物故事无一例外有着快乐的结局，而且他们的生活中到处是猫咪、狗狗等招人喜爱的宠物及填充动物玩具。随着当今社会城市化的进一步发展，见过农场真实情况的孩子越来越少，圈舍、牲畜棚以及被卡车运到市场上当肉卖的动物已远离孩子们的生活。他们即使有幸一见，也只是透过车窗看看，映入他们眼帘的多是农场的建筑，少有鲜活的动物。我们与为我们提供肉食的动物被完全隔离开来。实际上，一个孩子如果意识到他在吃动物的肉，常常

---

*   彼得·辛格（Peter Singer），澳大利亚伦理哲学家。其代表作《动物解放》一书自
      1975 年出版以来，已被翻译成 20 多种文字，在几十个国家发行。

会感到非常吃惊。无数关于野生动物的节目在电视上播放，数量如此之多，以至于许多观众对豹子和大白鲨的了解程度胜过饲养在笼子里的几乎难以转身的鸡和牛。整个公众群体也没有意识到，科学家们正关起门来用动物从事大量科学研究。一堵无知的墙把我们与向我们提供肉食或科学实验对象的动物隔离在两个不同的世界里。另外一种普遍的推测是，情况并没有那么糟糕，因为政府或一些动物福利组织肯定会出来干预。事实是，我们不想知道遭到如此对待的受害者的真实情况，部分原因是我们不愿感受良心上的不安。毕竟，受害者不是人类。

确实，许多国家都有大规模的、影响力很大的动物福利组织，包括美国人道协会和皇家防止虐待动物协会，我们在第十七章中就介绍了它们的早期活动。在过去的一个世纪里，这些令人钦佩的组织更加关心的是宠物和野生动物，而不是家畜。然而，近年来，许多更加激进的动物解放及动物权利组织纷纷成立，它们提高了公众的意识，使人们更加关注集约化动物养殖中的残忍行为。作为回应，那些名声在外、地位稳固的组织在对待家畜和实验动物的苦难方面也变得更加积极。

最终，面对这一问题，我们无法回避在西方思想中占有神圣地位的根本观念：人类利益高于一切。因此，动物问题也就没有力量成为这个社会严肃的道德或政治问题。承认这一点，就意味着承认动物根本不重要，承认它们的痛苦与人类的痛苦相比也没那么重要。动物的不幸大多就是痛苦——我们知道动物感受到的痛苦与我们感受到的没有两样。花点时间想一想我们强加在动物身上的痛苦吧！彼得·辛格估计，工业化食品加工厂每年要消耗 1

亿多头（只）牛、猪和绵羊，还有几十亿只鸡。除此以外，大约
2 500 万只动物成为各种实验的牺牲品。我们总以为我们没有动物
那么野蛮，然而这只是一种自欺欺人的错觉。我们杀死其他动物，
以获取食物，满足运动需要，获取装饰我们身体的产品。几千年来，
我们还像折磨人那样折磨动物，直到将它们弄死。我们可能会口
口声声地说，熊和狮子是残忍的捕食者，殊不知，我们才是真正
的超级杀手。

其他动物也有复杂的社会生活，其不同个体之间有着微妙的
关系，我们对这些都视而不见。和许多其他物种一样，大猩猩和
狼有着错综复杂的社会生活。看看绵羊与羊群分开时有多么不安。
然而，我们坚持认为，这样的行为仅仅是一种"本能"。20 000
年前的克罗马农人就充分认识到，动物并非人类可以按照自己的
意愿随意塑造的死气沉沉的生物。正如辛格指出的那样："放弃暴
君的角色后，不要以为我们就成了上帝。"[18]

辛格和其他人认为，纯粹因为它们属于不同物种就歧视这些
动物是毫无道理的。这和基于种族的歧视没有两样。动物有自
己的利益，而这些利益不一定与人的利益相一致。为了食物而饲
养和屠杀动物的做法在今天的工业化社会已根深蒂固，并涉及影
响广泛而巨大的既得利益。然而，近年来，动物解放组织做出了
重大成就。现如今，在英国使用小牛夹栏（在小牛短暂的生命中，
这种夹栏严重限制了它们的活动）属于非法行为。层叠式鸡笼（阻
碍自由活动的笼子）在荷兰和瑞士被取缔。瑞典建议全面禁止使
用任何限制动物自由行动的设施。不幸的是，相对来说，美国在
这方面却没有什么进展。

经过最后的分析得出的结论是，我们人类有能力压迫其他动物，剥削那些帮助我们创造历史的家畜。当然，动物不能像人类那样可以提出抗议或投票表决。这无疑加重了人类的责任，将我们置于痛苦的两难境地，以道德和利他主义对抗着无情的剥削和自私自利。从道义上来说，我们会在一条在道德上站不住脚的道路上继续前行吗？现在，摆在我们面前的关键问题是，永恒而又不断变化的人兽关系将何去何从。目前，多数动物都是我们的奴仆，被我们以我们需要的方式剥削、吃掉和处置，而不是像那八种动物那样，是我们在地球上的平等伙伴，并改变了我们的历史。

致谢

　　我生活在一群动物的包围中——有猫、马、食蚊鱼、海龟和兔子，因为我的妻子和女儿都是真正的动物爱好者。实际上，我在当地的养兔圈被称为"兔子先生"。本书的写作始于不断变化的逆向动物思潮。它们使我明白我们与动物的关系是多么复杂。本书也源于我尊敬的经纪人苏珊·拉比纳的热心建议，是她首先鼓励我从动物的视角去看待历史，正如我们常常从人的视角所做的那样。两年之后，我从多种资料和大量谈话的泥沼中浴火重生，带来了一个纷繁复杂、令人着迷和鲜为人知的故事，与我原来头脑里的那个更加简单的故事大相径庭。从一开始，我就决定以国际视野写一本全球性的书，尽管全书重点着墨于旧世界，而不是美洲——个中原因显而易见。在此书的规划阶段，我就决定写一本纯粹的历史记述，避免受到当今关于动物权利的激烈争论的干扰。这些争论每天都被媒体报道，作者的观点五花八门。今天，激进主义和忧虑的根源在于对过去发生的事件，特别是过去两个世纪里发生的事缺乏记忆。我的目标是写一个简单易懂的历史故事，同时，我也希望这是一个有趣的故事，并为我们在 21 世纪对动物的矛盾心理提供来龙去脉。

我力求写一部涉及多学科的历史，从考古学和分子生物学到历史学、楔形文字研究、动物行为和中世纪手稿——这里只能列出这么一点。本书的魅力在于它是一块复杂的历史七巧板。这部历史充满了认同和分歧，以及个性鲜明的角色，而最重要的是，它包括了改变历史的 8 种动物。当然，我会为本书的准确性和结论负责。毫无疑问，我很快就会收到通常是匿名人士的善意反馈，他们喜欢对书中的谬误津津乐道。在此，让我提前感谢他们。

　　为撰写本书所进行的研究涉及我对多个主题的思想探索，是我作为一名考古学者的毕生所得。我发现，我在非洲的经历具有特殊的价值，因为半个世纪前，我有幸和那里的自给型农民生活在一起，也曾和一群猎物相处度日。这些经历极大丰富了我对历史的看法。与赞比亚中部的一位伊拉族（Ila）酋长共饮啤酒的经历使我从自给型牧业的现实中获得了难忘的知识。酋长在附近的卡富埃河谷地放养了几十头牛。在野外，我行走在驴羚和黑斑羚中间；黎明时，大象从我的营地穿行而过。这些经历让我体会到了猎人与猎物之间的亲密感。我现在意识到，在苏珊建议我为此动笔的很久以前，这个故事就已经在我的脑海里酝酿成熟了。

　　本书的写作参考了大量学术文献，它们大多极度令人费解，还常常相互矛盾，偶有精辟见解。无法避免的是，这部书借鉴了几十位学者的研究成果，恕我在此坐享其成。与众多学科的同人进行的多年讨论也对本书的写作大有裨益，但是因时间久远，我不可能记住所有人的名字。请原谅，在此我只能一并表示感谢！我由衷感激你们给予我的见解、批评和鼓励。特别感谢米奇·艾伦、戈伊科·巴贾莫维奇、纳迪亚·杜拉尼、芭芭拉·菲永、查尔斯·海厄姆、丹妮尔·库林、大卫·马丁利、苏珊·基奇·麦金托什、费奥纳·马歇尔、乔治·迈克尔斯、理查德·纳尔逊、詹姆斯·恩加托、泰斯·波尔克、哈丽雅特·里特沃、斯图尔特·史密斯、亚历克斯·威尔逊，以及已故教授德斯蒙德·克拉克和格雷厄姆·克拉克（两人没有亲戚关系）。要感谢的人不胜枚举，恕不一一列明。

苏珊·拉比纳提出了写作本书的创意，并给予我随时随地的支持。万分感激编辑彼得·金纳所付出的艰辛努力。他字斟句酌地咀嚼我的手稿，鼓励我，给我提出了大量及时的建议。关于写作，我向他学到了很多，收获巨大。这本书与其记在我的名下，毋宁说是他的功劳。布鲁斯伯里出版社的罗布·加洛韦以熟练的技巧修改了手稿。我的朋友谢利·洛文考布芙也是一位作家和资深编辑，他从一开始便对我鼎力相助。多年来，我们共同经历了成功的喜悦和文献研究的沮丧，在此过程中，喝咖啡不失为提振精神的良方。史蒂夫·布朗也是一位老朋友，他按照自己惯常的理解和技巧绘制了地图。最后，我还要感谢莱斯莉和安娜，是她们将我引领到动物世界的一个特殊层面。如果没有她们，没有我们的各种动物，本书就不会问世。可能我还要特别感谢那些猫，它们像往常那样，总是不合时宜地坐到我的键盘上。

注释

围绕动物的历史，特别是关于它们的驯化和行为，诸多学术著作和通俗文学皆有论述，而且每天都在不断增多。这方面的专业文献令人眼花缭乱，有些闪耀着思想的光辉，有些相互矛盾，有些则是重复，还有些完全是主观臆测，也偶有深邃洞见，令人眼前一亮。以下注释旨在引导读者拨云见日，走出谜团。如有读者想要进一步考究那些引人入胜而又常常迷雾重重的浩瀚文献，本书中引用的多数文章和著作不失为开卷有益的佳作。

第一章　伙伴关系

[1] Paul Bahn, *Cave Art: A Guide to the Decorated Ice Age Caves of Europe* (London: Francis Lincoln, 2007), pp. 96–101. 关于冰期晚期的猎人及其遗址，请参阅我的著述 *Cro-Magnon: How the Ice Age Gave Birth to the First Modern Humans* (New York: Bloomsbury Press, 2010)。

[2] 我在此的论述依据 Adrian Tanner, *Bringing Home Animals: Religious Ideology and Mode of Production of the Mistassini Cree Hunters* (London: C. Hurst, 1979), chapters 6–8。这方面还有一部力作，请参阅 Dorothy K. Burnham, *To Please the Caribou: Painted Caribou-Skin Coats Worn by the Naskapi, Montagnais, and Cree*

Hunters of the Quebec-Labrador Peninsula (Seattle: University of Washington Press, 1992)。感谢 Dr. Barbara Filion 为本章提出耳目一新的建议。

[3] Genesis 1:28.

[4] Tim Ingold, "From Trust to Domination: An Alternative History of Human-Animal Relations," In Aubrey Manning and James Serpell, eds., *Animals and Human Society* (London: Routledge, 1994), p. 5. 接下来的几段从这一重要文献中多有借鉴。

[5] 对科育空人的描述有赖于理查德·纳尔逊的著作 *Make Prayers to the Raven: A Koyukon View of the Northern Forest* (Chicago: University of Chicago Press, 1983), p. 240。纳尔逊的观点对本章中的很多内容起到了核心作用。

[6] 本节内容依据 David Lewis-Williams, *Seeing and Believing: Symbolic Meanings in Southern San Rock Paintings* (New York: Academic Press, 1981)。还可参见 David-Lewis Williams and Sam Challis, *Deciphering Ancient Minds: The Mystery of San Bushman Rock Art* (London: Thames and Hudson, 2011)。对此处的图像描述，可参见 Harald Pager, *Rock Paintings of the Upper Brandberg* (Koln: Heinrich Barth Institute, 1989)。

[7] Richard Nelson, *Make Prayers to the Raven*, p. 17.

[8] 同上，p. 83。

[9] 同上，p. 31。

[10] 本节内容依据 Tim Ingold, *Hunters, Pastoralists, and Ranchers* (Cambridge, UK: Cambridge University Press, 1980), chapters 1-2。

[11] Samuel Hearne, *A Journey from the Prince of Wales's Fort in Hudson's Bay to the Northern Ocean* (Toronto: The Champlain Society, 1911), p. 214. 塞缪尔·赫恩（1745—1792）是一位探险家、博物学家及羊毛商，他是第一位穿越陆地抵达北冰洋的欧洲人，当时他是哈得孙湾公司的职员。

[12] Tim Ingold, *Hunters*, pp. 144ff.

[13] Hussein A. Isack, "The Role of Culture, Traditions and Local Knowledge in Co-Operative Honey-Hunting between Man and Honeyguide: A Case Study of

Boran Community of Northern Kenya," In N. J. Adams and R. H. Slotow, eds., *Proceedings of the 22nd International Ornithological Congress, Durban* (1999), pp. 1351-1357. 还可参见 H. A. Isack and H-U. Reyer, "Honeyguides and Honey *Gatherers*: Interspecific Communication in a Symbiotic Relationship," *Science* 243, no. 4896 (1989): 1343-1346。关于指蜜鸟一般可参见 Herbert Friedmann, *The Honeyguides* (Washington D. C.: Smithsonian Institution, 1955)。指蜜鸟甚至上了肯尼亚 1993 年的邮票。

第二章 好奇的邻居

[1] 相关文献纷繁复杂。本章大量借鉴 Darcy F. Morey, *Dogs: Domestication and the Development of a Social Bond* (Cambridge, UK: Cambridge University Press, 2010) 和 James Serpell, *The Domestic Dog in Evolution: Behavior and Interaction* (Cambridge, UK: Cambridge University Press, 1996)。两者都是犬类考古学和生物学研究领域的重要文献，也是这方面较早的学术文本。

[2] K. Dobney and G. Larson, "Genetics and Animal Domestication: New Windows on an Elusive Process," *Journal of Zoology* 269, no. 2 (2006): 261-271. 引言出自 p. 267。

[3] Brian Fagan, *Cro-Magnon*, p. 3.

[4] 对于大众文化中的大坏狼，维基百科中有很好的论述：http://en.wikipedia.org/wiki/Big_Bad_Wolf，关于《芝麻街》，可在该网址查询。其他关于狼的故事包括格林兄弟的《小红帽》（*Little Red Riding Hood*）。参见 Edgar Taylor and Marian Edwards, *Grimm's Fairy Tales* (Amazon: Create Space Independent Publishing Program, 2012)。当然，关于邪恶的狼，还有许多故事版本，其中包括《伊索寓言》和不朽的俄罗斯故事《彼得和狼》。

[5] David Mech, *The Wolf: The Ecology and Behavior of an Endangered Species* (New York: Random House, 2012).

[6] Darcy Morey, *Dogs,* p. 75. 这几段依据该著作第四章。

[7] Darcy Morey, *Dogs,* pp. 27-29.

[8] 关于狗的驯化和“狗—狼”方面的文献以惊人的速度与日俱增。最新的论述包括 Pat Shipman, "How Do You Kill 86 Mammoths? Taphonomic Investigations of Mammoth Megasites," *Quaternary International* 30 (2014): 1-9。还可参见 Mietje Germonpré et al., "Palaeolithic Dogs and the Early Domestication of the Wolf," *Journal of Archaeological Science* 40 (2013):786-792。

[9] Raymond and Laura Coppinger, *Dogs: A Startling New Understanding of Canine Origin, Behavior, and Evolution* (Chicago: University of Chicago Press, 2002).

[10] Morey, *Dogs*, p. 80.

[11] 文献资料增加迅猛。其中，有两篇论文非常实用：G. Larson et al., "Rethinking Dog Domestication by Integrating Genetics, Archeology, and Biogeography," *Proceedings of the National Academy of Sciences USA*, 109 (2012): 8878–8883, doi: 10.1073，以及 C. Vila et al., "Multiple and Ancient Origins of the Domestic Dog," *Science* 276 (1997): 1687–1689, doi: 10.1126/ science.276.5319.1687。

第三章　珍爱的狩猎搭档

[1] Darcy Morey, *Dogs*, p. 24ff.

[2] Norbert Benecke, "Studies on Early Dog Remains from Northern Europe," *Journal of Archaeological Science* 14, no.1 (1987): 31-49.

[3] E. P. Murchison et al., "Transmissable Dog Cancer Genome Reveals the Origin and History of an Ancient Cell Lineage," *Science* 343, no. 6169 (2014): 437, doi: 10.1126/science.1247167.

[4] 简述在 Fagan, *Cro-Magnon*, chapter 12。

[5] S. P. Day, "Dogs, Deer, and Diet at Star Carr," *Journal of Archaeological Science* 23, no. 5 (1996): 783-787.

[6] Morey, *Dogs*, pp. 8off 总结了证据。

第四章　最早的农场：猪、山羊、绵羊的驯化

[1] M. Rosenburg et al., "Hallan Çemi, Pig Husbandry, and Post-Pleistocene Adaptations along the Taurus-Zagros Arc (Turkey)," *Paléorient* 24, no. 1 (1998): 25-41.

[2] 对猪引人入胜的叙述，请参阅 Lyall Watson, *The Whole Hog* (Washington, D. C.: Smithsonian Books, 2004)。

[3] Peter D. Dwyer, "Boars, Barrows, and Breeders: The Reproductive Status of Domestic Pig Populations in Mainland New Guinea," *Journal of Anthropological Research* 52 (1996): 481 500.

[4] 一项概括性的考察是：Keith Dobney et al., "The Origins and Spread of Stock- Keeping," in Sue Colledge et al., eds., *The Origins and Spread of Domestic Animals in Southwest Asia and Europe* (Walnut Creek, CA: Left Coast Press, 2013), pp. 17-26。也可参见 Benjamin S. Arbuckle et al., "The Evolution of Sheep and Goat Husbandry in Central Anatolia," *Anthropozoologica* 44, no. 1 (2009): 129-157。两篇论文中都有全面的参考资料。

[5] John Mionczynski, *The Pack Goat* (Portland, OR: Westwinds Press, 1992).

[6] Juliet Clutton-Brock, *Animals as Domesticates* (East Lansing, MI: Michigan State University Press, 2012) 提供了关于驯化的地区性概述，在本章中被采用。关于遗传学，参见 Susana Pedrosa et al., "Evidence of Three Maternal Lineages in Near Eastern Sheep Supporting Multiple Domestication Events," *Proceedings of the Biological Science* 272, no. 1577 (2005): 2211-2217。还可参见 M. A. Zeder, "Central Questions in the Domestication of Plants and Animals," *Evolutionary Anthropology* 15, no. 3 (2006): 105-117。

[7] A. J. Legge and P. A. Rowley-Conwy, "Gazelle Killing in Stone Age Syria," *Scientific American* 255, no. 8 (1987): 88-95. Guy Bar-Oz et al., "Role of Mass-Kill Hunting Strategies in the Extirpation of the Persian Gazelle *(Gazella subgutturosa)* in the Northern Levant," *Proceedings of the National Academy of*

Sciences 108, no. 18 (2011): 7345-7350.

[8] Sir Richard Burton, *The Lands of Midian (Revisited),* Vol. 1 (London: Routledge, 1879), p. 293.

[9] 本节基于 Benjamin S. Arbuckle et al., "The Evolution of Sheep and Goat Husbandry," *Anthropozoologica* 44, no. 1 (2009): 129-157。

[10] M. A. Zeder, "Animal Domestication in the Zagros: An Update and Directions for Future Research," in E. Vila et al., eds., *Archaeozoology of the Near East VIII* (Lyon: Maison de l'Orient et de la Méditerranée, 2008), pp. 243-278.

第五章 劳作的大地

[1] Francis Pryor, *Farmers in Prehistoric Britain*, 2nd ed. (Stroud, UK: The History Press, 2006) 结合了作者普赖尔的实地考古和养羊的生活经历。

[2] 一 项 简 述 在 Francis Pryor, *Fengate* (Botley, UK: Shire Publications, 1982)。后续出版的系列技术报告描述了挖掘的过程。参考资料可以在网上获取。Christopher Evans et al., *Fengate Revisited* (Oxford: Oxbow Books, 2009) 做了重新评估。

[3] 同上。

[4] Francis Pryor, *Flag Fen: Life and Death of a Prehistoric Landscape* (Stroud, UK: Tempus, 2005).

[5] J-D. Vigne et al., "Early Taming of the Cat in Cyprus," *Science* 304, no. 9 (2004): 259. 埃及已知最早的猫是在墓葬中发掘出的 2 只成年猫和 4 只小猫，来自希拉孔波利斯（Hierakonpolis）墓地里的至少两个垃圾坑。公元前 3100 年前后，希拉孔波利斯曾经是埃及统一之前上埃及的都城。此墓可远溯至公元前 3600 年至公元前 3100 年。Wim Van Neer et al., "More Evidence for Cat Taming at the Predynastic Elite Cemetery at Hierakonpolis (Upper Eygpt)," *Journal of Archaeological Science* 45, no. 1 (2014): 103-111.

[6] Jaromir Malek, *The Cat in Ancient Egypt,* Rev ed. (London: British Museum

Press, 2006).

[7] Diodorus Siculus, *Library of History,* Volume 1, trans. C. H. Oldfather (Cambridge, MA: Harvard University Press, 1933), 1:83, 1:5.

[8] Roy Rappaport, *Pigs for the Ancestors,* 2nd ed. (Prospect Heights, IL: Waveland Press, 2000).

第六章　圈养危险的原牛

[1] Julius Caesar, *The Conquest of Gaul*, trans. Jane Gardner. (Baltimore, MD: Penguin, 1982), p. 47.

[2] Temple Grandin, *Humane Livestock Handling* (North Adams, MA: Storey Publishing, 2008).

[3] 大量文献都对牛的驯化有过论述：P. Ajmone-Marsan et al., "On the Origin of Cattle: How Aurochs Became Cattle and Colonized the World," *Evolutionary Anthropology* 19, no. 4 (2010): 148-157; M.D. Teasdale and D. G. Bradley, "The Origins of Cattle," *Bovine Genomics* 5 (2012): 1-10。还可参阅 Ruth Bullongino et al., "Modern Taurine Cattle Descended from Small Number of Near-Eastern Founders," *Molecular Biology and Evolution* 29, no. 9 (2012): 2101-2104。最近还有 Jared E. Decker et al., "Worldwide Patterns of Ancestry, Divergence, and Admixture in Domesticated Cattle," *PLOS Genetics* 10.1371/journal.pgen.1004254 (2014)。

[4] James Mellaart, *Çatalhöyük* (London: Thames and Hudson, 1967) 描述了最早的挖掘情况。最近几年，一个庞大的国际研究团队在该遗址开展工作。Ian Hodder, *The Leopard's Tale: Revealing the Mysteries of Çatalhöyük* (London: Thames and Hudson, 2011) 为普通大众重写了这个故事。还可参见 Benjamin S. Arbuckle et al., "Evolution of Sheep and Goat Husbandry," pp. 139-141。关于遗址的历史，可参见 Ian Hodder, ed., *Religion in the Emergence of Civilization: Çatalhöyük as a Case Study* (Cambridge, UK: Cambridge University Press, 2010)。

[5] Jacques Cauvin, *The Birth of the Gods and the Origins of Agriculture*

(Cambridge, UK: Cambridge University Press, 2007).

[6] Klaus Schmidt, *Göbekli Tepe* (Istambul: Arkeoloji Sanat Yayýnlarý, 2013).

[7] Brian Fagan, *The Long Summer* (New York: Basic Books, 2004), chapter 7.

[8] Edmund Spenser, *A View of the State of Ireland* (annoted by H. J. Todd) (Charleston, NC: Nabu Press, 2012), pp. 496-497.

[9] Muhammed ibn Khaldun, *The Muqaddimah*, trans. Franz Rosenthal (Princeton, NJ: Princeton University Press, 2004) 2, 2. http://asadullahali.files. wordpress.com/2012/10/ibn_ khaldun-al_muqaddimah.pdf.

[10] E. E. Evans-Pritchard, *The Nuer* (Oxford: Clarendon Press, 1940). 引自 p. 16。

[11] E. E. Evans-Pritchard, *The Nuer* (Oxford: Clarendon Press, 1940), p. 26.

[12] 最近对努尔人的研究包括：Sharon E. Hutchinson, *Nuer Dilemmas: Coping with Money, War, and the State* (Berkeley: University of California Press, 1996)，以及 Raymond C. Kelly, *The Nuer Conquest: The Structure and Development of an Expansionist System* (Ann Arbor: University of Michigan Press, 1985)。

第七章　神圣的祭品和蹄子上的财富

[1] 本段引言出自 *The Epic of Gilgamesh*, trans. Maureen Gallery Kovacs (Stanford, CA: Stanford University Press, 1989)。参见 http://www.ancienttexts.org/library/ mesopotamian/gilgamesh/tab1.htm。此处引言出自 1 号泥版。

[2] 关于阿庇斯崇拜的简介参见：http://en.wikipedia.org/wiki/Apis_(god)。

[3] 关于萨卡拉的塞拉潘神殿的简介参见：http://en.wikipedia.org/wiki/Serapeum_of_Saqqara: R.T. Ridley, "Auguste Mariette: One Hundred Years After," *Abr-Nahrain* 22 (1983—1984): 118-158, 对这位杰出人物（马里耶特）有很好的评价。

[4] Ana Tavares, "Village, Town, and Barracks: A Fourth Dynasty Settlement at Heit el-Ghurab, Giza," in Nigel and Helen Strudwick, eds., *Old Kingdom: New Perspectives* (Oxford: Oxbow Books, 2013), pp. 270-277.

[5] Jeremy McInerney, *The Cattle of the Sun* (Princeton, NJ: Princeton

University Press, 2010), pp. 49-54.

[6] Jeremy McInerney, *The Cattle of the Sun*, pp. 54-59 有述。

[7] Homer, *Odyssey*, book 3, lines 6-7.

[8] 本节基于 Jeremy McInerney, *The Cattle of the Sun*，这是关于希腊人祭牛的权威性研究。关于广泛的地中海地区的古代祭祀情况，请参阅 Anne M. Porter and Glenn M. Schwartz, eds., *Sacred Killing: The Archaeology of Sacrifice in the Ancient Near East* (Warsaw, IN: Eisenbrauns, 2012)。

[9] 普鲁塔克的名言被 Jeremy McInerney 在 *The Cattle of the Sun*, p. 36 引用。对献祭过程的描述出现在 *The Cattle of the Sun,* p. 37。

[10] Jeremy McInerney, *The Cattle of the Sun*, pp. 4-5.

[11] Jeremy McInerney, *The Cattle of the Sun*, pp. 173-184 有讨论。

[12] Aristotle, *The Nichomachean Ethics,* trans. H. Rackham (Cambridge, MA: Harvard University Press, 1982), 7: 1-2.

[13] Strabo, *Geography*, trans. H. C. Hamilton and W. Falconer (London: George Bell, 1903), 5, 2, 7. http://www.perseus.tufts.edu/hopper/text?doc=Perseus: text:1999.01.0239&redirect=true.

[14] Marcus Terentius Varro, *De Res Rustica,* trans. W. D. Hooper and Harrison Boyd Ash (Cambridge, MA: Harvard University Press, Loeb Classical Library, 1934), 2:2, 2:11.

[15] 同上，1:3。

[16] 本段依据 K. D. White, *Roman Farming* (Ithaca, NY: Cornell University Press, 1970)，以及 Geoffrey Kron, "Food Production," In Walter Scheidel, ed., *The Roman Economy* (Cambridge, UK: Cambridge University Press, 2012), pp. 156-174。

[17] Adam Dickson, *A Treatise of Agriculture* (London: A. Donaldson and J. Reid, 1762).

[18] 本段引言出自 Cato the Elder, *De Agricultura* (160 B.C.E.), trans. W. D. Hooper and Harrison Boyd Ash (Cambridge, MA: Harvard University Press, Loeb Classical Library, 1934), 54:4；关于狗，可参见 Cato, *De Agricultura* 1:4 。

[19] Columella, *On Agriculture*, Volume II, books 5-9, trans. E. S. Forster and Edward H. Heffner (Cambridge, MA: Harvard University Press, 1954), 6:2.

第八章　任劳任怨的牲畜

[1] Apuleius, *The Golden Ass*, trans. Sara Ruden (New Haven, CT: Yale University Press, 2011), 4:69. 阿普列乌斯（约 125—180）是努米底亚的柏柏尔人，到过很多地方旅行。他是一位多产的作家，而最有名的著作便是《变形记》，即广为人知的《金驴记》。阿普列乌斯热衷于多种信仰，这可能就是他参与伊希斯崇拜的原因。

[2] Apuleius, *The Golden Ass,* 11:257.

[3] B. Kimura et al., "Donkey Domestication," *African Archaeological Review* 30, no. 1 (2013): 83-95. 基因学方面，可参阅 B. Kimura et al., "Ancient DNA from Nubian and Somali Wild Ass Provides Insights into Donkey Ancestry and Domestication," *Proceedings of the Royal Society B: Biological Sciences* 278, no. 1702 (2011): 50-57。

[4] Stine Rossel et al., "Domestication of the Donkey: Timing, Processes, and Indicators," *Proceedings of the National Academy of Sciences* 105, no. 10 (2008): 3715-3720.

[5] Frank Förster, "Beyond Dakhla: The Abu Ballas Trail in the Libyan Desert (SW Egypt)," In Frank Förster and Heiko Riemer, *Desert Road Archaeology in Ancient Egypt and Beyond* (Köln: Heinrich-Barth-Institut, 2013), pp. 297-338. 以及 Stan Hendrickx et al., "The Pharaonic Pottery of the Abu Ballas Trail: 'Filling Stations' along a Desert Highway in Southwestern Egypt," In *Desert Road Archaeology in Ancient Egypt and Beyond*, pp. 339-380。本书包含有关撒哈拉驴队贸易的系列优秀论文。

[6] Hans Geodicke, "Harkhuf's Travels," *Journal of Near Eastern Studies* 40, no. 1 (1981): 1-20.

[7] 关于正在进行的有关底比斯沙漠通道的调查，有两本专著：John

Coleman Darnell and Deborah Darnell, *Thepan Road Survey in the Egyptian Western Desert. Vol 1:Gebel Tjauti Rock Inscriptions* (Chicago: Oriental Institue Publications, 2002) 以及 John Coleman Darnell, *Theban Desert Road Survery II: The Rock Shrine of Pahu, Gebel Akhenaton, and Other Rock Inscriptions from the Westerm Hinterland of Naqada* (New Haven, CT: Yale Egyptological Seminar,2013)。还可参见 http://www.yale.edu/egyptotogy/ae_theban.htm。

[8] 关于德尔麦迪那的驴队贸易，可参见 A. G. McDowell, *Village Life in Ancient Egypt: Laundry Lists and Love Songs* (Oxford: Oxford University Press, 1999)。引言出自 p. 86, p. 90。

第九章　历史的皮卡车

[1] H. B. Tristram, *The Natural History of the Bible* (London: Society for Promoting Christian Knowledge, 1883), p. 39.

[2] G. Bar-Oz et al., "Symbolic Metal Bit and Saddlebag Fastenings in a Middle Bronze Age Donkey Burial," *PLOS One* 8, no. 3 (2013): e58648 doi. 20. 1371/ journal. pone. 0058648.

[3] *Wisdom of Sirach* , Sir.33, 33:24（http://quod.lib.umich.edu/cgi/r/rsv/rsv-idx?type=DIV1&byte=3977004 *The Wisdom of Sirach*).《赛拉齐的智慧》是一部道德读本，由耶路撒冷的犹太抄写员 Shimon ben Yeshua ben Eliezer ben Sira 于公元前 2 世纪早期写成。

[4] Zachariah 9:9.

[5] Judges 5:10.

[6] 本节依据 J. G. Dercksen et al., *Ups and Downs at Kanesh: Chronology, History and Society in the Old Assyrian Period* (Leiden: Nederlands Instituut voor het Nabije Oosten, 2012); Mogens Trølle Larsen, *The Old Assyrian City- State and Its Colonies* (Copenhagen: Akademisk Forlag, 1976)，以及 K. R. Veenhof, *Aspects of Old Assyrian Trade and Its Terminology* (Leiden: E. J. Brill, 1972)。

[7] Cécile Michel, "The *Perdum*-Mule, a Mount for Distinguished Persons in Mesopotamia during the First Half of the Second Millennium B.C.," In Barbro Santillo Frizell, ed., *PECUS: Man and Animal in Antiquity,* Proceedings of the Conference at the Swedish Institute in Rome, September 9-12, 2002 (Rome Swedish Institute in Rome, 2004), pp. 1-20.

[8] 2013 年 3 月 18 日，巴贾莫维奇博士发了一封邮件给笔者。非常感谢他就亚述商队提出的建议。

[9] 本节受益于 Mark Griffith, "Horsepower and Donkeywork: Equids and the Ancient Greek Imagination," *Classical Philology* 101, Part I, 101,no. 3 (2006): 110-127；以及 Griffith, "Horsepower and Donkeywork: Equids and the Ancient Greek Imagination: Part Two," *Classical Philology* 101, no. 4 (2006):307–358。

[10] 伊索的著作特别有名。伊索（约公元前 620— 公元前 564）是一位寓言作家，他的寓言故事成为流芳百世的不朽之作。据说他曾经是一名奴隶，后来获得自由，但是他可能是一位传说中的人物。他的许多寓言故事都以动物为主角。典型的例子是《驴子和驴夫 》：http://mythfolklore.net/aesopica/oxford/486.htm。还可参见 *Aesop's Fables,* a new translation by Laura Gibbs (Oxford: Oxford University Press [World's Classics]), 2002。

[11] Varro, *De Res Rustica*, p. 70.

[12] Columella, *De Agricultura* , p. 67.

[13] T. E. Berger at al., "Life History of a Mule (c.160 A. D.) from the Roman Fort Biriciana/Weißenburg (Upper Bavaria) as Revealed by Serial Stable Isotope Analysis of Dental Tissues," *International Journal of Osteoarchaeology* 20, no. 1 (2010): 158-171.

[14] 巴塞洛缪斯（约 1203—1272）是一位巴黎方济会百科全书编撰者和学者。引言出自他的 *De Proprietatibus Rerum* (1240), 1:24。

[15] Robert Graves, *The Golden Ass: The Transformations of Lucius* (reprint; London: Macmillan, 2009), p. xv.

[16] Anonymous, *Special Forces Use of Pack Animals* , U.S. Army Special Forces

Manual FM3–05.213 (FM 31–27), Washington, D. C. 2004.引言出自 pp. ivff。可参见:
www.fas.org/irp/doddir/army/fm3-053-05-213.pdf。

第十章　驯化草原骄子

[1] 本节借鉴自 Pita Kelekna, *The Horse in Human History* (Cambridge, UK: Cambridge University Press, 2009), chapters 1 and 2。

[2] 关于普氏野马的介绍，以下网站可方便查询: http://en.wikipedia.org/ wiki/Przewalski's_horse。关于欧洲野马，参见: http://en.wikipedia.org/ wiki/Tarpan。还可参见 Dixie West, "Horse Hunting in Central Europe at the End of the Pleistocene," In Sandra L. Olsen et al., eds., *Horses and Humans: The Evolution of Human-Equine Relationships* (Oxford: BAR International Series 1560, 2006), pp. 25-47。

[3] 关于梭鲁特的介绍，参见 Brian Fagan, *Cro-Magnon*, pp. 215-223。

[4] Pita Kelekna, *The Horse*, pp. 22-38.

[5] Sandra L. Olsen, "Early Horse Domestication: Weighing the Evidence," In Sandra L. Olsen et al., eds., *Horses and Humans: The Evolution of Human-Equine Relationships* (Oxford: BAR International Series 1560, 2006), pp. 81-113，还可参见 David Anthony, "Bridling Horsepower: The Domestication of the Horse," In Sandra L. Olsen, ed., *Horses Through Time* (Boulder, CO: Roberts Rinehart, 1996), pp. 57-82。

[6] D. V. Telegin, *Dereivka: A Settlement and Cemetery of Copper Age Horse Keepers on the Middle Dnieper* (Oxford: British Archaeological Reports, International Series, 287, 1986)。还可参见 Pita Kelekna, *The Horse,* pp. 32ff。

[7] 关于嚼子的著作浩如烟海。一个简介请参见 David Anthony et al., "Early Horseback Riding and Warfare: The Importance of the Magpie Around the Neck," In Sandra L. Olsen et al., eds., *Horses and Humans: The Evolution of Human-Equine Relationships* (Oxford: BAR International Series 1560, 2006), pp. 137-156。还可参见 Gail Brownrigg, "Horse Control and the Bit," In Sandra L. Olsen, *Horses and Humans*, pp. 165-177。

[8] Elena E. Kuzmina, "Mythological Treatment of the Horse in Indo-European Culture," In Sandra L. Olsen et al., eds., *Horses and Humans: The Evolution of Human-Equine Relationships* (Oxford: BAR International Series 1560, 2006), pp. 263-270. 相关讨论参见 Pita Kelekne, *The Horse in Human History*, pp. 34ff。

[9] Sanda L. Olsen, "The Exploitation of Horses at Botai, Kazakhstan," In Marsha Levine et al., *Prehistoric Steppe Adaptation and the Horse* (Cambridge, UK: Macdonald Institute for Archaeological Research, 2003), pp. 83-103.

[10] Stuart Piggott, *Wagon, Chariot, and Carriage* (London: Thames and Hudson), chapters 1 and 4 考察了数据。

[11] 同上，p. 31。

第十一章　驯马师的遗产：战车与骑兵

[1] Edward Shaughnessy, "Historical Perspectives on the Introduction of the Chariot into China," *Harvard Journal of Asiatic Studies* 48 (1988), p. 211.

[2] Pita Kelekna, *The Horse,* chapter 5 是本章重要的资料来源。

[3] Pita Kelekna, *The Horse*, chapter 4 为本节提供了资料。此外还有 Stuart Piggott, *Wagon, Chariot and Carriage*, pp. 42ff。

[4] 关于吉库里，参见 www.flickr.com/photos/exit120/5020830577/。

[5] Peter Raulwing, "The Kikkuli Text: Hittite Training Instructions for Chariot Horses in the Second Half of the 2nd Millennium B.C. and Their Interdisciplinary Context," http://www.lrgaf.org/Peter_Raulwing_The_ Kikkuli_ Text_MasterFile_Dec_2009.pdf.

[6] Ann Nyland, *The Kikkuli Method of Horse Training* (New York: Smith and Sterling, 2008). 引自 p. 8。

[7] James Breasted, *Ancient Records of Egypt: Historical Documents* (Chicago: University of Chicago Press, 1906), pp. 147-148.

[8] Robert Drews, *Early Riders: The Beginnings of Mounted Warfare in Asia*

and Europe (New York: Routledge/Francis and Taylor, 2004), p. 48.

[9] T. T. Rice, *The Scythians* (London: Thames and Hudson, 1958) 仍然是一部令人称羡的概括性著作。还可参见 Pita Kelekna, *The Horse in Human History*, chapter 3；以及 David W. Anthony, *The Horse, the Wheel, and Language: How Bronze-Age Riders from the Eurasian Steppes Shaped the Modern World* (Princeton, NJ: Princeton University Press, 2007)。

[10] 总体情况，请参见 Stuart Piggott, *Wagon, Chariot, and Carriage*, pp. 112-114。

[11] Sergei Rudenko, *Frozen Tombs of Siberia: The Pazyryk Burials of Iron-Age Horsemen,* trans. M. W. Thompson (Berkeley: University of California Press, 1970).

[12] 本段引言出自 Xenophon, *On Horsemanship*, trans. H. G. Dakyns (Project Gutenberg, 2008), books 9, 10, 11, 12, 可参见：http://www.gutenberg.org/files/1176/1176-h/1176-h.htm。

[13] 同上，p. 75。

[14] Stuart Piggott, *Wagon, Chariot and Carriage,* chapter 3 对此进行了探讨。

[15] 同上，pp. 74-80。

[16] Marcus Terentius Varro, *De Res Rustica*, p. 391.

第十二章　推翻天子

[1] Robert Bagley, "Shang Archaeology," In Michael Loewe and Edward L. Shaughnessy, eds., pp. 124-231. *The Cambridge History of Ancient China* (Cambridge, UK: Cambridge University Press, 1999), pp. 124–231.

[2] 本章大量依据 H. G. Creel, "The Role of the Horse in Chinese History," *American Historical Review* 70, no. 3 (1965): 647-672。还可参见 Pita Kelekna, *The Horse in Human History*, chapter 5，里面有大量参考资料。

[3] Liancheng Lu, "Chariot and Horse Burials in Ancient China," *Antiquity* 67 (1999): 824-838.

[4] Ying-shih Yu, "The Hsiung-Nu," In Denis Sinor, ed., *The Cambridge History of Early Inner Asia* (Cambridge, UK: Cambridge University Press, 1990), pp. 118–119.

[5] 关于秦始皇和兵马俑的大量插图，请参见 Roberto Ciarla, ed., *The Eternal Army: The Terracotta Soldiers of the First Emperor* (Vercelli, Italy: White Star Publishers, 2012)。

[6] Pita Kelekna, *The Horse in Human History*, pp. 142ff.

[7] H. G. Creel, "The Role of the Horse," p. 658.

[8] René Grousset, *The Empire of the Steppes: A History of Central Asia,* trans. Naomi Walford (New Brunswick, NJ: Rutgers University Press, 1970) 有关于这些远征的描述。还可参见 Pita Kelekna, *The Horse in Human History,* pp. 146ff。

[9] H. G. Creel, "The Role of the Horse," p. 659.

[10] Pita Kelekna, *The Horse in Human History* , pp. 148-150.

[11] 关于成吉思汗的文献多如牛毛。George Lane, *Genghis Khan and Mongol Rule* (Westport, CT: Greenwood Press, 2004) 是很有帮助的启蒙读物。引言出自 J. A. Boyle, trans., *Tarikh-i Jahan Gusha,* in *The History of the World Conqueror* (Manchester, UK: Manchester University Press, 1967), p. 105。

[12] 关于忽必烈，请参见 Ann Paludan, *Chronicle of the Chinese Emperors* (London: Thames and Hudson, 1998), pp. 148-153。

[13] H. G. Creel, "The Role of the Horse," pp. 669-671.

第十三章　丝绸之路上的骆驼

[1] Richard Bulliet, *The Camel and the Wheel* (New York: Columbia University Press, 1990) 对骆驼的驯化以及由此产生的争论有全面论述，本节依据 chapters 2 and 3。

[2] A. S. Saber, "The Camel in Ancient Egypt," *Proceedings of the Third Annual Meeting for Animal Production under Arid Conditions* I (1998): 208-215.

[3] Richard Bulliet, *The Camel*, chapters 3 and 4 包含对驼鞍的论述，但整本书也提到了不同的类型。

[4] Richard Bulliet, *The Camel*, chapter 4.

[5] 引自 Richard Bulliet, *The Camel*, p. 95。

[6] 关于佩特拉的简介参见 Andrew Lawler, "Reconstructing Petra," *Smithsonian,* 38, no. 3 (2007): 42-49。

[7] 关于这方面的论述，请参见 Richard Bulliet, *The Camel*, chapter 5。

[8] Andrew Wilson, "Saharan Trade in the Roman Period: Short, Medium and Long-Distance Trade Networks," *Azania* 47, no. 4 (2012): 409-449. 9.

[9] 本节依据 E. W. Bovill and Robin Hallet, *The Golden Trade of the Moors* (London: Marcus Weiner, 1955)。

[10] N. Levetzion and J. F. P. Hopkins, eds., *Corpus of Early African Sources for West African History* (Cambridge, UK: Cambridge University Press, 1981), p. 118.

[11] Ghislaine Lydon, *On Trans-Saharan Trails* (Cambridge, UK: Cambridge University Press, 2009), chapter 5.

[12] 马多彻·阿比·塞努尔，来自摩洛哥阿卡（Akka）的一名犹太教拉比。19 世纪，为开通抵达非穆斯林地区的撒哈拉贸易路线，他付出了艰辛的努力。他还是一位激情满满的植物学家和植物收藏家。引言出自 Ghislaine Lydon, *On Trans-Saharan Trails,* p. 221。

[13] 伊本·白图泰（1304—1377）是一位有着柏柏尔人血统的摩洛哥探险家。此处引言出自 Ghislaine Lydon, *On Trans-Saharan Trails,* p. 226。

[14] Michael Benanov, *Men of Salt* (Guilford, CT: Lyons Press, 2008). 还可参见：www. http://news.nationalgeographic.com/news/2003/05/0528_030528_ salt-caravan.html。

[15] 请参见 Richard Bulliet, *The Camel*, chapter 7 的分析。

[16] Owen Lattimore, *Mongol Journeys* (London: Jonathon Cape, 1941). 本节从中多有借鉴。还可参见 Daniel Miller and Dennis Sheehy, "The Relevance of Owen Lattimore's Writings for Nomadic Pastoralism Research and Development in

Inner Asia," *Nomadic Peoples* 12, no. 2 (2008): 103-115。

[17] 盖群英（Mildred Cable）和冯贵石（Francesca French）是两位新教女传教士，20 世纪 20 年代和 30 年代，她们在中亚地区广泛旅行。两位强健、特立独行的女侠在甘肃军阀的驱逐下于 1936 年离开中国，当时所有外国人都被驱逐了。Mildred Cable and Francesca French, *The Gobi Desert :The Adventures of Three Women Travelling across the Gobi Desert in the 1920s*, 2nd ed. (Coventry, UK: Trotamundas Press, 2008), p. 115.

[18] 本节引述出自 Owen Lattimore, *Mongol Journeys*, p. 77 and p. 116。

[19] 同上，p. 139。

第十四章　人类可以主宰动物?

[1] 本节借鉴自 Peter Edwards, *Horse and Man in Early Modern England* (London: Continuum Books, 2007)。

[2] 引言出自 Peter Edwards, *Horse and Man in Early Modern England*, p. 5。

[3] 同上，p. 189。

[4] 同上，p. 197。

[5] 同上，p. 28。

[6] Lloyd Charles Sanders, *Old Kew, Chiswick, and Kensington* (London: Methuen, 1910) p. 104.

[7] John Evelyn, William Bray, and John Forster, eds., *The Diary and Correspondence of John Evelyn, F.R.S.,* vol. 2 (London: Bell and Daidy, 1910), p. 211. 日记写于 1684 年 12 月 7 日。

[8] John Flavel, *Husbandry Spiritualized,* 6th ed. (London: T. Parkhurst), p. 206.

[9] 耶利米·伯勒斯（1600—1646）是一位知名的清教传道者，他曾在英格兰和荷兰传教，最后来到伦敦。在此，因其雄辩的讲道，他以"史戴普尼的晨星"著称于世。引言出自 *An Exposition of the Prophesie of Hosea* (London: R. Dawlman, 1643), p. 576。

[10] John Florio (trans.), *Shakespear's Montaigne: The Florio Tranlation of the Essays. A Selection* (New York: New York Review of Books Classics, 2014,[1580]). 引言出自论文 "An Apologie de Raymond Sebond," Book 12, section 2。

[11] 想了解笛卡儿和笛卡儿主义，参见 Linda Kalof, *Looking at Animals* (New York: Reaktion Books, 2007), chapter 5。

[12] 奥利弗·哥尔德斯密斯（1730—1774）以他的小说 *The Vicar of Wakefield* (1766) 和戏剧 *She Stoops to Conquer* (1773) 闻名。引言出自 Keith Thomas, *Man and the Natural World*, p. 35。

[13] 本节借鉴 Keith Thomas, *Man and the Natural World*, pp. 92ff。

[14] Linda Kalof, *Looking at Animals*, pp. 59-64. Esther Cohen, "Animals in Medieval Perceptions: The Image of the Ubiquitous Other," In Aubrey Manning and James Serpell, eds., *Animals and Human Society* (London: Routledge, 1994), pp. 59-80; Andreas-Holger Maehle, "Cruelty and Kindness to the 'Brute Creation': Stability and Change in the Ethics of the Man-Animal Relationship, 1600—1850," In Aubrey Manning and James Serpell, eds., *Animals and Human Society* (London: Routledge, 1994), pp. 81-105.

[15] T. Porck and H. J. Porck, "Eight Guidelines on Book Preservation from 1527: How One Should Preserve All Books to Last Eternally," *Journal of Paper Conservation*, 13 (2) (2012): p. 20.

[16] 插图和引言出现在 Augustine of Hippo, *De Civitate Dei contra Paganos* 的副本中。该作于 426 年完成，副本由 Hildebert 和另一位画家 Everwin 完成。手稿藏于布拉格的牧师会图书馆（codex A21/1, folio 153r）。

[17] Pangur Bán，意为"白色潘革"，是猫的名字。这首古老的爱尔兰诗由一位姓名已不可考的僧侣写作，他可能生活在康斯坦茨湖赖兴瑙岛上的本笃会修道院。作者可能是 Sedulious Scottus，因为这首诗的风格与他的作品比较类似。参见 Whitley Stokes and John Strachan, eds., *Thesaurus Palaeohibernicus: A Collection of Old Irish Glosses, Prose, and Verse* (Cambridge, UK: Cambridge University Press, 1904), pp. 293-294。

[18] 凯内尔姆·迪格比爵士（1603—1665），朝臣、自然哲学家及外交官。除了这些成就以外，他还是现代葡萄酒瓶之父。引言出自他的 *A Late Discourse . . . Touching the Cure of Wounds by the Powder of Sympathy* (London: R. Lowdes, 1658), p. 117。感应药粉（Powder of Sympathy）是一种感应魔法。

[19] 简·英奇洛（1820—1897）是一位多产的小说家和诗人，在维多利亚时代广受赞誉，她的作品在当时作为家庭娱乐和消遣深受人们的喜爱，而今天已被多数人遗忘。引言出自她的 *High Tide on the Coast of Lincolnshire, 1571* (London: Roberts Brothers, 1883), lines 40-42。

第十五章 "哑畜的地狱"

[1] P. K. O'Brien, "Agriculture and the Industrial Revolution," *Economic History Review* 2nd series., 1 (1977): 169.

[2] Henry Peacham, *The Worth of a Peny: Or a Caution to Keep Money* (London: S. Giffin, 1664), p. 31. 皮查姆（1578—约1644）是一名作家和诗人，至今最有名的作品是 *The Compleat Gentleman* (1622)。

[3] 佩尔·卡尔姆（1716—1779）是一名探险家、植物学家和农业经济学家，也是卡尔·林奈（Carl Linnaeus）的学生。第一本关于尼亚加拉瀑布的科学论述便是出自他。引言出自 Keith Thomas, *Man and the Natural World*, p. 26。

[4] Keith Thomas, *Man and the Natural World*, pp. 94ff 包含这则材料。

[5] Harriet Ritvo, *Animal Estate: The English and Other Creatures in the Victorian Age* (Cambridge, MA: Harvard University Press, 1987), chapter 1 包含优质肉牛繁殖的内容。关于罗伯特·贝克韦尔，参见该书 pp. 66ff。

[6] 威廉·菲茨斯蒂芬（William Fitzstephen，卒于约1190年）是一位教士和管理人员，他为大主教托马斯·贝克特工作，并于1170年在坎特伯雷大教堂目睹了贝克特遇害的经过。他对伦敦的记述成了贝克特传记的组成部分。引自 Matthew Senior, *Enlightenment*, p. 105。

[7] Thomas Maslen, *Suggestions for the Improvement of Our Towns and*

Houses (London: Smith, Elder, 1843), p. 16.

[8] Thomas Pennant, *British Zoology: A New Edition* , vol. 1 (London: Wilkie and Robinson, 1812), p. 11.

[9] Harriet Ritvo, *Animal Estate*, pp. 107-113.

[10] Janet Clutton-Brock, *Horse Power* (Cambridge, MA: Harvard University Press, 1992), pp. 170-177，概括了赛马的历史和阿拉伯马的引入。

[11] Madeleine Pinault Sorensen, "Portraits of Animals, 1600—1800," in Matthew Senior, ed., *A Cultural History of Animals in the Age of Enlightenment* (New York: Berg, 2007), pp. 157-198.

[12] Adam Alasdair, *The Cat: A Short History* (Seattle, WA: Amazon Digital Services, 2012) 简述了猫在历史上的命运。

[13] Kolof, *Looking at Animals,* p. 125.

[14] Harriet Ritvo, *Animal Estate*, p. 126.

[15] Christopher Hibbert, ed., *Queen Victoria in Her Letters and Journals* (London: John Murray, 1984), p. 205.

[16] Jason Hribal, "Animals Are Part of the Working Class," *Labor History* 44, no. 3 (2003): 112-137.

第十六章　军事癫狂的牺牲品

[1] 本节依据 Louis A. Di Marco, *War Horse: A History of the Military Horse and Rider* (Yardley, PA: Westholme Publishing, 2008)。

[2] 有关埃劳之战，请参见：http://en.wikipedia.org/wiki/Battle_of_Eylau。

[3] 卡瓦利耶·默瑟（1783—1868）在滑铁卢战役中曾是一名英军炮兵军官，后来成为一名将军。他的炮兵部队拥有六门大炮，击退了法国重装骑兵的进攻，拒绝撤退到步兵方阵。Cavalié Mercer, *Journal of the Waterloo Campaign Kept throughout the Campaign of 1815* (London: William Blackwood, 1870). 引自该书 vol. 1, pp. 319-321。他的儿子卡瓦利耶·A．默瑟在此书出版前，对其中的内

容做了些改动。

[4] 路易斯·爱德华·诺兰上尉（1818—1854）是一名成就卓著的马术大师和骑兵战术专家。他在轻骑兵旅的冲锋中所发挥的作用颇受争议，也就是在此次冲锋中，他壮烈殉国。参见其传记 David Buttery, *Messenger of Death: Captain Nolan and the Charge of the Light Brigade* (Barnsley, UK: Pen and Sword, 2008)。诺兰的《骑兵的历史和战术》一书于 1853 年首次出版，就这一主题进行了经典分析。该书最早由 Thomas Bosworth 在伦敦出版，重印时由 Jon Coulston 作序（Yardley, PA: Westholme Publishing, 2007）。引自 p. 37。本段中引自色诺芬的话出现在 p. 105。

[5] Nolan, *Cavalry*, p. 125.

[6] 同上，p. 97。

[7] Cecil Woodham-Smith, *The Reason Why* (London: Penguin Reprint, 1991) 对这次冲锋及其序曲有过经典、详尽而精彩的描述。引自 p. 138。

[8] 本节内容和插叙"愚蠢的骑兵：进入死亡之谷"依据 Cecil Woodham-Smith, *The Reason Why*。要了解克里米亚战争的来龙去脉，我强烈推荐阅读整本书。

[9] Woodham-Smith 在 *The Reason Why,* p. 242 引用。

[10] Alfred, Lord Tennyson 的诗"轻骑兵旅的冲锋"于 1854 年写成，以纪念这一事件。

[11] David Buttery, *Messenger of Death,* p. 114.

[12] Alfred, Lord Tennyson, "The Charge of the Light Brigade" (Seattle: Amazon Digital Services, 2012), p. 3.

[13] 本节依据 John Ellis, *Cavalry: The History of Mounted Warfare* (New York: Putnam, 1978), chapter 7, 以及 Louis A. Di Marco, *War Horse,* chapter 8。

[14] John Ellis 在 *Cavalry*, p. 148 引用。

[15] 同上，p. 176。

[16] 引言出自 Louis A. Di Marco, *War Horse*, pp. 319-321。

[17] G. J. Meyer. *A World Undone: The Story of the Great War 1914 to 1918* (New York: Bantam Dell, 2006), p. 321.

[18] Mercer, *Journal*, vol. 1, p. 335.

第十七章 虐待不可或缺之畜

[1] Charles Dickens, *Oliver Twist* (London: Penguin, 2002, [1838]), p. 171.

[2] James Serpell and Elizabeth Paul, "Pets and the Development of Positive Attitudes to Animals," in Aubrey Manning and James Serpell, eds., *Animals and Human Society*, p. 133. 罗马人也养宠物：Michael MacKinnon, "'Sick as a dog': Zooarchaeological Evidence for Pet Dog Health and Welfare in the Roman World," *World Archaeology* 42, no. 2 (2010): 290-309。

[3] Serpell and Paul, "Pets," p. 137.《自命清高》至今仍在发行，也可以从亚马逊网站获取电子书。

[4] Serpell and Paul, "Pets," p. 135.

[5] 这些段落大量借鉴 Harriet Ritvo, *The Animal Estate*, pp. 144ff。理查德·马丁上校（1754—1834）是代表戈尔韦的下议院议员、天主教动物解放运动倡导者及动物福利活动家。他在议会中以幽默的言辞闻名。他组织了花样繁多的动物福利活动，从而使他成为漫画家作品的笑柄。乔治五世国王将他戏称为"人道警察"。

[6] Harriet Ritvo, *Animal Estate*, pp. 130ff 记录了防止虐待动物协会的早期历史。

[7] 同上，pp. 138-139。

[8] 同上，p. 108。

[9] 本节借鉴自 Clay McShane and Joel A. Tarr, "The Horse as Technology: The City Animal as Cyborg," in Sandra Olsen et al., eds., *Horses and Humans*, pp. 365-375。还可参见 Clay McShane and Joel A. Tarr, *The Horse in the City: Living Machines in the Nineteenth Century* (Baltimore, MA: Johns Hopkins University Press, 2011), pp. 3-4。

[10] A. Briggs. *The Power of Steam: An Illustrated History of the World's Steam Age* (Chicago: University of Chicago Press, 1982).

[11] 关于矿井马驹的文献资料少得令人吃惊。John Bright, *Pit Ponies* (London: Batsford, 1986) 做了概述。而我依据的是 http://en.wikipedia.org/wiki/Pit_pony 上的介绍。

[12] 美国人口普查局 1901 年和 1913 年数据，Clay McShane and Joel A. Tarr, "The Horse," p. 365 采用。

[13] 同上。

[14] David Voice, *The Age of the Horse Tram: A Histroy of Horse-Drawn Passenger Tramways in the British Isles* (Strathpeffer, Scotland: AHG Books, 2009). 引言出自 *Morning Post*, July 7, 1829。

[15] Robert Thurston, "The Animal as a Machine and Prime Mover," *Science* 1, no.14 (1895): 365-371.

[16] A. H. Sanders, *A History of the Percheron Horse* (Chicago: Breeder's Gazette Print, 1917).

[17] R. L. Freeman, *The Arabbers of Baltimore* (Tidewater, MD: Tidewater Publications, 1987), p. 19.

[18] Harriet Ritvo, *Animal Estate*, chapter 4 有一个令人信服的总结。

[19] Harriet Ritvo, "Animals in Nineteenth Century Britain: Complicated Attitudes and Competing Categories," in Aubrey Manning and James Serpell, eds., *Animals and Human Society*, p. 110.

[20] Harriet Ritvo, *Animal Estate*, p. 139. 在英国，狗拉车辆最终于 1854 年被法律禁止。

第十八章　杀戮、展示和宠爱

[1] Harriet Ritvo, *Animal Estate*, chapter 5 提供了令人称羡的叙述，成为我写作本节的主要素材。

[2] Harriet Ritvo, *Animal Estate*, p. 207.

[3] 同上，p. 215。

[4] *Punch* 60 (1871): 240.

[5] Harriet Ritvo, *Animal Estate*, chapter 6 为本节所述的事态发展提供了全面概述。

[6] 引自 Harriet Ritvo, *Animal Estate*, p. 250。还可参见 Roualeyn Gordon Cumming, *Five Years of a Hunter's Life in the Far Interior of South Africa* (London: John Murray, 1850)。

[7] Harriet Ritvo, *Animal Estate*, p. 253. 塞卢斯写过好几本书，其中包括 *Travel and Adventure in South-East Africa*（London: R. Ward, 1903）。

[8] Harriet Ritvo 在 *Animal Estate*, p. 253 引用。

[9] Lord Byron, "Epitaph to a Dog" (1808), http://www.poetryloverspage. com/ poets/byron/epitaph_to_dog.html.

[10] 相关概述，请参见 Harriet Ritvo, *Animal Estate*, chapter 2。

[11] 同上，p. 98。

[12] 同上。

[13] Harriet Ritvo, *Animal Estate*, pp. 115-121 有述。

[14] Andrew Lawler, *Why Did the Chicken Cross the World? The Epic Saga of the Bird that Powers Civilization* (New York: Atria Books, 2014).

[15] Matthew Arnold, *Culture and Anarchy: An Essay in Political and Social Criticism* (New York: Macmillan, 1883 [UK edition, 1869]), pp. 77-78. 奥斯卡·王尔德提到的"哑畜"出自他的戏剧《无足轻重的女人》（*A Woman of No Importance*）第一幕中 Lord Illingworth 之口，该剧于 1893 年在伦敦上演（Seattle: Amazon Digital Services, 2011）。

[16] Serpell and Paul, "Pets," p. 127.

[17] 本节依据彼得·辛格的经典长篇论著《动物解放》的修订版（New York, Harper Perennial, 2009）。引自 p. 213。任何人，如果对动物解放感兴趣，本书是不可多得的读本。另一本经典是 Steven M. Wise, *Drawing the Line: Science and the Case of Animal Rights* (Cambridge, MA: Perseus Books, 2002)。

[18] Peter Singer, *Animal Liberation*, p. 226.